JN241054

CLIMATE CAPITALISM

WINNING THE GLOBAL RACE TO ZERO EMISSIONS

資本主義で解決する再生可能エネルギー

排出ゼロをめぐるグローバル競争の現在進行形

アクシャット・ラティ［著］ AKSHAT RATHI　寺西のぶ子［訳］

河出書房新社

資本主義で解決する再生可能エネルギー

最高の友、ディークシャに

資本主義で解決する再生可能エネルギー

排出ゼロをめぐるグローバル競争の現在進行形

第1章　理解のための枠組み

今や、世界を壊すよりも救う方が安くあがる。[1-1]

それが、自分のなかではっきりしたのは、二〇一六年だった。その年、ドナルド・トランプがアメリカ大統領選挙に出馬し、気候変動との戦いにはさして関心がないにもかかわらず、「クリーンコール・テクノロジー」の推進を発表した。当時の私は科学ジャーナリストとして、恒星の誕生から原子操作まで、さまざまな記事を書いていた。担当編集者から、クリーンコールは書く価値がある題材なのかを調べてほしいと言われたのは、そんな時期だった。

まずわかったのは、トランプは、「クリーンコール」とは採掘後の石炭(コール)を何らかの方法でクリーンにしたものだと誤解していたことだ。そうではなく、じつは二酸化炭素回収・貯留(CCS)というテクノロジーが当時すでに開発されていて、石炭の燃焼によって生じる二酸化炭素を、そのテクノロジーによって回収して地中に貯留するのがクリーンコールだ。しかもすばらしいのは、すでに空気中にある二酸化炭素を削減するテクノロジーを持つスタートアップもいくつか生まれていたことだ。そのテクノロジーを利用すれば、気候変動の進行を遅らせるだけでなく、後戻りさせる可能性も開ける。最初は、政治的主張のための宣伝スローガンには誤解があるという一本の記事を書いただけだったが、それが、気候テクノロジーの画期的進歩に関する一年がかりの調査につながった。[1]

連載記事を書いたおかげで、私は気候問題について新たな視点を持てた。世界では、再生可能エネルギーであろうと、グリーンセメント、培養肉、電動航空機であろうと、経済のあらゆる部門において、温室効果ガス排出量を削減する解決策を見つけようと、競争が行われていた。政治家も、銀行家も、技術者も、気候変動活動家と手を組める一致点をかつてないほど多く見出すようになった。何かがすでに変化していたが、その時点では世界はまだ気づいていなかった。二酸化炭素排出量の削減は人類が何よりも優先すべき課題であると何十年にもわたって主張されてきたが、その主張がようやく世の中に浸透して、私たちは解決策に焦点を当てる局面に入った。

二酸化炭素の排出削減が優先課題であることは、今では誰にとっても明らかだ。ここ数年の間に、アメリカでは世界最大規模の気候変動対策法案が成立し、EU（欧州連合）では「欧州グリーンディール」を法制化し、インドや中国ではネットゼロ〔温室効果ガスの排出量と吸収量で、正味の排出量をゼロにすること〕を目標に掲げ、他の主要経済大国でも同様の状況にある。このような、時代を象徴する動きが起きた時期は、世界が一〇〇年に一度といわれるパンデミックによる経済的打撃や、ロシアがウクライナに対して起こした戦争によるエネルギー危機に取り組んだ時期と重なった。

資本主義の下でこのような変化が起きる背景には、何があったのか？　過去数世紀にわたって築き上げられた搾取経済のシステムは、利益を最大化して裕福な人の手に富をもたらす仕組みだ。一部の人々は、地球を破滅の危機に押しやるおもな原因は、いかなる犠牲を払っても無限の成長を追い求める資本主義者だと長年主張してきた。

自由な資本主義が、この惑星の温暖化にひと役買っているのは否定できない。私たちの誰もが吸い込む大気が汚染されればやがてつけが回ってくることは、何十年も前に明らかになっていた。けれども、ごく一部の特権を持つ人たちは、つけを顧みずに汚染物質を排出してきた。経済学者が名づけた「外部不経済」〔イギリスの経済学者、A・マーシャルが用いた言葉。企業の生産活動などにおいて環境に悪い影響がもたらされても、企業が費用をかけて対策をとらず、責任もとらないため、企業、あるいは購買者以外に費用負担が及んでいる状態〕を加味してこなかったのは、史上最悪の「市場の失敗」だった。[2]

とはいえ、資本主義に猛烈に反対していた学者、ノーム・チョムスキーでさえ、残されたわずかな時間で現在の経済システムを環境にとってましなシステムに替えて、世界的な解決策を講じることが可能だとは考えていなかった。資本主義を覆して、「気候変動問題の解決に許される時間の尺度内で、彼らが話題にするような社会変革のようなこと」をどうにか成し遂げる「可能性は想定できない」、と彼は述べている。[3]

世界の平均気温が産業革命前と比べて一・五℃ではなく二℃上昇すると、世界規模で一〇〇兆ドルの経済損失が生じる。[4] 二〇五〇年に二酸化炭素排出量ゼロどころか、さらに意欲的な目標の達成が求められる。現代文明を支えるエネルギーシステムを再構築し、地球上の八〇億人を養う農業システムを再考し、人類とこの惑星の関係を作り変えるのに、残された時間は三〇年足らずだ。[5]

大気中に過剰な温室効果ガスが放出される一因は野放しの資本主義なので、同じ轍を踏むわけにはいかない。だが、そのうえでゼロ・エミッション〔環境汚染物質の排出をゼロに近づけること〕を短期間に実現するには、資本主義の刷新が唯一の現実的な方法かもしれない。本書では、資本主義の力を利用して気っているかも明らかにする。

候問題に取り組むことが、なぜ可能なのかを明らかにする。そして、すでにその動きがどのように始まっているかも明らかにする。

まずは、二〇万年前のアフリカのある場所の話から始めよう。そのアフリカのある場所で進化を遂げた「ホモ・サピエンス」は、徐々に世界全体に拡散した。[6] そして創意工夫により、食物を育て、火を扱い、木や石、銅、鉄といった新しい材料を利用する方法を生み出していった。人類の数は増え、小さな部族単位で暮らしていた数千人が、一八世紀には文明生活を送る数億人となり、陸伝いだけでなく海を渡って集団で移動する能力も持つようになった。

その後、私たちはギアチェンジする。化石燃料を利用する私たちの能力は、前例がないほど大幅に高まった。安価で豊富で信頼できるエネルギーを手に入れた人類の数は、瞬く間に一〇倍になる。一万年単位で見た場合の人口増加の曲線は、まるでアイスホッケーのスティックの形のように、初めは緩やかな上昇だが、やがて垂直に近い角度で伸びていく。化石燃料は、私たちにエネルギーをもたらしてくれただけでなく、新たな世界を開いてもくれた。石炭を燃料とする列車と電力タービンによって、近代化が進み、石油を燃料とする車、航空機、ロケットによって、世界はさらに狭くなった。天然ガスによって数十億人を養うための肥料がつくられ、かつては荒涼としていた場所が大都市に変貌した。

一九八〇年代までは、こうした進歩の多くが不均衡だった。主として植民地主義の結果、過去二世紀の間に世界の国々の格差が広がったからだ。私は、一九八七年にインドのムンバイ市に近い小さな都市、ナーシクで生まれた。その後間もなく、インドと中国は経済開放政策を推し進め、世界規模の貿易を行うようになった。資本主義と化石燃料はかつて裕福な国に恩恵をもたらしたが、今度は世界で一番目と二番目に人口が多い国の成長を促し、何億もの人を貧困から抜け出させた。

私の家族は、上の世代の人々が想像もしなかったような社会的流動性を体験した。学業は高校どまりだった祖父は、人生の大半を布の染色工場で働いてすごした。だが、大学を卒業した母と父は自分たちで事業を始め、インドが豊かになるにつれて収入は増え、チャンスが広がっていった。私が生まれる少し前の一九八五年、父が仕事でヨーロッパへ行った際には、二〇人ほどの親戚が六時間かけて空港へ出向き、出発を見送った。空港で首の周りに花飾りをつけ、恥ずかしそうな笑みを浮かべる父の写真が今も残っている。二〇〇〇年代に入る頃には、両親は家族のために家を建て、姉と私に最高の教育を受けさせるほど、収入を得るようになった。

その間、ホッケーのスティックのような現象は、他の見えにくい場所でも生じていた。大気中の二酸化炭素濃度が急激に上昇していたのだ。かつて、二酸化炭素濃度が同様のレベルに達したのは八〇万年前だ。当時、海水面は今よりも二五メートルほど高く、「ホモ・サピエンス」はまだ誕生していなかった。[7] 化石燃料を無計画に利用した結果、人は長く、健康に、豊かに生きられるようになったが、気候不順がもたらされ、地球上の生命の根幹が脅かされるようになった。現状のままのシナリオでは、地球全体が居住不可能になりかねない。

二〇二二年の夏の北半球だけをとっても、アメリカのカリフォルニア州で大規模な山火事が発生し、中国やパキスタンでは破滅的な洪水が起こるなど、地球上の各地を見舞う気候変動の残酷な影響に、私たちはあっけにとられる。驚くのはおかしい、という人もいる。気候変動を理解するための科学的研究は、長い時間をかけて行われてきたからだ。少し歴史を振り返るだけで、ストーリーはさらに複雑だということが明らかになる。

温室効果という現象の理解は、一二〇年以上昔にさかのぼる。大気中の特定のガスが地球を包み込む毛布をつくり出し、太陽熱を蓄えて、この惑星の温度を上昇させるとわかった[8]のはその頃だ。一九六〇年代には、気候変動に関する理論の大まかな理解があり、増加の一途をたどる化石燃料の燃焼と関連づけて考えられるようになった。しかし、当時の科学者は、温室効果の影響について確信を持てなかった。この惑星が温められるせいで大災害が発生するとしても、遠い将来の話だと片づけられていた。その時代、懸念される環境問題で真剣な取り組みが行われていたのは、水質汚染であり、大気汚染であった。

一九七〇年代のオイルショックは、人間が汚れた化石燃料を輸入してまで、中毒症のように際限なく使うさまを初めてさらけ出した。オイルショックによって、一部では、少ないエネルギーで同じ活動ができるようにする、効率化が注目される。その結果、燃費性能が優れた車や、電力効率がよい家電製品、断熱効果の高い建築物などが開発された。また、オイルショックに触発された新しい世代の科学者や起業家は、代替エネルギー源を探し求めるようになった。アメリカでは太陽光発電やリチウムイオン・バッテリーへの取り組みが始まり、デンマークでは風力、フランスでは原子力という具合で、どれもが気候変動の進行を遅らせるために不可欠だと判明しているテクノロジーだった。当時そのようなテクノロジーが発展したのは、地球温暖化が理由ではなかったが。

石油を消費する西側諸国と石油を産出する中東諸国の間で地政学的争いがあったのち、一九八〇年代には化石燃料の入手が確保され、効率化計画や代替エネルギーは、あまり重要視されなくなった。もったいないことだと、今ではわかる。その一〇年間こそ、科学者が、温暖化を放っておけば壊滅的な事態となり、北方の寒い国に暮らす人々がかつて想像したような恩恵はないという見方を強めた時期だった。イギリスの首相、マーガレット・サッチャーや、アメリカの大統領候補、ジョージ・H・W・ブッシュなど、世界のリーダーも、この問題に対して何らかの対策が必要だと国際舞台で声を上げ始めた。[9]

私がまだ幼かった一九九〇年に、国際連合が設立に関わった「気候変動に関する政府間パネル」が、世界の科学者の協力を得て、気候科学の現状に関する初めての報告書を公表した。[10] 比類のない手続きを経た結果、一五〇以上の国が、化石燃料を燃焼させると大気中の温室効果ガスの濃度が高まり、その結果、世界の平均気温が上昇するという、報告書の概要を承認した。明確な科学的論拠があり、世界の政治家の同意を広く得ているとあれば、一九九〇年代には二酸化炭素を削減する大規模な取り組みが始まるはずだった。だが、そうはならなかった。

というのも、化石燃料産業がクリーンなエネルギー源に取り組めば利益につながった一九七〇年代とは異なり、続く一九八〇年代は石油が供給過剰となり、生産者は現状維持が好ましいと考えていたからだ。エクソンやシェルをはじめとするアメリカやヨーロッパの大手石油グループ企業は、偽情報キャンペーンに気前よく資金を提供して、気候科学に対する疑念を植えつけ、規制強化を遅らせようとした。そのようなことがなければ、規制強化は間違いなく行われていたはずだ。[11]

偽情報キャンペーンは、今でも温室効果ガスの累積排出量が最大のアメリカでは、とくに効果があった。化石燃料の利権は、アメリカの二大政党のうち一方の政党の集票組織（マシーン）を取り込み、その把持力はその後もますます強まった。アメリカの支持が得られないせいで、気候変動に関する国際会議の多くは、完全な失敗とまではいえないにしても、実効性のある行動をほとんど打ち出せないまま終了している。

たとえば、京都議定書がそうだ。一九九七年に採択されたこの議定書は、裕福な国の温室効果ガス排出量削減を法的に抑制する内容で、八〇ヵ国以上が署名した。[12] ところが同じ年、アメリカの上院は、そのような強制的制限は国として受け入れないと確認する決議案を、賛成九五票、反対〇票で可決した。[13]

当然ながら、アメリカが批准しないまま二〇〇五年に発効した京都議定書は、世界が期待したような結果には結びつかなかった。そして、温室効果ガスの排出量は増え続けた。しかも、そのペースは早まり、二〇〇一年に中国が世界貿易機関（WTO）に加盟してからは、さらに早まった。

中国のWTO加盟によってグローバリゼーションはかつてないほど加速し、中国は世界の工場となった。いうまでもなく、中国の成長は化石燃料、とりわけ石炭に依存していて、中国の年間排出量は、一〇年間で三倍に増加した。その規模の大きさを説明する数字がある。二〇一一年から二〇一三年の間に中国が使用したセメントの量は、アメリカが二〇世紀を通して使用したセメントの量に匹敵する。[14] セメントは、人類が大規模に製造する製品のなかでも非常に強い汚染源となり、セメント生産による二酸化炭素の年間排出量は、世界全体の二酸化炭素の年間排出量の約八％を占める。中国、続いてインドが化石燃料使用国として成長したことは、産業革命以降に排出された温室効果ガスの半分が、直近の三〇年間に集中的に排出された理由のひとつとなる。[*1-2]

温暖化が進むと、予想された通り、気候への影響はより激しくなる。その差し迫った状況に後押しされて、二〇一五年には、世界のリーダーの間で有志連合が結成された。そして、国連の気候サミットで数年にわたる交渉を続けたのち、ようやく一九五ヵ国がパリ協定に署名するに至った。パリ協定では、世界の平均気温の上昇を産業革命前の水準と比較して二℃未満に抑え、一・五℃を目指すという目標が設定された。[15]

パリ協定は、排出量の削減目標が各国の自主的な設定に任せられたとはいえ、壊滅的な気候変動を食い止めることを目的とする、史上初の国際協定となった。グローバル企業や金融市場は、この約束は、いずれは各国の法規制につながるというシグナルだと受け止めた。結果として、財政的問題が以前に比べて強く作用する状況が生まれた。幸い、数十年先まで続くグリーン・テクノロジーへの投資はすでに始まっていて、グリーン・テクノロジーは化石燃料を燃やすテクノロジーよりも安価になっていった。

二〇一七年、トランプ大統領はパリ協定から離脱すると表明し、アメリカの温室効果ガス排出量削減に役立っていた国内の規制の多くを撤回した。だがそれでも、すでに行動を起こしていた勢力を抑えることはできなかった。それどころか、気候変動問題に対して行動を起こさねばならないという切迫感が、トランプ政権を覆す重要な要素となった。また、気候変動に対する危機意識によって、カナダではジャスティン・トルドー首相が再選され、ドイツでは緑の党が史上最高の支持を獲得し、気候変動対策が後手に回っていたオーストラリアの首相、スコット・モリソンは失脚した。

こうした政治の大変動が起きたのは、新型コロナウイルスのパンデミックが起きた時期でもあり、数百万人が新型コロナウイルスの犠牲となり、世界は深刻な経済不況に陥った。それでもなお、多くの国は環境活動に巨額の資金を投じ、経済の早期回復につながることを期待した。

ところが、二〇二二年二月、ロシアがウクライナに侵攻して、回復の道筋はいっそう複雑になった。ヨーロッパ各国は、ウラジーミル・プーチン大統領の軍隊に資金が回らないように、ロシアからの輸入を大幅に削減した。短期的には、その後の制裁措置によって化石燃料価格が世界的に高騰し、各国は温室効果ガスへの影響を度外視して燃やせるものなら何でも燃やさざるをえなくなった。一方で長期的に見れば、分散型クリーンエネルギー源〔発電所からのエネルギー供給ではなく、太陽光、風力、バイオ燃料などを用いる、比較的小規模で、かつさまざまな地域に分散しているエネルギー源。環境を汚さないエネルギー源として注目されている〕は気候変動への取り組みに不可欠なだけではないという論調が強まった。今や分散型クリーンエネルギー源は、エネルギー安全保障強化の中心課題となっている。[16]

重要なのは、気候変動リスクに対する社会的関心が、依然として最高レベルにある点だ。選挙の投票結果はもちろんのこと、街頭やソーシャルメディアのフィードを見てもそれはわかる。二〇一九年に街頭で抗議を始めた若者たちは、パンデミック終息後に抗議活動を再開した。

資本家たちもまた、行動を起こさなかった場合の代償と行動開始の好機の両方に気づいた。民間資本が投じられ、全運用資産の三分の一以上に相当する三五兆ドル以上が、地球全体の環境、社会、ガバナンスの観点から目標に沿うように投資され、すでに影響が表れている。[17]

パリ協定が採択される前、世界は産業革命以前の水準と比較して、平均気温が少なくとも四℃上昇する方向に向かっていた。それが現実になると、世界のあらゆる地域に居住不可能な地域が生まれ、何億という人が移住を余儀なくされ、過去二〇〇年間に達成された進歩の大半が失われてしまう。しかし、パリ協定以降、世界は軌道修正した。現在の最悪のシナリオは三℃上昇だが、現行のネットゼロの誓約が達成されれば、平均気温の上昇を二℃以下に抑えるという、さほど意欲的ではないパリ協定の目標を達成できる。しかしそれでも、避けようのない大きな悪影響はいくらかある。

私たちは今、二重構造の世界に生きている。私たちが何十億トンもの二酸化炭素を排出し続ける限り、世界では今後も極端な気候が生まれ続け、生命と生活が失われていく。けれども、事態が悪化の一途をたどっているとはいえ、他方で気候アクションの規模が拡大しているという事実は明らかだ。現在では、より多くの人が解決策に取り組み、解決策の規模を拡大するための資金もより多く調達できるようになり、排出量目標達成のための政府の政策も整ってきている。

本書『資本主義で解決する再生可能エネルギー』では、世界で優勢にある経済システムの下で、進歩の流れを止めたり、間違っても逆行したりせずに、いかに気候変動に取り組むかを述べる。現在の混乱から脱出するための解決策や道筋はこれしかない、と示すつもりはない。そんなことは不可能だ。むしろ、なぜこのような事態に陥ったのか、将来の世代が必ずよりよい生活を送るにはどのような手段があり、私たちはすでにその手段の一部をどう講じているのかを理解するために、枠組みを提供するのが本書の目的だ。

この枠組みは、テクノロジー、政策、人という三つの大きな要素から成る。その三つはつねに、資金、権力、政策の影響を受けている。各章では、成功例を用いて、経済、安全保障、福祉という世界共通の優先課題を前進させながら、同時に気候変動解決策を強化するにはどうすればよいかを理解する。

第2章と第3章では、中国がほぼすべてのグリーン・テクノロジーで圧倒的なリードを得るために用いてきた戦略を紹介しつつ、中国人が彼らなりの独特の手法で資本主義をどう利用し、世界最大の電気自動車およびバッテリーの生産国、購入国となったかを説明する。次に、第4章ではインドに目を向ける。インドは人口こそ中国より多いが、その発展の過程は中国に大きく後れをとっている。インドにおける太陽光発電のサクセスストーリーを知ると、従来のすべての経済大国と異なり、民主主義が混乱してガバナンスが脆弱な開発途上国の場合は、化石燃料の時代を経ずに、一足飛びに大規模なクリーンエネルギー設備を建設するチャンスをつかめるのがわかる。

インドから得られる教訓は、他の開発途上国にとってもきわめて重要であり、エネルギー移行を加速させるにはインドの例に学ぶ必要がある。しかし、それには何が必要なのか？　第5章では、そうした必要な変化に関して影響力を持つ国際エネルギー機関（IEA）をはじめとする国際機関が、非常に重要でありながらも、ほとんど知られていない役割をいかに担っているかを考える。

第6章と第7章では、歴史的に見て世界最大の排出国であり、富豪が最も多く住むアメリカに焦点を当てる。ビル・ゲイツは、民間人として気候テクノロジーに巨額の資金を提供するひとりで、彼のロビー活動はアメリカ史上最大の気候変動対策法案制定に決定的役割を果たした。第6章では、彼のストーリーを通じて、民間資本と政府の法規制はどのように連携し合えばよいかを理解する。そして第7章では、アメリカ政府の政策の限界に目を向け、二酸化炭素回収・貯留という非常に重要なテクノロジーが失速した理由を知り、必要なテクノロジーを機能させるために何をすべきかを考える。

資本主義の刷新は、ビジネスの方法の改革にとどまらず、一部の産業の完全な変革も意味する。最も難しいのは、石油・天然ガス関連の企業の転換だ。第8章と第9章では、まったく異なるふたつの試みを検証し、各産業をクリーンにするうえで政府の政策がいかに重要な役割を果たすかを理解する。排出量削減のための戦いが成熟するにつれて、排出削減を加速させる法的枠組みも成熟してきた。第10章では、優れた気候変動対策法を制定するにはどうすればよいか、その法案があれば国やビジネスをどう転換できるかを考察する。そして最後に、第11章では、法律の制定がうまくいかない場合に、企業の株主が権力を行使して企業に変化を迫る事例を紹介する。

人類は過去に大きなエネルギー移行を経験してきた。木材から石炭への転換によって第一次産業革命が起こり、二〇世紀初頭の石炭から石油への移行によって、第二次産業革命が起こった。そして今、世界が化石燃料への依存から脱却し、クリーンエネルギーへと移行を図るなか、私たちは第三の大きな転換期を迎えている。私たちは誰ひとりとして、これから起こる変化に知らぬふりはできない。

気候目標を達成しようとする努力によって、私たちの文明は再建されていく。本書で取り上げるのは、後世に、ゼロ・エミッションを目指す競争の時代、と定義される時代だ。世界の経済システムの手直しには、あらゆるものの根本的な変化が必然的にともなう。どう暮らすか、どう移動するか、何を食べ、何を着るか、といったことが、すべて変化する。つまり、私たちのあり方が変わるのだ。

テクノロジーを発展させ、排出曲線を最終的に正しい方向に傾けるための制度を作るには、政府の政策と民間資本の連携が必要だ。世界が化石燃料から脱却するのにともない、影響を受けるのは化石燃料を採掘する企業にとどまらなくなる。運輸、公益事業、暖房、冷房、化学、農業など、化石燃料に依存するあらゆる産業部門が、クリーンな代替燃料を使用するべく見直しを迫られる。

資本主義の中心となる考え方のひとつは、アイデアの市場の創造だ。不確実性と向き合う世界では、競争によって最良のアイデアだけが成功を許される。非常に熱心な資本家たちは、気候アクションは経済の方向性を変えようとしており、気候アクションによって政府の介入を招くと、市場を破壊されかねないと恐れる。それは理屈に合わない恐れではない。

しかし、アダム・スミスが資本主義を誕生させたときと現在とで異なるのは、人類が初めて、経済の少なくともひとつの主要な部分、すなわちエネルギーシステムを、今後数十年でどうにかして転換させるという計画を持った点だ。その計画は何十年にもわたって積み上げてきた科学に裏打ちされ、地球上のすべての国から支持を受けている。この計画を実行するには、ある一定の方向に歩みを進める必要があるが、政府は競争を止めずにそうした変化を起こせるし、また起こさせなければならない。

『資本主義で解決する再生可能エネルギー』は、私たちが気候危機を長年無視してきたせいで間もなく手遅れになる、といった社会に浸透した考えに対する解毒剤となる。充分な対策が講じられていないのは確かだが、まだまだ手遅れではない。パリ協定で設定された恣意的な温暖化の境界値にかかわらず、ほんの少しずつでも気温上昇を避ける取り組みが有効なのは、科学によって明らかになっている。また、気候目標の達成に要する費用は、達成に至らず損害が生じた場合の費用より、数十兆ドル少ない。

非凡な個人と強力な権力のストーリーを紹介する本書を読めば、世界を違う観点から、おそらくもっと楽観的な観点から見ることができるだろう。そして何よりも、読者のみなさんには、有意義な影響を与える解決策と紛らわしい幻想を見分ける力を身につけていただきたい。

まずは、現時点での世界最大の排出国であり、世界第二位の経済大国である中国から始めよう。共産党主導のもととはいえ、過去三〇年間におけるこの国の台頭は、統制の下で資本主義が繁栄した結果だ。その大転換を理解するには、世界最大の電気自動車市場を生み出した中国の戦略に着目するのが最良の方法となる。

第2章　官僚

万鋼(ばんこう)は小柄だが、彼が話をするとテーブルを囲む一〇人全員が真剣に耳を傾ける。上海の豪華なホテルの、金色のシャンデリアに照らされた会議室で彼を取り囲んでいるのは、ゼネラルモーターズ（GM）、フォード・モーター・カンパニー、プジョー、日産自動車、本田技研工業、テスラ、といった世界的な大手自動車メーカーの幹部、加えて吉利(ジーリー)汽車、長安汽車、上海汽車集団など、中国の自動車会社の重役たちだ。二〇一九年四月にこの第八回中国自動車フォーラムが開催されたわずか三ヵ月前には、アメリカの電気自動車会社テスラが、上海工場の建設を開始していた。話の中心は、電動化に向かう業界の変革だ。経営者たちは、万鋼がここで話す内容が自社の運命を変えると認識している。

過去一四〇年間、多くの企業が電気自動車の大衆市場(マスマーケット)を作ろうとしてきたが、すべて失敗に終わっている。多くの人は、成功する者がいるとすれば、それは風変わりで野心的で嫌みなほど莫大な富を持つテスラの最高経営責任者（CEO）、イーロン・マスクだろうと考える。しかし、電気自動車の歴史が執筆されるとしたら、最大の焦点が当たるのは万鋼かもしれない。

マスクとテスラのストーリーは、伝説に近い。二〇〇三年にマーティン・エバーハードとマーク・ターペニングがシリコンヴァレーで創業したテスラは、経営を軌道に乗せるのに苦労した。

ＰａｙＰａｌをはじめとするスタートアップの成功で財を成していたイーロン・マスクは、二〇〇四年にテスラへの投資を開始し、製品設計に積極的に参加する。その後、同社内の対立でエバーハードが追放され、マスクは二〇〇八年、同社が最初のモデル、ロードスターの販売を始めた直後にＣＥＯに就任した。テスラはこのスポーツカータイプの電気自動車を約二五〇〇台販売したが、マスクが公言する目標は、大衆向けの電気自動車（ＥＶ）を作ることだった。車のモデルは、新しくなるたびに価格が下がり、販売数が伸びていく。テスラは、世界で最も知名度の高い電気自動車ブランドとなり、世界で最も価値の高い自動車メーカーとなった。二〇二二年の時点でみれば、同社は年間一〇〇万台以上の車を販売しているが[1]、マスクが手ごろな価格の車になると約束した最も安いモデル３でも、三万五〇〇〇ドルをゆうに上回る値がついている。

万鋼がどのような人物かは、ほとんど知られていない。彼はマスクとほぼ同時期にＥＶの世界で頭角を現し始めた。専門的訓練を積んだエンジニアであった彼は、二〇〇七年に中国の科学技術部部長（日本の科学技術政策担当大臣に相当）に任命される。トップダウン式のこの国の経済システムのなかで、万は、電気自動車製造に関連する中国企業を何百社も設立するように奨励する政策をとった。現在、中国では年間六〇〇万台以上のＥＶが販売され[2]、そこには高価格の車だけでなく、一万ドル以下の低価格帯の車など[3]、あらゆる種類の電気自動車が含まれる。万の政策によって、世界最大級であり非常に価値の高い電気自動車メーカー、およびリチウムイオン・バッテリーのメーカーも誕生した。そして、彼が採用した政策は、既存の中国企業だけに影響を与えたわけではない。今なお中国を世界最大の市場とする、世界中の大手自動車メーカーも影響を受けた。

マスクがウォール街の懐疑的な見方と戦い、政府から波のように押し寄せる補助金を受けながら、混乱の時代にテスラをどうにか生き残らせようとしている間に、万は、政策が正しく実行されれば、中国のみならず世界全体でテクノロジーの大変革を起こしうると示した。ふたりは、世界を現在の経済時代から次の経済時代へと押し上げる世界的プロジェクトの最前線にいる。とはいえ、ふたりのうち、より大きな影響を与えてきたのは、知名度の低い方の人物だ。


一九六〇年代半ば、一〇代だった万鋼は中国社会の激しい混乱の渦中にいた。毛沢東の文化大革命により、富裕層と貧困層、都市部の支配層と農村の庶民は対立していた。毛沢東が統制する準軍事組織、紅衛兵は、万の家族を含む社会の上層部に対して屈辱を与えたり、攻撃したり、迫害したりした。共産党は大学を閉鎖し、「再教育」のために学生を村に送った。上海出身の都会っ子だった万も、北朝鮮との国境に近い吉林省の東国（トングオ）という村に送られ、他の都会の若者たちとともに、基本的なインフラの建設に携わった。

彼の仕事ぶりは地元の党員の目に留まり、一九七四年、彼は満場一致でチームリーダーに選ばれる。両親が革命分子だったため、自分は昇進すべきではないかもしれないと心配した万は、地元の党支部長に相談した。すると、「がんばりなさい。いつか君の両親は再び英雄になるから」[4]、という言葉が返ってきたと彼は振り返っている。

毛沢東の死後、一九七六年に大学が再開され、万はハルビンの東北林業大学で物理学を学び、その後、上海にある、中国でも屈指の同済大学で機械工学を学んだ。彼はそこで優秀な成績を収め、世界銀行から奨学金を得てドイツで博士号を取得する。ドイツのクラウスタール工科大学では、博士号取得のために、内燃機関の騒音を低減する方法を研究した。内燃機関とは、世界中にある、化石燃料を動力源とする車に使われるエンジンだ。

今にして思えば、ドイツで最先端の自動車工学を学ぶという決断を行ったタイミングは完璧だった。一九七〇年代の石油危機後、世界の自動車産業は大きな変革期を迎えていた。ドイツの自動車産業は、ますます激しくなるアメリカや日本との競争で首位を明けわたしたくないと考え、万のようなエンジニアを切実に求めていた。

万は、フォルクスワーゲンからメルセデスまで、六つの自動車会社から仕事のオファーを得た。一九九一年、彼は当時のドイツの大手のなかで最も規模が小さかったアウディに入社することにした。その理由は、アウディが最も大きな昇進の機会を提示してくれたからだ。

彼はアウディの自動車開発部門で働き始め、設計と製造における技術的な問題の解決に力を発揮した。五年後、彼は、エンジニアがアウディのなかで出世の階段を上るには、ふたつ以上の部門で結果を出す必要があると気づいた。そこで、生産部門に正式に異動して自動車塗装に重点的に取り組み、やがて二〇〇〇人以上の部下を抱える部門の責任者となった。従業員全員を効率的に管理するため、彼は東国時代に身につけたテクニックを駆使した。たとえば、ある従業員の誕生日には、ビールを二本持って作業場のフロアに行き、時間をかけて従業員のことを理解した。その努力が実を結び、アウディは最終的に彼を昇格させて中央企画部門に配属し、六〇秒に一台の車を生産する製造工程を監督する役割を与えた。

万はドイツに滞在していても、母国にしっかりと関心を向けていた。一九七六年に毛沢東が逝去した後、国の指導者に就任した鄧小平は、文化大革命を「重大な失策」と呼んだ。[5] 一九八〇年代後半、鄧は自動車産業というものがないに等しかった中国経済の改革に着手した。ドイツのフォルクスワーゲンやフランスのプジョー、シトロエンといった外国企業を迎え入れ、国内企業との合弁で工場を建設した。外国企業側としては、たとえ中国側のパートナー企業にテクノロジーを盗まれる懸念があったとしても、それは、中国の巨大な未開拓市場へのアクセスを得るために、支払う価値のあるコストだと思えた。

一九九〇年代には、アウディは中国の支配層のお気に入りブランドとなり、政府高官が運転手つきの黒のアウディ・サルーンで移動する姿が目に留まるようになった。万は中国出身のアウディの幹部のひとりとして、中国の自動車産業が拡大していく時期に、何度も社員を率いて中国を訪問した。

そのような訪問の際、彼は、自動車産業の急成長にともなって大気汚染が悪化し、中国が石油輸入への依存度を高めていることに気づいた。指導者たちの望み通り、もしも母国が欧米諸国と同じ道を歩むのならば、こうした問題は解決困難になる。二一世紀の初頭、中国の年間ひとりあたりの石油消費量は一バレルだった。その当時のドイツの消費量は一二バレル、アメリカは二〇バレルだった。

万は同胞である中国人にも、彼がドイツで移民として享受したような質の高い生活を送ってほしいと考えていた。しかし、中国の人口の多さを考えると、それは不可能かもしれない。大量に輸入する石油の代金を、国がまかなえなくなる可能性は非常に高い。仮にそれだけの量の石油がどこかで採掘できた場合の話だが、その保証もない。化石燃料は有限だ。解決策は、石油以外の燃料で動く車を開発することだった。

二〇〇〇年、万は中国政府首脳と考えを共有する機会を得た。当時、中国の科学大臣であった朱立蘭(しゅりつらん)が、ドイツのインゴルシュタットにあるアウディの本社と工場を訪れた。最先端の自動車メーカーがどのようなものかを紹介する目的で企画されたこの視察で、万は朱に、内燃機関を手直ししていくのではなく、中国はまったく異なるテクノロジーを用いて欧米を飛び越えるべきだと提案した。

当時アメリカでは、年間一五〇〇万台もの自動車を生産していたが、中国の生産台数はわずか七〇万台だった。一方で、BMW、ゼネラルモーターズ、トヨタ自動車といった世界的な自動車メーカーは、バッテリーや水素を動力源とする電気自動車の開発にも着手していた。そのような車なら、微小粒子による大気汚染を起こさず、温室効果ガスの排出量も削減できる。万は、そういう仕組みの輸送用機器が将来の乗用車の姿になると確信した。もしも中国が今後一〇年か二〇年で電気自動車界のリーダーになれば、中国は世界の電気自動車のハブになれると万は朱に話した。

朱は万を中国に呼び戻し、中国の最高統治機関である国務院に彼の考えを説明した。万は、もしも成功すれば自分が中国の歴史を変えることになると理解していた。そして彼は、当時の国務院副総理であり、一九五三年に中国初の大手国産自動車メーカー、中国第一汽車集団（FAW）を立ち上げた人物、[6]李嵐清（りらんせい）の支援を得た。その頃、中国の都市部はスモッグの問題に苦しむようになっていたが、それよりも重要だったのは、もしも万の考えが正しければ、中国は世界でテクノロジーを先導する立場となり、欧米に頼らなければ国民生活の近代化を進められないという屈辱を被らずにすむという点だった。

数ヵ月後、万は中国に戻った。同済大学から教授職を与えられた彼は、さらに、最先端の自動車テクノロジーを発展させる政府の極秘計画の主任科学者としても働き始めた。[7]そして彼は、代替燃料を用いる輸送用機器開発を奨励する政策を打ち出してもらいたいと、国務院の幹部を説得するうえで重要な役割を果たし、二〇〇九年には、中国の自動車産業を再建することになる新エネルギー車（NEV）プログラムを立ち上げた。

万鋼の政治的見識は本質をついていた。リーヴァイ・ティルマンは、二〇一五年刊行の著書『ザ・グレート・レース』で、「成長、貿易、イノベーション、軍事テクノロジー、環境において、自動車が実用面で果たす目的は計り知れないほど重要だ。自動車産業は国家の威信の要となる」、と述べ、「ヘンリー・フォードの時代から、この種の政府の介入を受けずに国際競争力を高めた自動車産業は世界のどこにもなかった」[8]、と記した。

たとえばアメリカ政府は、一九三〇年代に、フランクリン・D・ローズヴェルト大統領のニューディール政策で一〇万マイル〔一六万キロ〕以上の道路建設費用を負担した。その後は、燃費効率のよいエンジンを開発するための研究プログラムを立ち上げ、安全性を向上させる法令を制定した。一方、日本政府は同じ一〇年間に、国内の自動車メーカーに低金利の融資を行い、テクノロジー・プログラムに資金を提供し、国内企業を保護するために関税を設けてアメリカ勢を弱体化させた。つまり、補助金と法規制を土台とする中国の産業政策は、歴史的に見ても、自動車産業を活性化させるために試行錯誤されてきた方法だった。

万の計画はさらに壮大だ。彼が創出する自動車メーカーが製造する製品は、中国の顧客に提供されるのはもちろんのこと、将来的には自動車産業全体を支配するような自動車になる。内燃機関に見切りをつけ、国を挙げてゼロ・エミッションの輸送用機器に全力を注げば、そういう結果がついてくる。

電気自動車は新しいものではない。事実、二〇世紀の初めには、内燃エンジン車よりも多くの電気自動車が路上を走っていた。当時、馬車が主流で糞が散らばる道を走るガソリンエンジン車は、新たな悪臭を放った。しかも、エンジンの始動にはクランクシャフトを手回しする必要があり、キックバックが発生して怪我をする可能性もあって、不便があった。対照的に、鉛蓄電池を動力源とする電気モーターは新鮮な変化を感じられた。ボタンを押すだけで始動し、音も小さく、乗り心地も快適で、悪臭もなかった。

ところが皮肉にも、電気モーター車に終止符が打たれたきっかけはバッテリーだった。ガソリン車のメーカーが、バッテリー駆動の電気スターターを搭載すればよいと気づいたからだ。そうすれば、手回しクランクは不要になる。加えて大きかったのは、ヘンリー・フォードが導入した近代的な生産ラインだ。そのおかげで、自動車購入価格は大幅に下がった。同じ時期にスタンダード・オイルの独占が終わると、ガソリンはさらに入手しやすくなり、政府も急速に道路網を拡張して給油所の数を増やしていったため、自動車の所有者はより長い距離を運転できるようになった。バッテリー駆動の電気自動車は、このような力のすべてに太刀打ちできなかった。

一九七〇年代に石油危機が起きるまでは、内燃機関の隆盛を止められるものはないと思われていたが、化石燃料を扱う企業の間では、石油が枯渇するのではないかという不安も高まっていた。一九七三年、第四次中東戦争が勃発する。アメリカのイスラエル支援に対して、石油輸出国機構（ＯＰＥＣ）に加盟するアラブ諸国は石油の禁輸措置を発動し、その結果、全米のガソリンスタンドの五分の一が枯渇する事態になり、世界経済は大きく悪化した。そこで欧米の大手石油会社は、原子力などの新しいエネルギー源や、それを支えるためのリチウムを使用したバッテリーや電気モーターといった基盤の研究に力を注いだ。

その後、一九七九年には、イラン革命によって再び石油危機が起こり、世界経済は不況に陥る。石油メジャーはコストを削減せざるをえなくなり、多くの場合、研究部門が真っ先に切り捨てられた。その結果、バッテリーの研究は政府出資の研究所や大学に移った。電気自動車にとって不運だったのは、一九八〇年代にOPECとの緊張が緩和され、再び石油が供給過剰となったことだった。

電気自動車製造の三度目の挑戦は一九九〇年代に入ってからだ。アメリカのカリフォルニア州議会が、スモッグで汚染された都市部を浄化するために規制法を可決し、低排出ガス車のプログラムを立ち上げたため、バッテリー車の開発に拍車がかかった。各自動車メーカーは、この国で最も豊かな州で販売する自動車の排出量を、段階的に削減するように義務づけられた。排出目標はたいへん厳しく、ただハイブリッド車を販売するというだけでは達成できそうになかった。カリフォルニア州の新基準を少なくとも部分的に満たそうとしたゼネラルモーターズは、一九九五年、EV1を発売する。2ドアのクーペで、一回の充電で約一六〇キロ走行可能、最高時速は約一二八キロだった。

他社もそれぞれ独自の方式で開発したが、EV1は際立っていて、約八〇〇台がリースされた。すべての競争相手に勝る数だった。やがてGMは、EV1を回収してリサイクルのために粉砕し、EV1は衝撃的な終焉を迎える。この話は、二〇〇六年にアメリカで公開されたクリス・ペイン監督・脚本のドキュメンタリー映画、『誰が電気自動車を殺したか?』に記録されている。自動車メーカーと石油会社、アメリカ連邦政府の陰謀が電気自動車を死に追いやったというのがこの作品の主張だ。GMは、一〇億ドルを費やしたEV1の開発を誇りに思うと断言しつつ、テクノロジーは事業の他の分野につぎ込まれていくとも語った。電気自動車プログラム終了のおもな理由は、充分な需要がなかったからだ。そのため、すでにあるEV1を修理することができず、安全性を保証することもできなかった。[9] 誰が正しかったかは別として、押しつぶされる車の映像はGMのイメージを大きく悪化させ、電気自動車を贔屓にする人々に陰謀論を盛り上げる材料をたっぷりと与えた。

しかし、ＥＶはそこで終わりではなかった。二一世紀に入ると、テスラのイーロン・マスクをはじめとする起業家たちが、電気自動車を市場に復活させようとした。一九九〇年代と同様、カリフォルニアの道路が戦場となったが、ハードルは前よりも高まった。州政府の新たなゼロ・エミッション車プログラムは、大気汚染を低減するだけでなく、気候変動対策にもなる電気自動車の開発促進を目指していたからだ。

ＥＶが気候変動対策になるのは、化石燃料を使う車よりもはるかに効率的だからだ。ＥＶは、消費エネルギー一単位につき、同タイプのディーゼルエンジン車の三倍の距離を走れる。なぜなら、化石燃料を燃やした場合、発生するエネルギーの大半が熱として失われ、ごく一部だけが運動に変換されるからだ。それに対して電気モーターの場合は、バッテリーに蓄えられたエネルギーの九〇％以上を運動に変換する。このような効率のおかげでＥＶは、消費電力を石炭火力による電力で一〇〇％まかなうとしても、化石燃料車より二酸化炭素排出量が少ない[10]。

マスクがアメリカの新型ＥＶ開発を支える最も知名度の高い人物になったのと同様に、万鋼は、世界の自動車産業の未来を形作るうえで最も影響力を持つ人間として、そして太平洋の反対側で展開するはるかに大きなストーリーの主役として、存在感を高めていた。

万が中国の科学技術部部長に任命された一年後の二〇〇八年、中国は北京でオリンピック競技大会を開催することになっていた。イメージを大切にする共産党は、国の実力を誇示するためならば、どんな費用も惜しまなかった。共産党は、初の「グリーン」オリンピックになると宣言して、石炭火力発電所と工場を数週間閉鎖し、スモッグに覆われた首都に青空を取り戻すと発表した。そして、選手が飛行機で移動する際に排出される二酸化炭素を相殺できるように、木を植えることも約束した。

万は、二〇〇〇年に中国の新型車開発計画の責任者に任命されて以来、ある締め切りを抱えてきた。二〇〇八年のオリンピックまでに電気バスと電気自動車を生産するという締め切りだ。オリンピックで電気自動車が登場するのは、北京大会が初めてではない。一九七二年のミュンヘン大会では、BMWが鉛蓄電池を搭載した電気自動車の試作モデルを二台製造している。だが、中国の計画ははるかに意欲的で、北京大会までに一〇〇〇台の電気バスと電気自動車を用意することになっていた。

万鋼は二〇〇七年までに、国有自動車メーカーの北京汽車（BAIC）、上海汽車集団（SAIC）、東風汽車集団、奇瑞汽車などをはじめ、多くの研究機関や事業者と提携してプロジェクトに取り組んだ。しかし、中国はまだ効率的な電気自動車の製造に必要なテクノロジーをきわめていなかった。つまり、先進的なバッテリーを搭載し、高度なソフトウェアで制御する効率的なモーターが、中国にはまだなかった。試作モデルを製造し、テストに成功したものの、そのような電気自動車を一〇〇〇台製造する能力はなかった。政府は敗北を認めるのではなく、意欲を抑制し、BAICの子会社が電気バスを五〇台、奇瑞汽車がハイブリッド電気自動車を五〇台生産することになった。

リーヴァイ・ティルマンの調査によれば、奇瑞汽車は期限を守るために、イギリスのエンジニアリング・コンサルタント会社、リカルド社と契約しなければならなかった。新しいチームは長い時間をかけて、小型車の奇瑞A5にボルトで装着できるシステムを開発した。ガソリンエンジンと電気モーターを自動的に切り替えられるシステムだ。けれども、切り替えを可能にするコンピューター・アルゴリズムの開発は遅れていた。したがって、その車はどんなドライバーでも運転できるわけではなくなった。内燃エンジンモードと電気モードを手動で切り替えてハイブリッド車を運転する必要が生まれ、特別にドライバーを養成しなければならなくなった。ＢＡＩＣのバスはうまくいったように見えたが、バッテリーがすぐに劣化したため三年もたたないうちに引退となった。

このようなことは、オリンピックの開催期間中には一切明るみに出ず、世界はスペクタクルに魅了された。『ニューヨーク・タイムズ』紙は「大成功」と書き、『ガーディアン』紙は「驚異的」と評した。また、『シドニー・モーニング・ヘラルド』紙は、「世界はこれほど大規模で創意あふれる式典を初めて目にした」、と記した。

オリンピック選手たちが帰国した後、国内の工場は再稼働し、車の使用制限も解除された。当然ながら、スモッグも北京に戻った。それから数ヵ月後の二〇〇九年、中国はアメリカを抜いて世界最大の自動車市場となり、一三〇〇万台の高燃費の車が販売された。それはすなわち、大気を汚染する微小粒子がさらに多く排出されるということでもある。微小粒子は人の血流に入り込み、呼吸障害を引き起こす可能性がある。大気汚染はがんや脳卒中を引き起こす可能性もあり、排出される微小粒子の数が多いほど、被害は大きくなる。中国の指導部は北京の執務室の窓からこの問題を確認できた。だからこそ、中国のＥＶ産業は明らかに後れをとっていたにもかかわらず、政府は万の輸送用機器の電化という構想を支援し続けた。

北京オリンピックでＥＶを導入する目標は期待外れに終わったが、万鋼はＮＥＶを市場に大規模に投入する承認を得た。新車を購入するごとに、多額の補助金も支給される。彼が重視したのは技術的中立性〔さまざまな技術の可能性を排除しないように、特定の技術や手法を前提とした制度設計を避けること〕で、二次電池式電気自動車（ＢＥＶ）、プラグイン・ハイブリッドカー（ＰＨＥＶ、容量の大きなバッテリーと内燃機関）、燃料電池自動車（ＦＣＥＶ、燃料電池に水素を使用し、排出物は水のみ）を製造するように、自動車メーカーに奨励した。

この計画の目標は、二〇一二年までに中国の一〇大都市でそれぞれ一〇〇〇台のNEVを販売することで、政府は一台あたり約一万ドルの直接補助金を支給する準備をして、国民の購買意欲を高めようとした。さらに政府は、減税や工場用地を安価で提供するという形で、自動車会社やバッテリーメーカーには間接補助金を出す。政府補助金の総額は、数十億ドルに上った。

継続的な支援が功を奏して、計画はようやく進み始めた。深圳（しんせん）に本社を置く比亜迪（BYD）は、二〇〇八年の北京オリンピックの数ヵ月後に、トヨタ・カローラとよく似た姿かたちのプラグイン・ハイブリッドカー、F3DMを発売した。補助金のおかげで、二〇一一年には一万台が中国の道路を走るようになった。

中国の街路にEVが登場し始めても、化石燃料車の販売台数は増え続けた。二〇一二年には一五〇〇万台の乗用車が販売され、予想通り大気汚染が悪化して、政府が空気質指数を公開し始めた結果、数値は誰の目にも明らかになった。

数値を公表したのは驚きだった。ほぼ間違いなく、政府が悪者にされる。だがそれは、計算のうえだった。二〇一四年、国務院総理の李克強（りこくきょう）はこのデータを根拠に、年に一度開かれる全国人民代表大会で大気汚染との戦いを宣言した。

政府はすでに、EV関連メーカーに直接補助金、間接補助金という飴を提供した。次は、鞭だ。万鋼の科学技術部は、地方政府と協力して年間の新車の数を管理する規制を導入するように指示された。化石燃料車のナンバープレートを手に入れたい都市の住民は、抽選か入札に参加しなければならなくなった。そのために支払う費用が自動車価格を上回る場合もある。NEVの場合は、先着順でナンバープレートが手に入った。

二〇一一年には、約一〇〇〇台のBEVとPHEVが販売され、二〇二二年にはその数が七〇〇万台近くに達し、中国はEVの世界最大の市場となった。[11] 年間成長率が三〇〇%に達した年もある。全販売台数に占めるEVの割合は今や二五%を超え、政府が二〇二五年の販売目標に掲げる二〇%をすでに上回っている。[12] 中国における自動車の未来が電気自動車であるのは明白で、中国の後押しによって輸送用機器の電動化が世界的に加速している。


二〇一八年、万鋼の後任として王志剛が科学技術部部長に就任した。万鋼はその後も同国の電化推進において中心的な存在であり続けたが、彼の影響力は政府の仕事を離れる前から明らかだった。アメリカの戦略国際問題研究所の調査報告によれば、中国政府は二〇〇九年から二〇一七年までに、電気自動車関連の費用として六〇〇億ドル以上を費やした。[13] この額は、年間約八〇〇万台の自動車を生産するゼネラル・モーターズの時価総額を上回る。

万の働きによって、中国産業界の宝石ともいうべき世界最大の電気自動車メーカー、BYDが生まれ、同社にはウォーレン・バフェットが大株主のひとりとして出資している。BYDは電気自動車のみならず、電気バスも世界中に販売する。[14] アメリカのカリフォルニア州とカナダのオンタリオ州で稼働する工場は、年間一〇〇〇台以上の電気バスを製造する能力がある。

自動車産業という観点から見れば、中国共産党が費やした資金はすでに利益を生んでいる。現在の中国は、電気自動車を製造する工場があるだけでなく、バッテリー製造のために世界各地で採掘する金属から、電気自動車に搭載する複雑なソフトウェアに至るまで、サプライチェーン全体を有している。しかも中国には、サプライチェーンの各段階を運営できる人材もある。そうした人材の大半は中国人だが、中国の多くの電気自動車会社は裕福になり、世界的企業から社員を引き抜けるようになった。

他の国々は、後れをとり戻そうと試みている。アメリカでは、二〇二二年に成立したインフレ抑制法(政府から、気候変動対策関連事業へ最大の資金投入が行われた)により、約一〇〇〇億ドル相当の輸送用機器の電化優遇措置がとられた。[15] 同様に、ヨーロッパでもEVに対する強気な計画が持ち上がり、厳しい排出基準によって、自動車メーカーは今後一〇年以内にEVのみの販売に軸足を移さざるをえなくなった。

万が中国の科学技術部部長を務めていた時代、世界のすべての国が二〇一五年のパリ協定に署名した。電気自動車はきわめて重要な気候変動対策であり、中国の例によって、テクノロジーを急速に向上させることは可能だと明らかになった。結果として、多くの国が二〇四〇年、あるいはそれ以前に、化石燃料車の新車販売を禁止するにいたり、[16] 世界の自動車販売台数の二〇%以上を占める市場では、内燃機関自動車の全廃が義務づけられた。[17]

中国政府の支援を受けた万鋼が示したのは、グリーン・テクノロジーを大きく向上させるには政府の政策による支援、官民による多額の投資、起業家への力の付与が必要だということだ。適切に行えば、テクノロジーの面で他国に対して圧倒的なリードを得ることもできる。右に挙げた三つすべてによって数十年のうちにテクノロジーを確実に向上させれば、気候資本主義(クライメート・キャピタリズム)は機能し、世界のゼロ・エミッションが実現する。

EVの急激な成長に、石油市場に携わる人々は困惑している。OPECが二〇一五年に発表した「世界石油見通し」では、二〇四〇年に世界で流通するバッテリー駆動のEVはわずか四七〇万台、すなわちその時点の世界の自動車保有台数の約二％にすぎないと予測されていた。だが、世界は二〇二〇年にその数字を超えた。ＯＰＥＣは大幅な見直しを迫られ、二〇二二年の「世界石油見通し」では、ＢＥＶは二〇四五年に約五億台になると予測した。[18] だがそれも、過小評価だと見られる可能性はある。ブルームバーグ・ニューエナジー・ファイナンス（ブルームバーグＮＥＦ）は、二〇四〇年には七億台近くになり、世界の乗用車保有台数の約四五％に近づくと予測している。[19]

ＥＶ販売の伸び率にかかわらず、世界の自動車メーカーは今後の兆しを感じている。北京がすべての補助金を打ち切ると決めたとしても、世界の自動車の電動化は、今後も続くだろう。フォルクスワーゲンは、二〇二五年までに電気自動車の新モデルに八六〇億ドルを投入すると決定した。[20] また、ＧＭは二七〇億ドル、[21] フォードは二二〇億ドル、[22] 現代自動車は一七〇億ドル[23]を新モデルに投じることになっている。

電気自動車が内燃機関に敗れてから、一世紀以上が経過した。一九七〇年代に電気自動車を復活させようとした最初の試みは失敗に終わった。それはテクノロジーが、化石燃料の時代を延長させるのを本業とする石油大手の手中にあったからだ。一九九〇年代に行われた二度目の試みが失敗に終わったのは、テクノロジーが、内燃機関エンジンの時代を延長させるのを本業とする旧来の企業の手中にあったからだ。そして二〇〇〇年代に入ってからの三度目の挑戦で、今度こそ電気自動車はトップに立ったようだ。力強い政策による支援、テクノロジーの躍進、資金豊富なスタートアップの三つが連携しているおかげで、旧来の企業も方針転換を迫られている。

このような進展はすべて、リチウムイオン・バッテリーの驚異的な発達がなければ不可能だったかもしれない。そして、その発達の中心にいたのが、二〇一一年に設立され、現在では世界の一流自動車メーカーを顧客に持つ世界最大のバッテリーメーカー、ＣＡＴＬ（寧徳時代新能源科技）だ。たとえ中国のＥＶが欧米で有名ブランドにならなくても、欧米人が購入するＥＶにはすでに中国製バッテリーが搭載されている。

第3章 勝者

敗北を認めた瞬間だった。とはいえ、その朝の穏やかな笑顔からは想像もつかなかっただろう。当時のドイツの首相、アンゲラ・メルケルは、中国の国務院総理、李克強(りこくきょう)の隣に立っていた。二〇一八年七月、ところどころに雲がかかるベルリンの夏の朝だった。両首脳は、カメラの前でポーズをとる合間に世間話をした。その広報イベントは、当日に予定されていた多くのイベントのひとつで、世界の経済大国である両国間の協力関係が強調された。

数メートル手前では、ダークスーツに身を包んだ男性が二名、デスクの前に座っていた。同じ革表紙のフォルダーを開き、ペンを手にしている。ふたりはカメラの方を見上げて、ペンを紙に当て、完璧な写真が撮影されるまで数秒間待った。それから、後ろに立つ年配者たちの祝福を受けつつ、世界最大のバッテリー会社、CATL(寧徳時代新能源科技)のCEO、曾毓群(そういくぐん)(ロビン・ゼン)と、ドイツのテューリンゲン州の大臣、ヴォルフガング・ティーフェンゼーは、中国の製造大手が初めてドイツで建設する大規模な電気自動車用バッテリー工場に関する合意書に署名した。その瞬間はあっという間に過ぎ去り、その場に居合わせた人たちのなかに、その歴史的重要性に気づいた人はほとんどいなかった。[1]

ドイツは自動車産業の本場として知られるが、それにはもっともな理由がある。一八七九年、カール・ベンツが自動車の動力源となる最初期の内燃機関のひとつを設計し、動かした場所がドイツだったからだ。[2] 現在のドイツは、世界有数の自動車会社のひとつ、フォルクスワーゲンをはじめ、BMW、アウディ、メルセデス・ベンツ、ポルシェなど、世界的に実力を認められている会社の本拠地となっている。[3] ドイツの自動車産業は、国内の雇用の七分の一、輸出額の四分の一、研究開発費の三分の一を占める。[4]

中国との合意は、ドイツ経済の屋台骨であった自動車産業がついにぐらつき始めたのを認めることでもあった。理由は、顧客が求める車を作れなかったからではなく、二一世紀の車に動力を与える決定的なテクノロジー、すなわちリチウムイオン・バッテリーのテクノロジーを開発してこなかったからだ。

バッテリーは、実現技術〔ものごとを実現する技術〕だ。自動車に電力を供給するだけでなく、太陽光発電や風力発電の電力を蓄えておき、太陽が照っていないときや風が吹いていないときに供給することもできる。起業家のなかには、短距離飛行用にバッテリー駆動の飛行機を作った人もいるし、ヨーロッパの海域では、バッテリーを動力源とするフェリーが就航している。[5] 世界がゼロ・エミッションの目標に向かって突き進むなか、バッテリーは使いこなすべき重要なテクノロジーであることが証明されつつある。それが、メルケル内閣で教育研究相を務めたアーニャ・カルリチェクが、バッテリーはドイツ、ひいてはヨーロッパにとって「存亡をかけた」問題だとみなすゆえんだ。[6]

各国がようやく真剣に追いつこうとし始めた一方で、中国は圧倒的なリードを得ていた。ブルームバーグNEFの推定では、二〇二五年には、中国のバッテリー生産能力は、世界の他の国々の総合的な能力の三倍になるという。[7]

乗り遅れたのはヨーロッパだけではない。一九九〇年代後半から二〇〇〇年代初頭という比較的最近になっても、バッテリーがあればこれほど多岐にわたることを、少ないコストで実現できると確信していた人はほとんどいなかった。中国がリチウムイオン・バッテリーの世界的リーダーに成長したことは、リチウムイオン・バッテリーを発明した石油業界、このテクノロジーを商業化に向けて育てたアメリカ、このテクノロジーを最初に向上させた日本にとっては、今となっては残念というしかない。

CATLの二〇階にある黄士林副会長のオフィスに足を踏み入れた瞬間、最初に目に飛び込んできたのは眺望だ。私が訪ねたのは、二〇一八年一一月のどんよりと曇った午後で、濃い霧が目前の山並みの方へ去ると、東シナ海に臨む入江が現れた。一瞬、工業団地の真っただ中にいることを忘れてしまった。けれども、窓のそばへ行って自分がいるタワーの周りに点在する工事現場を見下ろすと、すぐに現実が戻ってきた。私が尋ねるより先に、当時CATLで曾毓群に次ぐ実力者であり、中国の大富豪のひとりでもあった黄が、福建省にある人口約三〇〇万人の成長著しい都市、寧徳市の郊外に誰が何を建設しているのかについて話し始めた。CATLの本社および世界最大級のバッテリー組立工場があるのも、この場所だ。

「SAICがここに工場を建設しています」、と彼は言った。SAICとは、中国最大手の電気自動車メーカーであり、世界最大手の自動車メーカー、フォルクスワーゲンとゼネラルモーターズのパートナーでもある、上海汽車集団のことだ。同社は、いうまでもなくCATLからバッテリーを調達することになる。「そして、あそこにCATLの新社屋ができます」、と彼は湾の向こう側に見える屋根のない建物を指した。多くの人がＣＡＴＬの急成長に驚いている。黄でさえ、需要に追いつくのがやっとだと認める。

私たちはしばらくその景色に見とれていたが、私は彼に質問したくてたまらなかった。どれくらいの時間が許されているのかはわからなかったが、欧米のジャーナリストのインタビューは初めてということだった。私たちは、広々としたオフィスの一角にある黒い革張りのソファーに座った。部屋には電気ポットの音だけが響いている。お湯の設定温度を保つため、一〇分おきにスイッチが入る。黄は黒いズボンをはき、濃紺のウィンドブレーカーの下に糊のきいた栗色のシャツを着ていた。私が想像した最高幹部の服装よりも、かなりカジュアルだ。四二歳という割には、少し腹が出て生え際が後退していたが、私が最も目を引かれたのは、彼の満面の笑みだった。彼はやかんからカップにお湯を入れて、手渡してくれた。中国のどこにでもある習慣で、他国であれば客に水を出す場面で、お湯を出す。私たちはバッテリーについて、二〇〇〇年の歴史を持つ発明について話をした。

専門的にいえば、バッテリーとは、化学エネルギーを電気エネルギーに変換する装置のことだ。一七九九年にイタリアの化学者、アレッサンドロ・ボルタが発明した最初のバッテリーは、二枚の金属板（一枚は銅、もう一枚は亜鉛）の間に塩水に浸した厚紙を挟んだものだった。のちに「ボルタ電池」と呼ばれるようになるボルタの発明品は、画期的だった。人間の手でつくられた、安定した電気を供給する初の装置であり、それを使用したことが、元素周期表に含まれる多くの元素の発見や電磁気学の法則の発見につながった。[8]

バッテリーの基本構造は発明以来変わっていない。スマートフォンのバッテリーにも、ボルタ電池と同じように、導電性溶液（電解液）に浸されたふたつの電極（陽極と陰極）があり、それぞれの電極が直に接触してショートを起こすのを防ぐためのセパレーターがある。しかし、ボルタ電池が日常的に使えるようになるには、いくつかの大きな改良が必要だった。

ボルタ電池は、金属を大量に消費するが、発生する電気はごくわずかだった。たとえば、ロンドンにある私のフラットにボルタ電池で電力を供給するとしたら、銅と亜鉛を合わせて日に一万一〇〇〇キログラム必要になる。[9] したがって、電力の本格的利用は、フランスの物理学者、ガストン・プランテが鉛蓄電池を発明するまで待たねばならなかった。ボルタの発明から六〇年後だ。ボルタ電池は、いわゆる一次電池だった。銅と亜鉛が消費された後、電池は廃棄されるしかない。プランテが発明したのは、世界初の二次電池だ。一度消費されても、充電すれば再び電気を供給できる。一九世紀末には、鉛蓄電池は初期の自動車の動力をはじめとして、幅広く使用されていた。[10]

しかし、自動車を動かすエネルギー源としてバッテリーが君臨する時期は、それほど長くは続かなかった。というのも、鉛蓄電池を使った場合の走行距離は、化石燃料を燃やす自動車の走行距離にはかなわなかったからだ（第2章参照）。それから一〇〇年以上たった現在、鉛蓄電池は自動車に使われているものの、エンジン始動の補助やヘッドライトの電力供給、あるいはごく最近では、エアコンディショナーやステレオのような内部電気系統の稼働だけを目的としている。電気自動車の復活は、より多くのエネルギーを貯蔵できるリチウムイオン・バッテリーが発明され、既存の自動車と競争する方法が見つかるまでは難しかった。

リチウムイオン・バッテリーの開発は、一九七〇年代の石油危機の最中に始まった。[11] 化石燃料の大企業が石油は有限であると気づき、代替となるものを探す努力を強化したからだ。科学者のスタンリー・

ウィッティンガムがアメリカの石油大手エクソンで指揮を執ったプロジェクトは、世界初の再充電が可能なリチウムイオン・バッテリーの発明につながった。リチウムイオン・バッテリーの電極のひとつ（正極）は二硫化チタンで、もうひとつ（負極）は金属リチウムだった。ところが、そのリチウムイオン・バッテリーには、解決しなければならない大きな問題があった。突然発火する恐れがつねにあるという問題だ。小さな本体に蓄えるエネルギー量が大きくなるほど、発火の危険性は高まる。

ウィッティンガムには、この問題を克服できるという確信があり、エクソンは、いずれこのバッテリーを電気自動車に搭載できると考えていた。同社は、この問題を解決してプロジェクトを拡大するための予算を承認した。しかし、プロジェクトが日の目を見る前に一九八〇年代がやってきた。石油は再び供給過剰となり、代替燃料に対するエクソンの関心は薄れていった。結局同社は、商業的に採算の合うバッテリーの発売には至らなかった。

幸い、ウィッティンガムの研究によって、この分野に幅広い関心が持たれるようになった。それからの一〇年間、大学でも、国立研究所でも、一部の企業でも、世界中の研究者がリチウムイオン・バッテリーを熱心に研究した。そして三人の研究者が、ウィッティンガムの発明を採算の取れる商品へと改良する。まずは、当時オックスフォード大学の主任研究者であったジョン・グッドイナフが、二硫化チタンの代わりにコバルト酸リチウムを正極に使用すれば、バッテリーのエネルギー充填量が増加し、劣化するまでの充放電サイクル数も増加することを発見した。また、モロッコの化学者、ラシド・ヤザミは、金属リチウムではなくグラファイト（炭素の一種）を負極に使えば、エネルギー充填量を大きく犠牲にせずにバッテリーの安全性を大幅に向上させられると気づいた。それとほぼ同時期に、日本の研究者、吉野彰も、炭素質の負極の方が優れていることを発見した。そして、こうした発明をまとめあげたのが、当時ソニーの電池製造事業会社会長であった戸澤奎三郎と、専務取締役であった西美緒だった。ウィッティンガム、グッドイナフ、吉野の三人の科学者は、リチウムイオン・バッテリーを発明した功績により二〇一九年、ともにノーベル化学賞を受賞した。[12]

一九九二年、ソニーは世界で初めてリチウムイオン・バッテリーを商品化した。ソニーの商品、ハンディカムのオプションとして発売されたバッテリーは、それまでの標準的な電池であったニッケル・カドミウム蓄電池より三〇％小型化され、三五％軽量化された。タイミングも最高だった。ムーアの法則が示すように、コンピューター・チップのトランジスタ数は、概ね一八ヵ月ごとに倍増する〔半導体の性能は、大きさを変えないとしたら一八ヵ月（あるいは二四ヵ月）で二倍になる。つまり同じ性能でよければ、半導体の大きさを二分の一にして、半導体を使う製品を小さくできる〕。それは家電製品の小型化につながるが、バッテリーの場合は、リチウムイオン・バッテリーが商品化されるまで小型化に追いつけなかった。リチウムイオン・バッテリーを商品化したソニーはたちまち成功を収め、一九九三年に三〇〇万個、一九九四年には一五〇〇万個を販売した。

ソニーの成功にあやかった者もいた。一九九九年に三一歳でアンプレックス・テクノロジー・リミテッド（ATL）を設立した曾毓群（そういくぐん）もそのひとりだ。ATLは設立から二年でデバイス一〇〇万台分のリチウムイオン・バッテリーを生産し、信頼できるサプライヤーとして名を揚げた。その成功により、ATLは二〇〇五年に、カセットテープや記録可能なCDを主力製品とする日本企業、TDK株式会社に買収された。

曾と彼の右腕だった黄は、買収後もATLに残ると決めた。TDKはATLの製造工程に日本の規律を加え、リチウムイオン・バッテリー事業を最新の金の生る木、すなわちスマートフォンの市場とともに成長させた。黄によれば、その後間もなくＡＴＬは、サムスン電子とＡｐｐｌｅの双方にバッテリーを供給するようになった。

二〇〇六年、黄は電気自動車用バッテリーに関する問い合わせを受けるようになった。最初の依頼はインドのレヴァ・エレクトリック・カーからだった。当時、同社は改良型鉛蓄電池を搭載した二人乗りの電気自動車、「Ｇウィズ」を製造していた。最高速度は時速約四〇キロ、航続距離は八〇キロで、充電には何時間もかかった。レヴァは、車の最高時速と航続距離を向上させ、急速充電を可能にするリチウムイオン・バッテリーを供給する会社を探していた。

電気自動車に搭載されるリチウムイオン・バッテリーは、携帯機器に組み込まれるものとはまったく異なる。自動車には、携帯電話のバッテリーよりもはるかに多くのエネルギーを、はるかに速い速度で送り出せるバッテリーが必要だ。解決策を見つけるため、黄と曾はＡＴＬ内に研究部門を設置し、同時にアメリカのテクノロジー・ライセンスの取得を開始した。ライセンスがあれば、アメリカですでに行われているＲ＆Ｄ〔研究開発〕に加われるようになる。

当時の中国には、ライセンスを買い取ったり自動車用バッテリーの初期段階の研究開発に数百万ドルの投資を行ったりする企業はほとんどなかった。中国企業は、他国の企業のライセンスを盗んだり真似したりするものと思われていた。[13] だがＡＴＬは、懸命な研究努力を重ねてそうした固定観念を打ち壊し、二一世紀に製造業で最も重視される部門を中国が独占するお膳立てをした。

ＡＴＬは、二〇〇八年にはすでに、努力の成果を手にしていた。その年、中国政府は北京オリンピックで、電気バスの試乗車を何台も走らせ（第２章参照）、そのうちの何台かはＡＴＬのバッテリーを動力源としていた。[14] 電気バスの試乗は、輸送用機器の電化を推進する政府の計画の始まりであり、汚染物質を吐き出すバスの数を減らして微小粒子による致死的な大気汚染を低減し、温室効果ガスの排出量を削減するための戦略だった。中国政府は市民や世界のメディアから、スモッグのかかる空を何とかしてほしい、カーボン・フットプリント〔温室効果ガスの排出量を二酸化炭素量に換算して、わかりやすく表示する方法〕を小さくしてほしいと圧力を受けていた。黄と曾は、それを好機だと受けとめた。二〇一一年、ふたりはATLの車載バッテリー部門を独立させて、新会社、CATLを立ち上げた。頭につけた「C」は、バッテリーの未来は自動車事業とともにあるというふたりの信念を示す「コンテンポラリー」（同時代の）の略だ。

同じ頃、中国政府は次世代テクノロジーを有効に活用しようと、電気自動車に対する補助金を導入した。ただし、その対象となるバッテリーは中国製でなければならなかった。そこで、中国における存在感を高めようとしていたBMWは、中国の自動車メーカー、華晨（かしん）汽車集団およびCATLと提携した。二〇一三年、BMWと華晨汽車集団は中国市場向けの電気自動車「Zinoro」を発売する。BMWのサブコンパクトSUVであるX1のデザインを基本として、CATLのバッテリーが搭載された。

単三形や単四形の乾電池ならば、製造元がどこであっても基本的に同じ製品ができるが、電気自動車用のバッテリーは、車種ごとに最善の方法で車体に収まるようにカスタムメイドする必要がある。つまり、自動車メーカーのエンジニアはバッテリー会社のエンジニアと協力し、アイデアや規格、プロセスをやりとりしなければならない。CATLは、BMWとともにZinoroの開発に携わる間に、細部へのこだわりや工場から出荷される製品の信頼性向上など、ドイツのエンジニアリング・スキルを習得した。

「ＢＭＷから多くを学び、今では世界トップクラスのバッテリーメーカーになりました」。曾毓群は、二〇一七年に開かれたＺｉｎｏｒｏを祝うイベントでそう語った。[15]「ＢＭＷの高い基準と要求のおかげで、私たちは急成長を果たせました」。その二年後、ＣＡＴＬはドイツ初の自動車用バッテリー工場の建設に着工し、尊敬を集めるドイツの自動車業界の先を越した。

黄のインタビューを終えた数分後、私は建物の外で待機していたライトゴールドのＺｉｎｏｒｏに乗り込んだ。道路を数百メートル進んで着いた先で、今度はＣＡＴＬの数あるバッテリー製造ラインのひとつを見学する。

製造工場の入口では、外部の埃が工場内に入るのを防ぐため、靴にカバーをつけるように言われ、スマートフォンを預けさせられた。写真撮影は禁止だった。工場というよりは病院のような、染みひとつない白い壁の長い廊下を案内された。廊下の片側に窓があり、そこからバッテリーの製造フロアが見えた。人間とロボットが、同等に仕事をしている。人間は頭からつま先まで、シャワーキャップ、白衣、手袋、靴カバーで覆われていた。ロボットは裸のままだ。人間はほとんどの時間、機械を監視したり、コンピューターの画面を見たりしていた。ロボットは重いものを持ち上げたり、製造ラインや昇降機の間でさまざまな部品を移動させたりしていた。

製造ラインでは、部品を準備して組み立てる。リチウムイオン・バッテリーの製造工程は、まず蒸発しやすい液体の溶剤と粉末状の電極材料を混ぜ合わせ、電極スラリー〔粉体や液体を混練した際のどろどろの懸濁液〕を作るところから始まる。

ＣＡＴＬでは主として、電気バス用のリン酸鉄リチウム（ＬＦＰ）と電気自動車用のニッケルマンガン・コバルト酸化物（NMC）の二種類の正極を使用する。NMCの方が狭いスペースに多くのエネルギーを詰め込めるので小型車に使用されるが、LFPよりも価格は高い。どちらの場合も、負極はグラファイトでつくられる（少量のシリコンを混ぜることもある）。バッテリーの充電と放電に伴い、リチウムの荷電粒子が両電極間を行き来するため、リチウムイオン・バッテリーという名前がついた。

電極スラリーができたら、それを金属箔に塗布する。グラファイトの負極は銅に、LFPまたはNMCの正極はアルミニウムに塗布する。そして金属箔を高温のオーブンに入れると、溶剤が乾燥し、粉末が金属箔に付着する。

次のステップでは機械が手際よく、正極とセパレーターと負極の、三枚のシートを一緒にする（多くのセパレーターに用いられるのは品質の高いプラスチックで、リチウムイオンを通過させながら、両電極が直接接触してショートするのを防ぐ）。その後、三枚を一緒にロール状にして、円筒型、パウチ型、角型など、バッテリーの形状に応じた容器に挿入する。みかけは単三電池に似た少し大き目の円筒型のセルは、テスラで使われている。パウチ型のセルはアウディで使用されているが、同型の平らな長方形のバッテリーは、スマートフォンにも使われている。角型のセルは、つやつやしたランチボックスに似ている。

私が見学した工場では、BMWで使用される角型セルを製造していた。ロールが容器に設置されると、別の機械が電解液を注入する。これでバッテリーは、初めてのチャージを行う準備が整った。

しかし、作業は終わりではない。角型のバッテリー・パックを完成させるには、多くの角型セルを結合させてつなぎ合わせる必要がある。バッテリー・パックは車種に合わせてカスタムメイドされるため、CATLのエンジニアだけでは対応できず、自動車メーカーのエンジニアと協力して、次のステップを把握していくことになる。

したがってこの段階では、ふたつのチームの間で、知識や技能のやりとりが行われる。たとえば、BMW i3用のバッテリー・パックをつくるには、約九〇個の角型セルを結合させる。[16]そして、車体にぴったりと収まるように整えなければならない。また、接続された角型セルは、バッテリー管理システムによって作動させる。このシステムは、バッテリーに関するさまざまな情報を測定し、パック内の各バッテリーの健康状態に関する詳細な情報を提供する。また、このシステムは、バッテリーが安全な温度で充電や放電を行えるように、熱の管理も行う。このようなレベルのカスタマイズは決して安くはないため、リヴィアン・オートモーティヴやカヌーといった一部の電気自動車メーカーは、異なる車種間でも使用できる、いわゆるスケートボード・プラットフォームを開発している。

CATLは、この複雑でデリケートな生産工程を管理することで、業界屈指の企業となり、今ではBMW、フォルクスワーゲンといったドイツのブランドから、ホンダ、日産などの日本のブランド、そしていうまでもなく、数多くの中国メーカーなど、じつに多くの企業を顧客としている。同社はわずか数年で、日本の規律、ドイツのエンジニアリング、中国の起業家精神を融合させ、世界で一目置かれる電気自動車用バッテリーのメーカーとなった。

バッテリーがいかに重要かは、CATLに対する評価にも表れた。二〇一八年に深圳（しんせん）証券取引所に上場すると、すぐさま曾毓群と黄士林を含めて億万長者が四人生まれた。二〇二一年には、CATLの時価総額がフォルクスワーゲンを上回る。[17]現在、曾の純資産は、中国の長者番付で長年トップの座にあったアリババ創業者のジャック・マーよりも多い。[18]とはいえ、新たなスタートアップがリチウムイオン・バッテリーの未来に果敢な挑戦を始めていて、CATLが現在の地位を維持し続けるには、気を引き締める必要がある。

二〇二〇年末、シリコンヴァレーのスタートアップ、クアンタムスケープがニューヨーク証券取引所に上場した。同社は投資家に対して、次世代バッテリーが市販車に搭載されるのは早くても二〇二六年以降であり、したがって数年間は大きな収益は得られないと説明していたが、それにもかかわらず、上場後数週間で評価額が急上昇し、アメリカの自動車大手、フォードを上回った。[19]

中国のバッテリーメーカーがリチウムイオン・バッテリー製造の主導権を握っている現状で、アメリカの企業が復活を遂げるには、現在販売されている製品よりはるかに優れたバッテリーを作るしかない。固体電池が追い風となりそうだと挑むスタートアップや大企業は一〇社以上あり、クアンタムスケープはそのなかのひとつだ。同社の評価額の急上昇を見れば、市場が明らかに関心を寄せているのがわかる。

この飛躍のきっかけは、負極に金属リチウムを使用した、ウィッティンガムが考案したエクソンのリチウムイオン・バッテリーにあった。リチウムは宇宙で最も軽い金属であり、リチウムをベースとするバッテリーをつくる場合、元素周期表に掲載されているなかで利用可能な、最もエネルギー密度の高い負極材料となる。しかし商品として開発するうえでは、たとえ発火しないとしても、バッテリーの劣化が早いので、リチウム金属バッテリーの開発は諦められていた。走行距離が毎年二〇%以上落ちる電気自動車を買うと想像してみてほしい。

クアンタムスケープが大躍進を遂げたのは、リチウム金属バッテリーの安全性を高めるだけでなく、少なくとも最新のリチウムイオン・バッテリーと同程度の寿命を確保できる材料を見つけたからだった。その材料とは、固体電解質だ。研究者は、液体電解質こそがリチウム金属バッテリーを急速に劣化させる主因だと判断し、液体電解質を使わないことにした。

とはいうものの、新たな材料を見つけるのは容易ではなかった。クアンタムスケープは、資金力のあるフォルクスワーゲンの支援を得てから、二〇一一年に材料の模索にとりかかった。フォルクスワーゲンは最終的に、同社に三億ドルを投資することになる。[20]研究者たちは、材料に求められる性質を挙げた。リチウムイオンが自由に行き来できて、なおかつリチウム金属の劣化が抑えられること。「この条件を満たす材料が自然界に存在するかどうかは、わかりませんでした」。クアンタムスケープのジャグディープ・シンCEOは、そう話す。「ましてや、私たちがそれを見つけられるかどうかもわかりませんでした」[*3-1]。

難しい問題に取り組む場合、科学者が究極の武器とするのは力業だ。つまり、できるだけ多くの実験を素早く行い、その結果から学び、条件を微調整してさらに多くの実験を行う。いわば試行錯誤だが、膨大なデータと多くの分析のおかげで知見が得られる。目的を達成するため、クアンタムスケープは、バッテリーの専門集団はもちろんのこと、人工知能の専門集団もつくった。

また、反復に必要な時間を短縮するため、同社は研究者たちが交替で勤務し、すべての科学機器をつねに最適な状態で使用できるように、年中無休の作業工程を構築した。結果は、SFテレビドラマ『スター・トレック』に登場する装置、レプリケーターのごとく、膨大なデータベースから新しい材料を作り出すスーパーコンピューターに絶えず入力された。レプリケーターと違うのは、新材料はデジタルデータとして生まれるという点だ。デジタルデータは研究室で実体化され、バッテリーの性能テストを行う。

「何百万回ものテスト」を経て、二〇一五年、研究チームはついに必要条件を満たすふたつの材料にたどり着いた。すると、次の課題が現れる。ふたつの材料は実験室規模の小さなバッテリーでは成果を得たが、車に搭載する何百倍も大きなパウチ型セルでテストするには、それだけ大きいサイズのバッテリーを作る必要があった。その課題の解決には、さらに五年を要した。ミシガン大学のバッテリーの専門家でクアンタムスケープのアドバイザーでもあるヴェンカット・ヴィスワナーサンは、「長い時間だと思えるかもしれませんが、バッテリー材料の『なおかつ』問題を解決するには、それくらいの時間がかかるものです」、と言う。

クアンタムスケープの固体電解質は、リチウムイオンが行き来できて、なおかつリチウム金属の劣化が抑えられるだけでなく、バッテリー内で壊れないほど柔軟で、大規模生産が容易でなければならなかった。最終的に残ったふたつの材料で一連のテストを行った結果、ひとつがよい結果を出した。

一〇年の歳月と数億ドルを費やして、クアンタムスケープは二〇二〇年に画期的な固体電池を発表した。この電池は、当時市場に出ていた最高のリチウムイオン・バッテリーと同体積で比べると五〇％以上エネルギー密度が高く、一五分以内に〇％から八〇％まで充電できる。テスラに搭載されている最高のバッテリーと比べて、約二倍の速さだ。

ジャグディープ・シンは、固体電解質の材料について、セラミックであるということ以外に詳細を明かさない。カメラマンでさえフィルターを使い、競合他社が材料の色からヒントを得ないようにしなければならない。大規模なバッテリー製造ラインを建設するには、あと数年の開発作業が必要になるが、その過程でまた多くの問題が生まれるはずだ。

販売する車にクアンタムスケープのセルを使用する最初の権利を得るのはフォルクスワーゲンだが、その後クアンタムスケープは、資金を出す会社であればどの自動車メーカーとでも取引する用意がある。ソリッド・パワー、イリカといったスタートアップ、あるいはトヨタ、サムスン、さらにはＣＡＴＬのような既存企業からも固体電池の試作品が登場しており、時間はなくなってきている。
　これまでのところ、急速に高まるバッテリー需要によって起きた大きな問題はごくわずかだ。たとえば、リチウム、コバルト、ニッケルの価格の急騰がそれにあたる。価格が高騰すると、さらに多くの企業が材料の供給に加わろうとする。また、需要と供給の力学以外にも、とくにコバルトには別の問題がある。世界のコバルトの約半分は、コンゴ民主共和国で採掘されており、有害な環境の採掘現場で子どもを違法に働かせていると世界から批判されているからだ。
　世界のリチウムイオン・バッテリーの生産能力は、今後二〇年で、少なくとも現在の需要の一〇倍に拡大すると予想されている。だとすれば、環境の面でも人権の面でも厳しい基準を満たす安全な場所の鉱床を開発しなければならない。[21]同時に、世界では大規模なバッテリーのリサイクル施設の建設も必要となる。グリーンピースの調査によると、二〇二一年から二〇三〇年の間に、約一三〇〇万トンのリチウムイオン・バッテリーが使えなくなるからだ。[22]
　いくつかの研究によれば、リチウムイオン・バッテリー内の有用な鉱物の約九五％は回収可能だ。だが、産業界が納得する価格で回収できるのかという問題については、まだ答えが出ていない。しかも、バッテリーのコストが下がれば下がるほど、解決は難しくなる。だが各国の政府も、その状況を静観しているわけではない。中国政府は、全国に一万ヵ所のリサイクル施設を建設するため、インセンティブにつながる制度を設けた。[23]
　ヨーロッパでは、バッテリーのリサイクルはさらに重要だ。というのも、中国がバッテリー用材料の供給を掌握しているからだ。二〇二一年の時点で、中国は世界で生産されるグラファイトのほぼすべて、硫酸マンガンの九五％、硫酸コバルトの八〇％、硫酸ニッケルの五五％、水酸化リチウムのおよそ半分を生産している。[24] したがってヨーロッパ各国は、バージン金属の入手を確保するだけでなく、リサイクルを通じてそうした材料をより長く使い続ける必要がある。[25] 二〇二二年、ＥＵはコバルト、リチウム、ニッケルについて、リサイクルでまかなうべき最低量を定める規制を打ち出した。[26] アメリカはインフレ抑制法によって、アメリカ国内のバッテリー製造だけでなく、バッテリー材料のリサイクルも促進すると定めた。[27]

バッテリーで動く携帯機器は私たちの生活を一変させたが、バッテリー駆動の電気自動車も私たちの生活に大きな影響を与え始めている。より安全で、より強力で、よりエネルギー密度の高いバッテリーがより安価に製造されたら、大変革が起きうるものはまだたくさんある。だからこそ、メルケル首相と閣僚たちは、バッテリーは「存亡をかけた」課題だととらえる。二〇二一年、ＣＡＴＬはドイツに建設した新工場でバッテリーの生産を開始し、ヨーロッパの中心部にある自動車メーカーにセルを供給した。[28] 狙いは、ドイツの自動車産業の支援にとどまらず、ゼロ・エミッションに向けた競争のなかで、未来の動力源となりうる競争力のあるテクノロジーを発展させることにある。黄士林、ＣＡＴＬ、そして中国は、力を合わせて先陣を切ったが、他の企業も挑戦して追いつく余地は充分にある。

二〇一〇年から二〇二〇年にかけて、リチウムイオン・バッテリーの価格は八九％下落し、一キロワット時あたり一一〇〇ドルから一三七ドルになった。[29] 次の一〇年では、パンデミックに端を発した供給停止によって短期的にはバッテリー価格が上昇するとしても、さらに半減する可能性がある。また、バッテリーは電気自動車の部品のなかで最も高価であるため、価格の急落によって、テスラ、フォルクスワーゲン、トヨタなどは、電気自動車をラインナップのなかの高級車から大衆車へ移行させることができた。

バッテリー価格の下落は、CATLのような企業の努力のおかげでもある。ソーラーパネルから風力タービンに至るまで、新しい低排出テクノロジーはどれも最初は高価だ。テクノロジーが生まれるのは実験室だが、科学者たちはどうすれば最高の試作品を工場に送り出せるかを考え、そのための微調整や学習にかかる費用を惜しまない。その後、テクノロジーはエンジニアに引き継がれ、エンジニアは何千ものユニットを製造するのに必要な手順を細かく分ける。そして、多くのユニットを製造するにしたがって、より効率的に生産する方法を見つけていく。たとえば、廃棄物の量を減らしたり、二段階の工程でかかる時間を短縮したりする他、エンジニアでなければあまりにも平凡で気にしないような細かい部分を改善する。結果的に、一度に処理するバッチごとにみれば、新しいバッチは前のバッチより少し安く製造できるようになっていく。

めったにないことだが、ある企業が特定の製品を独占している場合、その企業は一ユニットにつきより多くの利益を得る。しかし多くの場合、企業は市場競争にさらされ、価格を下げることで蓄えをいくらか顧客に還元する。だがそれでも、企業の収益が下がるとは限らない。なぜなら、価格が下がれば、より多くの消費者がソーラーパネル、風力タービン、バッテリーなどを購入できるようになり、好循環が生まれるからだ。

科学技術者は、このプロセスを学習曲線という曲線で表す。この曲線は、Y軸が一ユニットの生産コスト、X軸が製造するユニットの数を表す。工業製品としてリチウムイオン・バッテリーを見た場合、学習曲線によれば、製造ユニットが二倍になるごとに、一ユニットの製造コストは一八%下がる。この割合は歴史が示す普遍的な数字で、バッテリーの需要が伸び続けた場合、バッテリーの生産コストがどれだけ早く下がるかを予測できる。

リチウムイオン・バッテリーで動く携帯電子機器は、一九九〇年代に発売された当初、かなり高価だったが、ニッケル・カドミウム・バッテリーを使用した機器よりも優れているとわかっていた。消費者は、軽くて長持ちするバッテリーのために割高な料金を支払うのをいとわなかった。リチウムイオン・バッテリーを使った機器を購入する人が増えるにつれてバッテリーの製造コストは下がり、二〇一〇年には、初期の高級電気自動車にリチウムイオン・バッテリーを搭載できるまでになった。

学習曲線は下降し続け、二〇二〇年代には、リチウムイオン・バッテリーのコストがさらに大きく下がり、平均すれば、内燃エンジン車よりも電気自動車を購入して運転する方が経済的になるという予測も出ている。[30] 製造コストが下がったリチウムイオン・バッテリーは、他の市場でもさまざまな用途への応用が考えられるようになった。

二〇一七年九月、史上最も強烈な熱帯低気圧となったハリケーン・マリアは、公式発表で三〇五七人を犠牲にし、アメリカ自治連邦区のプエルトリコを暗闇に陥れた。当局は電力の完全復旧に一一ヵ月を要し、それもまた記録となる。アメリカ史上最長、世界史上でも二番目に長い停電だった。[31]

気候変動により世界中で激しい異常気象が起きているため、プエルトリコが近いうちにまたマリアのような暴風雨に見舞われる可能性は高い。プエルトリコの人々は、できる限りの備えをしたいと考え、二〇一七年の災害から数週間のうちに、「エネルギー反乱軍」を自称する地元の環境活動家たちは、プエルトリコ島の少なくとも一部に電力供給の新システムを導入し始めた。[32]

現代の一般的な電力網は、ほとんどが石炭や天然ガスを燃やす大規模な発電所を拠点としていて、大小のケーブル網を通じて家庭やオフィスに電力を供給する。ハリケーン・マリアによる被害のように、ケーブルがあちこちで寸断されてしまうと送配電網全体がダウンする。一方、ミニグリッドと呼ばれる新システムは、より耐性のある新しいテクノロジーを利用する。電力源はソーラーパネルで、太陽のパワーを分散させて配電するため、大規模発電設備一基分の容量をまかなうには多くのソーラーパネルが必要になる。「エネルギー反乱軍」は、ソーラーパネルを家屋の上に設置したり、使われていない土地に掲げたりして、地域全体に散在させた。

化石燃料を使う発電所には大きな利点がある。出力調整が可能という利点だ。たとえば、あなたが電気のスイッチを入れたら、その瞬間に誰かが電気を起こして、あなたの需要を満たすために配電する必要がある。化石燃料を使う発電所が頼るのは数百万年前から蓄積されたエネルギーで、必要とされるときに放出して燃焼できる。けれども、太陽光発電が依存するのは日周運動のサイクルと雲の多寡だ。ミニグリッドを確実に稼働させるため、プエルトリコの人々はリチウムイオン・バッテリーを追加した。太陽が出ているとき、ソーラーパネルは消費に必要な電力と、バッテリーに蓄える電力を供給する。太陽が沈むと、バッテリーが発電所となり、貯蔵されたエネルギーを要求に応じて放出する。

この新システムがプエルトリコの人々にもたらす最大の利点は、必ずまた襲来してくるハリケーンによってミニグリッドと主要な電力網との接続が断たれても、島全体に電力を供給できることだ。現状では、ミニグリッド・システムはすべての需要を満たすことはできないが、基本的なサービスのほとんどを機能させられる。再生可能エネルギーで稼働するミニグリッドは、排出ガスを出さないという大きな副次的効果もある。

バッテリーのコストがこの三〇年間で着実に低下していなければ、このようなことはまったく不可能だっただろう。電気は世界でも非常に安価な商品のひとつなので、発電と送電を行うすべての機器も同様に安価でなければならない。プエルトリコのひとりあたりの所得は、アメリカの平均の三分の一にすぎない。それでも、多くのプエルトリコ人が、ミニグリッドを建設するためのバッテリーやソーラーパネルの購入費用を捻出できるという事実を見れば、こうしたテクノロジーがいかに身近になったかがわかる。

バッテリーのコストはまだ下がる余地がある。世界には今も安定した電力を利用できない人が七億人ほどいることを考えれば、これはすばらしいニュースだ。[33] 安価な携帯電話によって、開発途上国の多くの人が固定電話という前世紀のテクノロジーを回避できたように、ソーラーパネルやバッテリーを利用する分散型電源によって、多くの人が大規模送配電網の必要性を回避できるかもしれない。

バッテリーは、既存の送配電網を支えるうえでも、大きな役割を果たせる。排出問題を解決する近道があるとすれば、それは世界のできるだけ多くの地域を電化し、クリーンな電源で電力を供給することだ。だからこそ、気候目標が厳しくなるにつれて、多くの国や地域が再生可能エネルギーによる電力供給について意欲的な目標を掲げる。

エネルギーを貯蔵するテクノロジーは、今では最も安価になった電力源である太陽光や風力で得た電力をより安定的に利用するために欠かせない。水力、原子力、地熱、あるいはその他の出力調整可能でゼロ・エミッションの電源には出番がないというのではなく、クリーンな電源の種類にかかわらず、エネルギーを貯蔵すれば問題解決のスピードは早まる。

黄はCATLで、輸送用コンテナサイズのリチウムイオン・バッテリーの製造に携わっていた。中国のように電気自動車が増え、太陽光発電や風力発電の巨大な設備がすでに送配電網に接続されている国では、輸送用コンテナサイズのバッテリーがふたつの役割を果たす。電気自動車が充電を必要とするとき、バッテリーは送配電網の需要を増やさずに高速充電を行える。電気自動車を充電する必要がないときは、バッテリーは送配電網の蓄電池としても機能する。二〇二二年、黄はEV充電とエネルギー貯蔵をさらに追究するチャンスを求めて、CATLを去った。[34]

テクノロジーの進歩によって、気候変動への取り組みが容易になったのは確かだ。しかし、ゼロ・エミッションの実現に必要なテクノロジーを、あるいは材料を、私たちがすべて手に入れたと考えるのは間違いだ。太陽光発電と風力発電だけで電力をまかなう世界は、まだ手の届くところにはない。現在のテクノロジーでは、八〇%から九〇%を自然エネルギーでまかなうところまでは可能だが、一〇〇%に近づけば近づくほど難しくなる。[35]なぜなら、送配電網に貯蔵すべき電力が多くなるほど、貯蔵媒体は安くなる必要があるからだ。

二〇一九年のある研究で、自然エネルギーが天然ガス発電所と同等のコスト競争力を持ち、二四時間、つねに電力を供給するためには、何が必要かという考察が行われた。導き出されたのは、エネルギー貯蔵のコストを、現在のリチウムイオン・バッテリー価格の一〇分の一以下、すなわち一キロワット時あたり一〇ドル程度まで下げる必要がある、という答えだった。[36]私が話を聞いた専門家は、誰ひとりとしてリチウムイオン・バッテリーがここまで安くなるとは考えていなかった。ということは、これからの数十年でエネルギー貯蔵のテクノロジーが飛躍的に発展する必要がある。鉄という非常に安価な金属を使ってバッテリーを製造するスタートアップはすでにあるので、超低コストという必要条件を満たせるはずだが、[37]そうしたスタートアップが規模を拡大するには、官民の大きな支援が必要になる。

中国はグリーン・テクノロジーにおける優れた能力により、間もなく排出量のピークに達して、二〇六〇年までにネットゼロ・エミッションを実現する道へ向かうだろう。国の指導者が二〇二〇年に設定した目標だ。[38] しかし、世界が気候目標を達成できるかどうかは、私の生まれ故郷、インドで起きていることが大きな鍵となるかもしれない。インドは国土が広く、これから経済が成長することを前提とすれば、化石燃料が大量に使用される可能性があるが、公正という観点から見れば、それはこの国にとってある種の権利だろう。とはいえ、この国で驚異的に発展する太陽光発電を見れば、アメリカやヨーロッパなどとは異なる繁栄の道を歩んでいるのがわかる。

第4章　行動家

インドの冬のさなか、一月の昼下がりにもかかわらず、パヴァガダの太陽は容赦なく照りつけていた。私は不快な汗をかきながら、建設現場を保護する有刺鉄線のフェンスと道路に挟まれた小さな土地に立っていた。背後では、マースクやハンジンといった世界的ブランドのロゴが入る輸送コンテナを積んだ大型トラックが砂嵐を巻き起こし、ひっきりなしにエンジン音を響かせて、地元で農業を営むズリニヴァスの声をかき消す。

ほんの三年前なら、この地にたどり着くには、一番近い幹線道路から二輪車に乗せられて、でこぼこの土道を何キロも走らねばならなかった。その日、ズリニヴァスと私はエアコンの効いた車で、滑らかなアスファルトの道を走った。道路が整備されたのはごく最近のことで、私たちが視察に向かう世界最大級の太陽光発電所が操業を開始したのもごく最近だった。

パヴァガダ・ソーラーパークは、インドの先端技術の中心地、ベンガルールから数百キロ離れた地域にあり、一万三〇〇〇エーカー（サッカー場約六〇〇〇面分）の敷地で二〇〇〇メガワットのエミッションフリーの電気を発電する。人口三〇〇〇万人のインドの都市の年間需要を満たすのに、充分な電力量だ。二〇一六年以降、インド政府はスリニヴァスをはじめとする農業従事者から土地を借りて、ソーラーパークの建設を始めた。そういうことがなければ、多額の農業ローンで借金を背負った何百人もの農業者が底知れぬ絶望を味わっただろうと、彼は整然と並ぶソーラーパネルが地平線まで続く現場を指して言った。

リース料の収入がなければ、「娘たちを大学に行かせられなかった」、とスリニヴァスは打ち明けた。三人の娘がいる五〇歳の父親が着ているのは、しわだらけの白いシャツだ。彼の額には、私と同じく玉のような汗がにじんでいた。彼は安堵のため息をついて、娘たちは将来農業には就かないだろうし、自分よりもよい人生をつかむチャンスを得るのが嬉しいと言った。

ここに来るまでの車中で、私はこの地域の農家にのしかかる不安を垣間見た。ベンガルールを出てパヴァガダに向かっていると、背の高い木々や緑樹のある景色が、低木やサボテンが点在する開けた土地に変わっていった。インド南部の大都市、ベンガルールは、サバナ気候で緑に恵まれ、それが「インドの田園都市」を意味するベンガルールという名の由来となっている。しかし、ベンガルールからさほど離れてはいないパヴァガダは半乾燥地帯にあり、雨季が短く、気温は年間を通じて高いか非常に高いかのどちらかだ。

この土地の農家はどこも干ばつと無縁ではなかったが、この二〇年ほどはよくない状況が続いていた。[1]農場の主たちは何世代にもわたってこの土地を耕してきたものの、これほど頻繁で長期間続く干ばつを経験した者はいない。農業者たちは、乏しくなっていく水源に対応できる落花生や黄色レンズ豆を栽培し、適応しようとしてきた。灌漑に地下水を利用するため、余裕がある者は井戸を掘ったが、この一〇年で、その水源さえも脅威にさらされるようになった。多くの井戸が枯渇し、太古の昔から蓄えられてきた水を補充する簡単な方法はなさそうだった。

「この土地は遅かれ早かれ、気候変動によって不毛の地になるでしょう」。地元の教育慈善団体、トゥムクル・サイエンス・センターの顧問、イェティライはそう言う。ズリニヴァスとイェティライは、南インドの多くの人と同じく、フルネームを明かしたがらない。フルネームがわかると、属しているカースト、父の姓、一族の出身地などがわかる。つまり、フルネームを明かさないのは、長い名前を繰り返さなくてよいという実用的な理由もあるし、プライバシーを守るためでもある。彼らの名前にまつわるしきたりから、この地域の人が出身地に深く根を下ろしていることや、アイデンティティーを知られるのを恐れてフルネームを明らかにしたがらないことがわかる。

気候変動によって広大な土地が休耕地となり、世界中の何百万という農業者が人生を一変させられた。生産性の高い土地を手入れしてきた数十年が、終わろうとしている。二〇一七年の調査によれば、気候変動に関連する不作が原因で、この三〇年間に六万人近くのインドの農業者が自殺した[2]。干上がる農地は、地球温暖化が進むにつれて世界中で増え、やがてその数は桁違いに高まる可能性がある[3]。気候変動の悪影響は、貧困層や最も弱い立場にある人々にとってより深刻に感じられるものだが、これも何千とあるそうした例のひとつだ。

ひとつの解決策ですべての農家を救うことはできない。ズリニヴァスのように、クリーンエネルギーへの移行で恩恵を受けられる者もいる。だが、そうした恩恵を現実に受け取るには、新たなルールを整備して政府と企業が協力する体制を整え、インドのような開発途上国で、国民に毎日降り注ぐ太陽エネルギーの果てしない供給を利用できるようにしなければならない。

インドは、アメリカのように太陽電池を発明した国でもなければ、中国のように大規模に製造している国でもない。それでも、二〇一五年を境に太陽光発電が急成長したインドの事例は、太陽光発電を展開できる潜在力が非常に高くて、日光がたっぷりと降り注ぐ、他の熱帯諸国に未来図を提供できる。[*4-1] そのような国には、日本やオーストラリアのような裕福な国とは違って資金力がないが、インドで起きていることは、合計すれば世界人口の半分以上を占めるアフリカ、中南米、東南アジアの国々のモデルになりうる。

ズリニヴァスは、先祖代々の土地とのつながりを維持してこられた。というのも、二〇一五年に、八〇〇〇キロも離れた場所である決定が行われたからだ。一九五ヵ国が署名することになる、パリ協定の採択だ。その結果、過去の環境協定では一度も成し遂げられなかったことが、実を結んだ。すべての国が、気候変動は人類が直面する非常に大きな脅威のひとつであると認めただけでなく、目標を達成すればとんでもない大災害をいくらかは食い止められると認めたのだ。

パリ協定が結ばれた年、インドは二〇二二年までに一〇万メガワット以上の太陽光発電を導入するという目標を掲げ、世界に熱意を表明した。当時、インドで導入されていた太陽光発電は五〇〇〇メガワットに満たず、[4] 七年足らずで二〇倍に拡大しなければならない。現在、太陽光は世界の多くの地域で最も安価な電力源となっているが、インドが目標を設定した当時、太陽光を他の電力源と競争できるようにするには、企業はまだ多額の政府補助金を必要としていた。

インドは気候変動問題への貢献は小さいとしても、再生可能エネルギーの目標設定によって、世界の気候外交における自国の役割を充分に果たそうとしている。大気中に排出された化石燃料由来の二酸化炭素の総量に占めるインドの割合は、アメリカの八分の一だ。[5] 仮にインドが、アメリカと並んで二〇五〇年までにネットゼロ・エミッションを実現した場合、世界全体の温室効果ガス削減への貢献はアメリカの五分の一となる。[6] この比較は、排出量の絶対値を用いている。インドの人口はアメリカの四倍以上なので、ひとりあたりの排出量で考えれば、数値はさらにインドに有利な方向へ傾くだろう。

太陽光発電では、通常一メガワットあたり六エーカー以上の土地が必要になる。人口密度が高いインドでは、政府は必要な土地の大部分を個人所有者や農家から購入したり、リースしたりしなければならなかった。ズリニヴァスをはじめとする何百人もの農業者にとって、年間リース料は失われた農業の収入を完全に補うほどではないとしても、適正で安定した収入源となり、困難な生活を少し楽にしてくれる。

パリ協定では、またしても各国政府間で玉虫色の合意が行われたと一般には認識されている。気候変動を否定する人物が大統領になって突然協定から離脱したアメリカのように、約束をしておきながらそれを守らない国もある。とはいえ、大多数の国は約束に忠実であろうとしている。重要なのは、科学的に見ても、経済的に見ても、社会的、倫理的に見ても、論拠は強まるばかりだということだ。

弱点はあるものの、パリ協定によって気候アクションには弾みがつき、私たちの世界は新しい形になりつつある。パリ協定の最大の功績は、各国政府が、いよいよ気候変動という課題に挑戦して必要な解決策を拡充する用意があると、民間企業にシグナルを送ったことだ。つまりパリ協定は、パリに集まった世界のリーダーたちと、パヴァガダにいるズリニヴァスをつないでいる。

「それがパリ協定の長所です」。そう話すのは、国際エネルギー機関（IEA）のアナリストで、インドのシンクタンクのひとつ、エネルギー資源研究所の元研究員、トーマス・スペンサーだ。[7]「その長所の一部は同時に短所でもあります。なぜなら、非常に多くの産業部門、非常に多くのアクションに訴えかけて、方向性を示しているだけだからです。やらなければならない、とまでは言っていません」。

気運を盛り上げる大きな力は、むしろ今の現実だ。科学者たちが何十年も言い続けてきた悲惨な予測の多くが、現実に起こるようになった。再保険会社のミュンヘン再保険によると、「自然」災害の数は増加の一途をたどっていて、二〇二〇年には九八〇件を記録し[8]、世界経済に二一〇〇億ドルの損害を与えた[9]。一九八〇年代に起きた洪水、干ばつ、山火事、暴風雨の数は各年とも三〇〇件ほどで、平均的な経済損失も非常に少なかった。自然変動にとどまらない現在の気候変動は、災害をいっそう過酷にする。世界が二酸化炭素を排出し続ける限り、災害の被害は甚大化し続け、混乱をもたらし、不確実性を増大させる。それこそが、各国政府も企業も恐れる事態だ。

だが、現代の科学者たちは、いくつかの極端な気象現象について、人為的な気候変動と関連しているかどうかを、高い確度で説明できるようになった。たとえば、二〇二一年の夏に北アメリカの西海岸を襲った激しい熱波は、数百人の死者を出し、何十年も前の最高気温の記録を塗り替えた。それから一週間もたたないうちに、科学者たちは、気候変動がなければあれほどの激しいできごとは「まず起こりえなかった」、という研究結果を公表した[10]。二〇二二年にパキスタンの三分の一が大洪水で水没した際、科学者の団体、「世界気象分析グループ」は、気候変動により異常降雨が激化し、それが洪水の一因となった「可能性が高い」、と結論づけた[11]。

パヴァガダでは干ばつが深刻化し、借金を返済できなくなったり、生活していけなくなったりする農家が増えていた。多くの場合、彼らがまずあてにするのは、作物の不作に備える公的な農業保険を申請することだ。国中で次々と給付申請が行われるとなれば、パヴァガダのソーラーパークのような好機は、政府にとっても農業者支援の責任を放棄せずに負債を減らすひとつの方法となる。
しかし、そのような節約をするだけでは、財政運営の厳しいインド政府がズリニヴァスの土地を借り上げて太陽光発電設備を建設することはできなかった。政府には、パヴァガダ・ソーラーパークの建設費の約一五％を引き受けた、スマント・シンハのような起業家も必要だった。彼らはプライベート・マーケットを拡大し、政府とともに、太陽光発電事業を長期にわたり経済的に持続可能（サステナブル）にする役割を果たす。

ソーラーパークが完成する約一〇年前、シンハはアメリカの投資銀行、ゴールドマン・サックスから資本提供を受けてリニュー・パワーを設立した。以後、彼は優良事業、とくに新しいテクノロジーを利用する事業を営むのが難しいこの国で、世界トップクラスの再生可能エネルギー企業を築いてきた。
ゴールドマン・サックスは、インドの再生可能エネルギーへの投資経験がなかったが、シンハという人物に、荒波の海を航海する能力を見出した。彼の前職は、当時のインド最大の風力発電会社、スズロン・エナジーの最高執行責任者（COO）で、彼はそこで再生可能エネルギー関連の仕事の経験を積んだ。さらに、その前職では、インド最大手のコングロマリットの最高財務責任者（CFO）として、資金管理のスキルを発揮する経験もしていた。[12]
シンハは、シンプルな説明から始めた。二〇〇〇年代、インド経済は年平均約七％という急成長を遂げ、二〇〇八年から二〇〇九年にかけて起きた世界金融危機からの回復さえも、さほど困難な課題ではなかった。一般に開発途上国では、経済が拡大するにつれて多くのエネルギーを消費する。インドの場合は、その増えるエネルギー消費量の大半を、石炭と石油の燃焼量の増加でまかなった。その結果、汚れた化石燃料の消費量は、二〇〇〇年代に七〇%も増加した。

幸い、再生可能エネルギーは予想よりもずっと早くコストが下がり、インド政府は懸命に先手を打とうとした。インドでは、当時すでに石油と天然ガスの消費量の多くを輸入に頼っていた。石炭の埋蔵量は世界第五位を誇っていたものの、必要量に見合うほどは採掘できず、輸入を余儀なくされていた。したがって、新たなエネルギー源を見つけることは、エネルギー安全保障を維持し、輸入コストを下げるためにきわめて重要だった。

そのような事情から、インドでは太陽光発電の機運が高まったが、シンハの挑戦にはまだリスクがあった。彼がリニュー・パワーを設立した二〇一一年、世界銀行のビジネス環境改善ランキングでインドは一三四位という位置づけで、中国（七九位）よりもはるかに低く、ロシア（一二三位）にも及ばなかった。[13] 南アジアの大国、インドは汚職とお役所仕事で悪評が高く、もともと起業家にとってはやりにくい環境だが、国有企業と密接に協力しなければならない場合はとくにそうだった。

当時の再生可能エネルギー業界では、民間企業がエネルギー市場で競争するには政府の補助金に頼るしかなかった。そしてインドでは、補助金が約束されても、必ず受け取れるという保証はなかった。さらに、太陽光発電や風力発電で生産された電力の送電を担う国営の送配電網運営会社との取引という問題もあった。運営会社は卸売価格を支払い、その代金を、顧客が支払う電力使用料で回収する。しかし運営会社は、盗電や政府が定めた無料配電の制度で多額の負債を抱え、その結果、リニュー・パワーのような企業に本来支払われるべき代金が支払われないリスクが高まっていた。

私は二〇一九年九月、ニューデリーの衛星都市、グルグラムにあるリニュー・パワーの本社で、初めてシンハに会った。当時四四歳の彼は物腰がやわらかで、新しいビジネス構想の話題になると生き生きと話した。だが、彼が起業するまでの道のりは単純ではなかった。

若い頃、シンハには成功への道筋がはっきりと見えていた。政界で成功する道だ。彼は、かつてインドの財務大臣、外務大臣を歴任したヤシュワント・シンハの息子で、元財務副大臣、元航空副大臣のジャヤント・シンハの弟でもある。しかし、末っ子のスマント・シンハは、政治にさほど魅力を感じていなかった。インド工科大学デリー校で工学を学び、コロンビア大学で財政学を学んだ後、二〇〇八年に当時国内最大の風力タービンメーカーであったスズロン・エナジーのCOOとして、インドの再生可能エネルギーブームの最前線に立った。

二〇〇七年、スズロンの時価総額は五〇〇億ドルに達し、インドが多国籍大企業を生み出す可能性を示す輝かしい例となった。スズロンの顧客は世界中にいた。しかし、二〇〇八年の世界金融危機によってスズロンのタービンは大きな打撃を受け、株価が九〇%以上下落し、同社は深刻な危機に陥った[14]。スズロンは不況時にどう負債を返済するかを考慮せず、あまりにも多額の支出があり、シンハが言うには、会社の安定をはかって誤りを正そうとする彼の試みは社内の抵抗に遭った。問題はインドの再生可能エネルギー市場ではなく、市場獲得のためにスズロンがどのように資金を費やしたかにあった。シンハは自分の船の船長になるときが来たと自覚し、二〇一一年一月にリニュー・パワーを設立した。

悲劇はすぐに襲ってきた。シンハは小さなチームを雇い、ピッチデック〔スタートアップが作成する、事業計画を説明するためのプレゼンテーション資料〕を作り、それまでの貯えを費やして可能性のある再生可能エネルギー事業の権利を購入した。ところが、そのようなタイミングで、彼は網膜剥離を起こし、すぐに治療しなければ永久に失明するかもしれないという深刻な状況に直面した。片方の眼球を手術してから四週間、シンハはベッドにじっと横たわるしかなく、頭を動かすことも許されなかった。

立ち直ったのもつかの間、彼はまた新たな障害にぶつかった。リニュー・パワーは、六〇〇〇万ドルの資金調達を目指していた。一般的にベンチャーキャピタル〔未上場のスタートアップやベンチャー企業に出資して株式を取得し、将来的にその企業が株式を公開した際に株式を売却して、大きな値上がり益の獲得を目指す投資会社や投資ファンド〕がインドのスタートアップに投資を行う場合、数十万ドルないしは数百万ドルから始めるため、リニュー・パワーの目標額は多すぎた。逆に、数億ドルを投資する未公開株式（プライベート・エクイティ）投資会社にとっては少なすぎた。

三〇以上の投資会社から断られた後、シンハはゴールドマン・サックスの関係者と出会った。それは、幸運な偶然だった。アメリカの大手投資銀行、ゴールドマン・サックスは二〇〇七年、所有していたホライゾン・ウィンド・エナジー社を二〇億ドル余りでポルトガルのエネルギー企業、エネルジアス・ドゥ・ポルトガルに売却した。[15] 再生可能エネルギー事業に可能性を見出していたゴールドマン・サックスは、新興国に投資する道を模索していた。そこへちょうど、シンハが現れた。

プライベート・エクイティに六〇〇〇万ドルよりもはるかに多額の投資をしようと計画していたゴールドマン・サックスは、シンハにより大きな計画を提示するように求めた。数ヵ月にわたるやりとりの後、ゴールドマン・サックスは二億ドルの投資でリニュー・パワーの株式の過半数を取得することに同意した。[*4-2] 当時としては、インドの再生可能エネルギー企業への単独投資として最大であり、再生可能エネルギー発電所をまだひとつも建設していないシンハに対する大きな賭けだった。

多額の資金を確保したおかげで、シンハはインドの企業にとって大きな問題となる高額の負債コストに対処できた。インドの銀行の事業資金融資の金利は一〇％以上である場合が多く、企業は高い金利を支払うために充分な利益を挙げなければならない。それは、テクノロジーにおいても業務遂行においても高いリスクがあるリニュー・パワーのような企業にとっては難しい。

「スマントは、再生可能エネルギーにとって資金調達はテクノロジーと同じくらい重要だと、ただちに理解しました」。そう話すのは、UNエナジーのプログラム・マネージャー、カニカ・チャウラだ。彼女はかつて、リニュー・パワーに助言を与えるインドのシンクタンクに勤務していた。

資本コストについて考える例をひとつ挙げよう。たとえば、一〇〇万ドルで家を買うために、自己資金で五〇万ドル支払ったとする。残額は、銀行の住宅ローンという形で調達しなければならない。つまり私は、その家の所有権を五〇％取得し、残りの五〇％は銀行が取得することになる。両者のリスクは同等であり、アメリカの銀行ならば、わずか二％の金利でその金額を貸してくれるだろう（私のクレジット利用歴が良好だと仮定して）。[*4-3] その場合、私は年間一万ドルの利子を払うことになる。しかし、もしも私が一〇万ドルしか用意できず、銀行が九〇万ドルを貸さなければならないとすると、私の所有権は一〇％しかない。そうなると、銀行はその不動産について私よりも大きなリスクを負うことになり、私に、たとえば五％という高い金利で、年間四万五〇〇〇ドルの利子を支払うように求めるだろう。要するに、私の所有権が多ければ金利が低くなり、資本コストは下がる。

だがインドでは、同じシナリオでも恐らく展開が異なる。インドの銀行では一〇％以上という、かなり高い金利がつくからだ。なぜかといえば、インドの中央銀行が金利を高めに維持すると決定したことが大きい。その理由は三つある。高い金利のもとで同国の経済が成長を遂げたこと（概してアメリカの成長率の二〜三倍）、同国のインフレ率（やはり、概ねアメリカのインフレ率よりも高い）、経済の非効率性（デフォルト率や税収減）だ。

さらに、株式にもコストはかかる。自分が自社に投資して自社株を保有した場合は、定期預金口座から得られるはずの利息や株式市場への投資から得られるリターンを放棄することになる。一方、投資家が保有している株式に対しては、投資家が定期預金口座や株式市場から得られる利回りよりも高い利回りを約束しなければならない。借り入れにかかるコストと株式にかかるコストの合計が、総資本コストになる。

インドでは資本コストが高いうえに、ビジネスを行うコストも裕福な国に比べて高い。それは、制度が脆弱であることが大きな原因だ。シンハの仕事は、再生可能エネルギー事業の計画を立て、発電した電力をディスコムと呼ばれる送配電会社に供給することだ。リニュー・パワーは企業として発電所を所有し発電するが、その顧客はインドの国営送配電会社であり、電力はその送配電会社から家庭や企業に供給される。

インドのディスコムは、盗電や、農家などに無料で電力を提供するという政府の規制等によって、収益の概ね二五%を失う。[16] ディスコムの財務状況にとって最悪なのは、連邦政府の規則で、国営企業が損失補塡のために価格を引き上げることが禁じられている点だ。

その結果、ディスコムからリニュー・パワーへの支払いは平均して二、三ヵ月遅れる。そうなるとリニュー・パワーは、銀行への利払いをつねに期限内に行えるように、手元資金を増やさなければならない。シンハは、キャッシュフローが悪化した場合に会社が直面するリスクを認識している。「われわれは、与えられた状況のなかでなんとかうまくやってきました」。彼はそう話す。

リニュー・パワーは、国営ディスコムから確実に支払いを受けるのを任務とする特別チームを編成した。ディスコムの運営がもっと効率的であれば、リニュー・パワーは余分な資金を持つ必要はなく、集金のためのチームも要らない。そうなれば、リニュー・パワーはもっと利益を増やし、再生可能エネルギーの発電コストをさらに下げて、恩恵を顧客に還元できる。

私も、ディスコムの問題を身をもって体験した。二〇一九年、私は父の六〇歳の誕生日に故郷のナーシクに帰った。もちろん誕生日を祝うためではあったが、実家に太陽光発電を導入できるか、経済面で問題がないかを確かめるためでもあった。答えは文句なくイエスで、試算すると、初期費用は一〇年もかからずに回収できるとわかった。パネルの寿命は二五年で、一〇年後からは、発電した電気はすべて基本的に無料になる。

パネルの確保と設置も、仕事を請け負うために多くのサプライヤーや設置業者が競い合ったおかげで、さほど面倒ではなかった。けれども、すべてが整ってディスコムが実家のシステムを送配電網に接続するまでに、数ヵ月かかった。この送配電網との接続は、太陽光で発電した電力のうち、両親が使用しなかった余剰分について支払いを受けるのに必要だった。ソーラーパネルが屋根に設置されたのは二月で、夏に差しかかって暑くなる三月にちょうど間に合うと思われた。三月頃から数ヵ月だけが、両親にとってはエネルギーを大量に食うエアコンディショナーを必要とする時期だ。ところが、ディスコムがようやく申請を承認したのは五月末で、モンスーンが到来してエアコンを使わなくてもよくなる数日前だった。

これがディスコムの不手際でないのなら、他に何か常在する問題があるはずだ。インドの国有銀行は、経営難の石炭火力発電所に投資したために質の悪い債権を大量に抱えている。その、いわゆる「不良資産」が、多くの公営銀行の財務状況に重くのしかかる。二〇二〇年には、インドの銀行は融資額一〇〇ルピーにつき、一二ルピーを回収できなくなるという危機に陥った。[17] 大きなデフォルトがわずかでも発生すれば、ドミノ倒しのような現象が始まり、一部の銀行が完全に破綻し、その結果、再生可能エネルギー企業が利用できる資本源が圧迫される可能性がある。

シンハをはじめとする開発途上国の起業家たちは、そうした不安を抱えつつやりくりしなければならない。だが、そのような構造的問題があるにもかかわらず、彼らは成功を収めてきた。それは、ブルームバーグNEFの報告からわかるように、太陽光発電のコストが二〇〇九年から二〇一九年の間に約九〇%という予想外のスピードで低下したからだ。[*4-4] 赤道に近く、太陽光が垂直的に差し、その分ソーラーパネルの発電量が増えるというインドの立地条件と相まって、低価格の太陽光発電の世界記録を生む処方箋ができた。多くの事例で、現在では太陽光発電の電力は既存の石炭発電所の電力よりも安くなった。二〇二〇年六月、二〇〇〇メガワットの太陽光発電プロジェクトが、一キロワット時あたり二・三六ルピー、すなわち一メガワット時あたり三一・四〇ドルという、世界最低水準の料金で電力を供給する条件で入札を勝ち取った。[18]

農業を営むズリニヴァスは、土地を貸しているインド政府、ひいてはシンハの起業家精神、ゴールドマン・サックスの資本から恩恵を受けているが、それだけではない。世界に現代的な太陽電池をもたらした、イノベーションの長いストーリーからも恩恵を得ている。このストーリーを読み解けば、あらゆるテクノロジー、とりわけクリーンエネルギー・テクノロジーの発展には、政府、科学者、民間企業、起業家のたゆまぬ努力が必要であり、それぞれが積極的な意志を持ってプロセスに参加せねばならないことがわかる。

太陽電池はいかにも現代的なもののように思えるが、その始まりは二〇〇年ほど昔にさかのぼる。一八三九年、フランスの科学者エドモン・ベクレルは、電解質溶液に浸したふたつの金属に光を当てると電気が発生することを発見したが、彼はその理由を説明できなかった。他の科学者たちが彼の発見の応用研究を続け、一八八三年になって、アメリカの発明家チャールズ・フリッツがセレンという素材を用いて、初めて実用的なソーラーパネルを開発し、そのパネルがニューヨーク市のある建物の屋上に設置された。

太陽光発電の実際の機能を説明するには、天才アルベルト・アインシュタインの理論が必要だ。一九〇五年、彼は光電効果と自ら名づけた現象を説明した。光子と呼ばれる小さな光の塊には、ある種の元素の外殻にある遊離した電子を叩き落とすのに充分なエネルギーが含まれている。金属の表面に充分なエネルギーを持つ光子が投げつけられると、金属表面の電子を解放して電気を生み出すことができる。アインシュタインはこの現象を説明した論文で、一九二一年にノーベル物理学賞を受賞した。

この科学的知識を携えて、いくつもの企業が、太陽エネルギーを電気エネルギーに変える太陽電池、すなわちソーラーパネルが、市場性のある製品になりうるかを模索し始める。一九三五年、アメリカの企業、ウェスティングハウスは、ソーラーパネルが採算の取れる商品となるには、降り注ぐ光エネルギーの約二五%を電力に変換する必要があると結論づけた。セレンを使った当時の太陽電池の発電効率は〇・五%だった。

次の大きな飛躍があったのは一九五〇年代で、アメリカのニュージャージー州にあるベル研究所（レーザー、トランジスター、携帯電話などを世に送り出した先駆的な研究機関）の科学者たちが、コンピューターのマイクロチップの製作に用いるのと同じ材料を、ソーラーパネルの製造にも使えると突き止めた。

彼らがつくるシリコンを用いた太陽電池の発電効率は、六％になった。

一九五四年、『ニューヨーク・タイムズ』紙は、「太陽の膨大なパワーが、砂の成分を用いたバッテリーに利用される」、という見出しで記事を掲載した。[19] 同紙は、この発明は「新時代の幕開けを告げるもので、やがては人類が熱望する夢のひとつ、ほぼ無限の太陽エネルギーの文明のための利用が、現実になるかもしれない……（中略）……エネルギー変換の過程で消費されたり破壊されたりするものは何もなく、可動部品もないので、太陽電池は理論的には永久に使えるはずだ」、と指摘している。

今、読んでみると、この記事にはいくつか事実誤認があったのがわかる。たとえば、この場合のイノベーションは「バッテリー」のテクノロジーではない。太陽電池にソーラーパネルという名前がついたのは、パネルが自ら発電する仕組みだからだ。本来、電池は蓄電された電力を供給するものなので、太陽電池はいわゆる電池ではない。けれども、太陽電池の仕組みの基本的現象を明確にし、太陽光が放つものの可能性を理解するという意味では、その事実を具体化するのにさらに五〇年必要になるとはいえ、先見の明があった。

シリコンは、地殻中で酸素に次いで二番目に豊富な元素だ。じつは、このふたつの元素が組み合わさってできるのが二酸化ケイ素、すなわちシリカで、砂の主成分である。

アインシュタインは、光の粒子がある種の材料から電子を外せるのを発見したが、それは、商業的に通用する太陽電池を作れるほど簡単に起きる現象ではなかった。ベル研究所の科学者たちは、シリコンの太陽電池（ＰＶ電池）を製造するにあたり、材料を微調整してほんの少しだけ容易に電子を外せるようにした。

ＰＶ電池は、ｎ型、ｐ型という、二種類のシリコンから成る。ｎ型シリコンは、シリコンに微量のリンやヒ素を混ぜたもので、シリコンの最外殻の四つの電子にリンまたはヒ素の電子ひとつが加わる。p型シリコンは、最外殻に三つの電子を持つホウ素やガリウムをごく微量混ぜて作る。したがって、電子を受け入れるスペースである「ホール」が余分に生まれる。

PV電池は、n型とp型のシリコンを何層にも重なってできている。n型は電子が余分で、p型は電子が欠落しているため、層を重ねると電界のある接合部ができる。この電場が、必要量に適したインセンティブを与える。光がn型層に当たると、電子を保持していた原子から電子が外れる。その後、電界によってこれらの電子は電気を発生させる外部ケーブルを通って流れ、p型層のホールと出会う。

PV電池の可動部品は電子だけだ。機械部品は使用とともに摩耗し、破損するが、素粒子はほぼ摩擦を起こさずに動く。シリコンPV電池の寿命は、『ニューヨーク・タイムズ』紙が記事で指摘したように無限ではない。どれほど頑丈な化学構造であっても、絶え間なく日光にさらされれば正常に機能しなくなる。とはいえ、シリコンPV電池は何十年もの間、修理の必要がない。だからこそ、各社はソーラーパネルに二五年という長期保証をつけられる。

科学者たちは何十年もかけてこのテクノロジーに取り組み、多接合太陽電池という、複数のp−n接合を持つ太陽電池ならばより効率が高いことを発見した。[20] 多接合太陽電池を用いれば、市場向けシリコン太陽電池の発電効率を二〇%以上に上げられる。二〇二〇年、アメリカの国立再生可能エネルギー研究所の科学者たちは、発電効率三九・二%の六接合太陽電池を開発した。[21]

世界各地の太陽光発電設備でシリコンPV電池は巨大なシェアを占めているが、他のさまざまな材料を利用したとしても、同等かそれ以上の効率のパネルを製造できる。たとえば、ガリウムヒ素（GaAs）太陽電池は最も効率が高いことで知られるが、非常に高価であり、人工衛星や火星探査機（マーズ・ローバー）など、宇宙開発の用途でしか使われない。また、テルル化カドミウム（CdTe）太陽電池は使用する材料が少なく、かつては安価に製造できたが、シリコン太陽電池ほど効率は高くない。ごく最近、科学者はシリコンよりも安価なペロブスカイトを開発したが、効率の点ではまだシリコンに及ばない。

ベル研究所が太陽光発電で躍進した頃、アメリカ政府は別のクリーンエネルギー・テクノロジーに大きな関心を寄せていた。一九五〇年代、アメリカ政府は「平和のための原子力」計画で、原子力に関する年間研究費を一〇億ドル以上と見積もったが、一方で、太陽光発電の研究費は一〇万ドルにすぎなかった。一九六〇年代に入ると、成長著しい宇宙開発計画という特定分野が太陽電池の顧客となり、搭載バッテリーや燃料から得るエネルギーでは数日、あるいは数ヵ月程度しか稼働させられなかった人工衛星に電力を供給するようになった。そのおかげで、投資額は数百万ドルに増え、進歩が持続的に支えられるようになった。

一九七〇年代、石油業界は苦境に立たされた。新しい油田を見つけるのが次第に難しくなり、市場関係者は石油が枯渇するかもしれないと懸念した。やがて、一九七三年に第四次中東戦争が勃発する。石油を輸出するペルシャ湾岸諸国は、イスラエルを支持するアメリカなどへの供給を停止した。数ヵ月もすると、アメリカの全ガソリンスタンドの五分の一でガソリンがなくなり、ガソリン価格は急騰した。[22]このオイルショックがきっかけで、輸入石油への依存を懸念するアメリカ政府でも、新たなエネルギー源で収益を挙げる方法を模索するアメリカの化石燃料企業でも、太陽光発電への関心が再び高まった。エクソン、モービル、アトランティック・リッチフィールド（ARCO）、アモコなどの石油・ガソリン会社は、太陽光発電専門の部門を設置した。[23]

しかし、石油の供給が間もなくピークに達して減少に向かうと懸念するのは早計だった。一九七九年にはイラン革命が起きて石油市場に再び圧力がかかり、一九八〇年代には供給過剰が再来して価格を押し下げ、収益を低下させた。アメリカの石油会社は最大限のコスト削減を始め、代替エネルギーの研究部門は真っ先に廃止された。多くの会社が、ソーラー・ポートフォリオをヨーロッパの石油会社に売却した。企業が短期的な収益性を重視するアメリカよりも、ヨーロッパの方が、再生可能エネルギーに関する政治状況には期待が持てた。

太平洋の反対側では、エネルギー源に恵まれない日本も、太陽光発電のバトンを受け取った。政府は、一九七三年の石油危機を受けて「サンシャイン計画」に着手し、一九八〇年には代替エネルギー法〔非化石エネルギーの開発および導入の促進に関する法律〕を成立させた。[24] 政府はさらに、電力と石炭の使用に対する税金を研究資金の多くに充て、日本企業に太陽光発電を商業化するための投資を奨励した。また、一九九〇年代には、一万戸の屋根に太陽光発電設備を設置することを目指して、補助金による支援も開始した。アメリカの太陽光発電に対する関心が低下しても、日本では太陽光発電の研究資金が安定していたため、二〇〇〇年代初頭には三洋電機、京セラ、シャープが、太陽電池の世界的なトップメーカーとなった。[25]

ドイツも一九七〇年代の石油危機の後、太陽光発電に同様の関心を示していたが、政府が太陽光発電の展開を支援し始めるのは、二〇〇〇年になってからだ。[26] その年、ドイツは法案を可決して、太陽光発電の電力を送配電網に供給する場合、割増料金による買取を保証した。[27] その結果、太陽光発電市場にドイツの企業がなだれ込み始めた。日本の太陽光発電への補助金はその変化に対応できず、二〇一〇年には、ドイツが世界の太陽光発電設備のシェアの半分を占めるようになり、シーメンスやハンファQセルズなどの企業は国内の急成長による恩恵を受けた。[28]

やがてバトンは、世界の工場となり、ソーラーパネル製造にチャンスを見出していた中国へ渡る。ドイツや日本と同様、中国でも政府の支援は不可欠だった。しかし、その支援の大部分は、太陽光発電の国内展開に対する補助金という形ではなかった。中国政府は、海外の需要に積極的に応じる太陽電池メーカーに補助を行った。[29] 二〇〇五年から二〇一〇年にかけて、中国製ソーラーパネルの九〇％は、ドイツ、スペイン、イタリアなど、手厚い補助金を提供する国々に輸出された。

二〇〇八年、世界金融危機に見舞われた多くの国では、太陽光発電に対する政府の支援が後退した。中国は欧米諸国よりもはるかにうまく危機を乗り切ったものの、国際的なソーラーパネル需要の減少により、ソーラーパネルの価格は二〇〇九年から二〇一三年の間に半減した。ジンコソーラー、サンテック、ロンジーのようなスター企業を生んだ国内産業を支援するため、中国政府は国内の太陽光発電事業者に対して、太陽エネルギーによる電力の買取額を割増したり、太陽電池メーカーに税金を還付したりする補助金制度を設けた。今の中国は、世界最大のソーラーパネル製造国となり、最大の市場となっている。

一九五四年、ベル研究所が見積もった太陽光発電のコストは、一ワットあたり約二八〇ドルだった。[30] 二〇二〇年の大規模施設における太陽光発電のコストは、一ワットあたり約〇・二〇ドルで、七〇年間で九九・九三％減少した。[31] その学習率は約二〇％で、太陽光発電の出力容量が倍増するごとに太陽光発電のコストが約二〇％下がることを意味する。シリコンＰＶ電池の歴史を見れば、クリーンエネルギー・テクノロジーにおいてコストを低減させるには、政府が資金供与と政策で援助することがいかに大切かがわかる。

二〇一〇年、マンモハン・シン首相の下、インドは二〇二二年までに太陽光発電の導入量を二万メガワットに引き上げ、国内電力の約二％を発電するという目標を掲げた。[32] ちょうど、ドイツやスペインが再生可能エネルギー発電事業者への割増価格を打ち切った時期に、インドのディスコムは割増価格を導入したことになる。それが原動力となって、シンハのような人物がニーズを満たすために、リニュー・パワーなどの会社を設立した。インドの企業は試行錯誤によって学び、太陽光発電のコストを急速に下げることができた。ナレンドラ・モディが首相に就任した二〇一四年には、ソーラーパネルのコストは大幅に下がり、インド政府の新しいリーダーは二〇二二年の目標を、それまでの五倍の一〇万メガワットに引き上げると決定した。[33]

パンデミックで経済が停滞したインドは、二〇二二年の目標を達成できず、その年の太陽光発電の出力容量は六万メガワット余りにとどまった。[34] それでもこの数字は、当初の目標であった二万メガワットの三倍だ。富裕国のような財政的余裕もなければ、国際支援という形の資金もないのに、インドはこの数字を達成した。

ヨーロッパや中国とは異なり、インド政府には補助金を長期間継続する余裕がなく、再生可能エネルギー事業者に対する電気料金の割増を減額するしかなかった。しかし、再生可能エネルギーの勢いを持続させるため、政府は太陽光発電と風力発電に「逆オークション」制度を導入した。絵画などの一般的なオークションでは、買い手は次々と高い金額を入札し、最終的に最高額で入札した者が絵を持ち帰る。逆オークションでは、買い手はインド政府だけで、多数の再生可能エネルギー開発業者が売り手となり、太陽光発電や風力発電の入札価格を順次下げて入札し、最低入札価格の業者が再生可能エネルギー発電所の建設契約を落札する。契約を勝ち取るための競争によって、インドの企業は業務においても、サプライチェーンにおいても効率化をはかり、再生可能エネルギーのコストをより一層下げざるをえない。逆オークション方式は、太陽光発電の入札価格を記録的に低く抑えたと評価され、ブラジルや南アフリカを含む国々が手本としている。

だが一方で、太陽光発電や風力発電の割合が増えたインドでは、太陽が照らなくても、風が吹かなくても、消費者が電気を利用できるようにする革新的な方法を見つけなければならなくなった。政府はリニュー・パワーのような企業とのパートナーシップにより、太陽光パネルと風力タービンの両方を使用するハイブリッドシステム（多くの場合、風速は太陽が輝いていないときにピークに達する）、太陽光や風力とバッテリーを組み合わせたシステム、太陽光発電や風力発電ができないときに石炭発電所を使用するシステムなど、新しい再生可能エネルギーの戦略を導入してきた。

二〇二〇年、政府は世界初の二四時間稼働の再生可能エネルギーシステムのオークションで事業者を募集し、リニュー・パワーが落札した。[35] リニュー・パワーは、太陽光、風力、蓄電池、水力発電を組み合わせて、日々の需要の八〇％にあたる四〇〇メガワットをゼロカーボン電力で供給しなければならない。太陽光発電と風力発電の間欠性を克服するため、同社は四〇〇メガワットよりもはるかに多い電力を生む再生可能エネルギー発電施設を建設して入札時の要件を満たす必要がある。ブルームバーグNEFの計算によると、五〇〇メガワットの風力発電設備、九〇〇メガワットの太陽光発電設備、一六〇〇メガワット時のバッテリー設備を建設することがひとつのアプローチとなりうる。[36] よいニュースもある。リニュー・パワーは、一キロワット時あたり二・九ルピー、つまり石炭火力よりも安い三八ドルで、そのすべてを実現できる。[37] インドでは、政府とこれほど緊密に協力し、両者にとってウィンウィンとなることが証明された産業部門は他にほとんどない。

ズリニヴァスのような農業者を支援するインドの太陽光発電のストーリーは、気候正義の実践のストーリー、すなわち気候変動の影響を最も大きく被る貧しい人や社会的弱者のニーズを確実に最優先するというストーリーだ。資本コストが高く、公的制度が脆弱な新興市場で事業を行うという困難を克服してきたシンハのような人物によって、太陽光発電のストーリーは、起業家精神のストーリーにもなる。どれをとっても、学習率の急上昇によって太陽光発電がかなり安価になったことなど、外部の力がなければなしえなかっただろう。気候資本主義が繰り返し示すのは、クリーンエネルギーへの移行の機運を世界的に高めるには、事例に合わせて人、政策、テクノロジーを適切に組み合わせる必要があるということだ。

インドが思い切った気候目標を達成するには、克服すべき困難な問題がまだ山積している。多くの国と同様、インドも中国から輸入するソーラーパネルに大きく依存する。二〇二〇年、両国は古くから領有を争う、インド北部のラダック周辺の国境地域で衝突した。この小競り合いによってインドでは反中感情が高まったが、それが中国からの輸入品に対する課税強化や輸入量の制限につながる可能性もある。そうなれば、インドでクリーンエネルギーの普及をさらに加速させるべき時期に、太陽光発電のコストが上がる可能性がある。

解決策のひとつは、インドで自前のソーラーパネル製造設備を建設することだ。そこでもシンハのような起業家が最前線に立つだろうが、おそらくリスクの高い投資になる。初期段階では、インドの工場で生産するパネルの価格は、中国からの輸入品の価格に太刀打ちできないだろう。つまりインドのメーカーは、補助金支給や、中国製パネルの関税引き上げといった政府の支援に頼らざるをえない。そして政府は、その支援を数年間は維持し、起業家が埋没資本を回収できるようにしなければならない。インドで太陽光発電を急成長させた政府と業界の協調は、次の成長段階においても安定した状態を維持する必要がある。

とはいうものの、大きな災難を被らなければ、インドの太陽光発電の未来は明るい。二〇二一年、モディ首相は太陽光発電の目標をさらに引き上げ、二〇三〇年までに二八万メガワットとした[38]。イギリスが二〇二〇年の時点で導入している再生可能エネルギーの出力容量の六倍に相当する。この意欲的な目標は、シンハやズリニヴァスのような人物がさらに多く現れて、それぞれの役割を果たさなければ達成できない。インドが世界に示しているのは、政府と業界が一致協力してテクノロジー・トレンドをうまく捉え、ニーズの高まりに応じてクリーンエネルギーを供給するための、新しいルールをいかにつくるかという手本だ。インドは、世界の豊かな国々が経験した石炭から天然ガス、そしてグリーン電力へという移行ではなく、中間段階を飛ばして移行した。インドは、自国と他の国々のために、より環境を重視する未来を築く手助けをする立場にある。

インドの太陽光発電で起きていることは、他の多くの開発途上国にとって参考となりうる。しかし、だからといってどの国でも太陽光発電が導入されるとは限らない。他の開発途上国が直面する問題は、資本コストの高騰、汚職の横行、クリーンエネルギーの発展に求められる企業と政府全般のスキル不足など、さらに深刻だ。ＩＥＡをはじめとする国際機関は、各国がよりクリーンなエネルギー源に移行できるように支援し、同時に市民と企業が利用するエネルギーを充分に確保して、世界全体のシステムのなかで重要な役割を果たしている。

第5章　フィクサー

二〇一五年一二月に地球上のすべての国が署名したパリ協定は、気候変動との戦いのターニングポイントとなったはずだった。しかし、変化はほとんど起こらなかった。変化を起こす立役者となりえたひとりが、IEA事務局長のファティ・ビロルだ。

その年の一一月一三日、テロリストが爆弾と銃を使い、パリで一三〇人を殺害した。第二次世界大戦以来、フランスで最も多くの血が流れたこの日は、四万人の参加が予想された国連気候変動枠組条約締約国会議（COP）が始まるわずか二週間前だった。[1] しかも、三日後には、各国のエネルギー関係閣僚による高官レベルの会議も予定されていた。

トルコの経済学者でもあるビロルは、当時IEAの事務局長に就任したばかりで、閣僚会議の進行役を担う立場だった。彼は、地球全体の温室効果ガスの四分の三以上はエネルギーの使い方がよくないせいで排出されており、気候変動の解決策はそこにあると、すべての国に訴えるつもりだった。そして彼は、世界のエネルギー消費の四〇％近くを占める二九ヵ国の閣僚が、クリーンエネルギーへ移行する合意に至るように、仲介役を買って出たいと望んでいた。成功すれば、その数日後に予定されているCOPに大きな弾みがつく。

たとえテロが起きなくても、たとえば石炭発電所がほとんどないフランスや、石炭に大きく依存しているトルコが、エネルギー起源二酸化炭素排出量〔発電、加熱、冷却等でエネルギーを消費するために、化石燃料を燃焼させて排出する二酸化炭素の量〕を削減する方法で合意するのは容易ではないはずだ。合意に至るチャンスがあるとすれば、各国の閣僚を無理やりにでもひとつの部屋に入れて、徹底的に議論させる方法だろうか。

テロ事件後、フランス政府は非常事態宣言を出した。つまり、フランス国内の警備体制は限界まで強化され、そこでさらに国際的な代表団が集まる会議が開催されるとなれば、より厳重な警備が必要になる。会議を開くのは不可能かと思われた。

しかしビロルは、アメリカと緊密に協力し、フランスが治安維持に必要とする支援を得るとともに、各紙の一面には悲惨な写真が掲載されているが、会議は重要だとフランス政府を説得した。それは、ビロルがよりクリーンなエネルギー源への移行にIEAの力を役立てつつ水面下で獲得した、彼ならではの数多くの外交的勝利のひとつだ。

「エネルギー分野の問題を解決しなければ、気候変動問題を解決するチャンスなどありえません」。ビロルはそう話した。「私はIEAのトップとして、世界のエネルギーシステムをサステナブルな方向に導く大きな責任があります。それが、私がこの仕事をするただひとつの理由です」。

IEAが設立されてこのかた、エネルギー業界の人や政府高官を除いて、IEAについて知る人はあまりいない。IEAのおもな業務は、世界のエネルギー安全保障に影響する情勢を明らかにする報告書を山のように、場合によっては月に何本も、公表することだ。IEA内の数字を扱う担当者たちが作成した専門的な報告書は、各国政府の意思決定に利用され、ニュースの見出しになることはほとんどないが、つねに世界を動かしている。

IEAはエネルギー移行を支持する、というビロルの宣言は、化石燃料に浸り切った組織にとって大きな転機となった。一九七四年の設立以来四〇年間、IEAの報告書の焦点は炭素系燃料、とくに石油だった。この燃料が世界経済を動かし、大国が関わる地政学に影響を与えてきた（今もなおその可能性がある）。かつてのIEAの役割は、欧米の経済大国など石油を大量消費する加盟国に貢献し、石油市場の浮き沈みに対処することだった。[2]

二〇〇〇年代に入り、世界は汚れた燃料からの脱却を真剣に考え始めたが、化石燃料時代にIEAが行っていたのと同じようなことを実行できる国際機関はありそうになかった。そこで二〇〇九年、国連は国際再生可能エネルギー機関（IRENA）を設立し、新しいクリーンなエネルギー源に関する報告書を公表したり、各国に排出量削減を促す国際会議の手配をしたりすることにした。

二〇一四年、ビロルがIEAのトップの座を目指したとき、彼は、IEAの意見表明が今後もエネルギー界に影響力を与え続けるには、IEAの権限を拡大する必要があると認識した。太陽光発電と風力発電の価格は、IEAを含む多くの専門家が予測していたよりも急速に下がり、安価なバッテリーとグリーン水素の時代が目前に迫っていた。

IRENAの報告書は歓迎すべき補強材料だったが、ビロルは、エネルギー分野全体を俯瞰する機関が提供すべき、体系的な見解がないと気づいた。いずれにせよ、IEAとIRENAの立場は対等ではなかった。IRENAは国連内に誕生したため、メンバーには世界のすべての国が含まれている。したがって、コンセンサスを得られた場合は、大勢の人が支持するより大きな基盤ができるが、非常に多くの加盟国の合意を取りつけるには、往々にして時間がかかる。一方、IEAは、裕福で強大ないくつかの国が、一九七〇年代に立て続けに起きた石油危機を回避し、アラブ諸国が牛耳る石油市場によって国が押しつぶされないようにするために設立した機関だ。以来、IEAが扱うエネルギー安全保障問題は、ほとんどの国において、気候変動という一〇年単位で見直す脅威よりも優先順位が高い傾向にある。要するに、IEAは加盟国のなかでも歴史がある有力な国のエネルギー省庁と緊密な関係を築いており、IRENAは、力が弱い新興国でクリーンエネルギーと環境保全を支援するために創設された省庁とともに活動している。

ビロルは、国連システムの限界に好機を見出した。彼は、国連が毎年開催するCOPがときとしてあまりにも非効率的で、現実的な進歩がみられないのを目にしてきた。COPでは、二〇〇近くある加盟国すべての同意を得る必要がある。IEAで大国の同意を先に取りつけておけば、COPで賛同を得る手順が容易になる可能性があり、各国の隔たりを埋められるかもしれない。

IEAのあり方を理解すれば、国際機関をどう立て直せば気候変動時代に対応できるのか、また、国際機関が二一世紀において重要な立場を維持するにはなぜ変革が必要なのかがわかる。クリーンエネルギーへの移行を加速させるにせよ、遅滞させるにせよ、政府間機関は大きな役割を果たすだろう。なぜなら、気候変動による大災害を回避するには、どの国も数十年以内にネットゼロ・エミッションを実現する必要があるが、国によって長所と短所が異なるため、目標達成には国境を超えた支援が必要となるからだ。

ＩＥＡの原点は、今日もなおＩＥＡを形作っている。一九六〇年代、欧米では安価な石油の使用が急増した。たとえば、アメリカでは自動車が大型化し、重量化し、燃費が悪化した。増加した石油需要の三分の二近くは、ＯＰＥＣのアラブ諸国によって満たされた。その結果、石油を産出するアラブ諸国は途方もない力を持つようになり、その力は石油兵器とも呼ばれた。一九七三年にはその武器が大きな影響力を発揮し、ＯＰＥＣに加盟する中東諸国が、いくつかのヨーロッパ諸国とアメリカへの石油輸出を停止した。この禁輸措置は、イスラエルとアラブ諸国の地域戦争で、欧米諸国がイスラエルを支援したことに対する報復だった。おかげで、石油価格は高騰し、欧米諸国では日用品が底をつく危険性が現実のものとなった。国民の抗議と政治的反発を招きかねない状況だった。

欧米の大国は、このような兵器が存在しうるのはＯＰＥＣ加盟国間の協調的な行動があってこそだと認識していた。ＯＰＥＣを無力化する唯一の方法は、自分たちも協調的な対応をとることだ。欧米各国は創意を凝らして、迅速な対応ができる新たな国際組織を設立せねばならなかった。そのような背景があって、一九七四年、ＩＥＡは経済協力開発機構（ＯＥＣＤ）という既存の枠組みの下に誕生した。ＯＥＣＤの加盟国の大多数は裕福な西側諸国であり、この枠組みのなかにあるＩＥＡは、他の国際協定を結ぶために署名を求める煩雑さを回避できた。ＩＥＡの喫緊の職務は、西側の石油消費国がいつでも適正価格で、化石燃料を利用できるようにすることだった。

ＩＥＡは多くの加盟国にとって、「戦略的石油備蓄」（国境内に九〇日分の石油を備蓄するのが基準）を始めるうえできわめて重要な組織となった。一九九〇年に起きた湾岸戦争のように、避けようのない混乱状態に見舞われた場合、ＩＥＡに権限を負託しておけば石油市場の変動が抑えられ、石油消費国の経済への悪影響が軽減されるというメリットがある。[3]

欧米の大国が協調的な対応をとるためには、エネルギー関連情報をIEAと自由に交換する必要がある。その情報交換によって、IEAは加盟国がどのようにエネルギーを使用し、そのエネルギーを供給する燃料をどこから調達しているかを注意深く評価し、数字把握能力を高めていった。

こうしてIEAは、比類なき専門知識を獲得し、エネルギーの未来がどうなるかをシナリオとして描けるようになった。その後数十年でIEAの加盟国が増えてくると、IEAはデータ収集能力をさらに高め、世界のエネルギー市場の次の段階を予測する能力を向上させていった。しかし、二一世紀には、それまでとは明らかに異なる新たなエネルギー問題が発生し、未来を見通す力は衰え始めた。国連がIRENAを創設した二〇〇九年、IRENAは化石燃料に肩入れするIEAの対抗勢力となった。

IEA加盟国が世界のエネルギーの新たな現実に目覚めるには、さらに五年がかかった。二〇一四年、ロシア軍がウクライナに侵攻してクリミアを併合すると、ウクライナを経由するパイプラインでロシアの天然ガスを大量に輸入していたヨーロッパ諸国はパニックに陥った。[4] その結果、IEAに加盟する欧米の大国は、IEAがエネルギー安全保障に関わる任務を拡大して、世界の天然ガス市場の情勢分析を加え、さらにエネルギーの性質の変化に関する認識も持つべきだと認めるに至った。エネルギーの性質の変化を認識すれば、電力部門は気候変動に関連する他方面からの脅威など、いくつもの脅威にさらされる。

IEAの加盟国が、当時チーフエコノミストであったビロルを昇格させて、IEAを現代に導こうとしたのもこの時期だった。過去六人の事務局長がすべて政府の大物だったことを考えれば、チーフエコノミストをトップに昇格させるのは、数学クラブの部長をプロムキング〔アメリカの高校の学年末に開催されるフォーマルなパーティー、「プロム」で選出される。キングとともにクイーンも選ばれる〕に選出するようなものだったかもしれない。だが、その考え方は正しかった。

電力工学の学位とエネルギー経済学の博士号を持つビロルは、一九八九年、まずＯＰＥＣで石油市場アナリストの職に就いた。ＩＥＡは一九九五年にビロルを雇い入れたが、その後ビロルは、ＩＥＡの看板ともいえる年次報告書、「世界エネルギー見通し」（ＷＥＯ）を進化させるうえで重要な役割を果たすことになる。この報告書は、各国政府から直接入手した独占データを用いて、以後数年間のエネルギー需給を予測する。彼に必要なのは、複雑なモデルの内容を説明する数字に関する詳しい知識、地域や文化を超えて人脈を築き、外交官を味方につける能力のふたつだった。

「彼は、これまで一緒に仕事をしたなかで、最高クラスのコミュニケーションの達人だ」。ＩＥＡのエネルギー効率部門の責任者、ブライアン・マザーウェイはそう言う。ビロルが上司だからほめちぎるのではない。ビロルほど聴衆の注意を引きつけ、退屈で抽象的なエネルギー統計の数字の意味をたやすく理解させてくれる人はいない。

ビロルの髪は白く、眉は黒い。三〇年近くパリで暮らしているが、彼が話す英語は今もトルコ風で軽快だ。彼は外見も話し方も、欧米の典型的なエネルギー専門家とは違っている。だが彼は、その皆とは異なる風貌や物腰を最大限に活用している。たとえば、彼はトルコのサッカークラブ、ガラタサライＳＫへの愛や、トルコのことわざを会話のなかに取り込み、エネルギーに関する無味乾燥な内容を生き生きと表現する。彼はよく、こんなふうに言う。「私はあなたの文化を知らないかもしれませんが、あなたと私の間には話題にできる共通点がいっぱいありますよ」。アメリカの元エネルギー長官、アーネスト・モニツが言うように、ビロルは「とても思慮深く人の話を聞き、人と話し、協力者を獲得し、同盟者を獲得し、合意を形成して、一歩踏み出す環境を整える」。

弁舌の才は大事だが、中身がなければ意味がない。ビロルが言うには、データという強みこそがIEAの「背骨」であり、IEAが生産的な関係を築き、影響力を世界に行使する力を与えている。「たとえばトルコでは、目がきれいだからあなたが好き、などと言いますが、友情とはそれだけではありません。適切な位置に立ち、背骨を持っている場合に育まれるのです」。数字と事実の上に築かれるそのような友情に助けられて、ビロルは、地下に埋もれている炭素だけでなく、あらゆる場所に存在する炭素に関心を向けようと、かつてなく重要なIEAの変革に取り組んだ。

従来、新任のIEA事務局長は、OECD加盟国の首都に赴いて眠たい就任演説を行い、任期をスタートさせてきた。ところがビロルは、IEA非加盟国の首都、北京とニューデリーを訪れて任期をスタートさせた。彼は、この組織の変革は、加盟国が増えないことには始まらないと理解していた。彼がIEAを引き継いだ二〇一五年当時、IEAに加盟する二九ヵ国は世界のエネルギー使用量の三八％を消費していた。しかし、エネルギー使用量の上位三ヵ国のうち、中国とインドはIEAに加盟していなかった。

ビロルが「真に国際的なエネルギー機関」を設立すると初めて北京の聴衆の前で誓ってから八年がたち、現在のIEAには、三一の加盟国の他に、正式加盟を待つ国が四つある。また、その他に一一の「アソシエーション国」が存在し、正式な加盟国と比べて分担金はかなり少なく、議決権も小さいが、IEAの会合に参加したり、IEAの専門的なデータを利用したりできる。[6] アソシエーション国の中国、インド、ブラジル、インドネシアは、排出量削減に取り組むと同時に、増大するエネルギー需要を満たすという、二重の課題に直面しているが、この四ヵ国がIEAの傘下に入れば、いよいよIEAは世界のエネルギーの八〇％以上を消費する国々の利益を代表すると、ビロルも誇れる。
ビロルは、ＩＥＡが手ぎわよく意思決定を行い、親身に加盟国に対応することに誇りを持っている。ＩＥＡは政府、学界、民間企業と緊密に連携し、知識を、蓄えているところから必要とするところへと移動させる。マザーウェイも同意見で、「私たちは省庁の人々を個人として知っている」、と強調する。

水素を例にとろう。二〇一九年六月、ＩＥＡは一年にわたるプロジェクトを完了し、水素に関する特別報告書を公表した。この報告書には、二酸化炭素を排出せずに燃焼する燃料が、ようやく「クリーン・エネルギーソリューションとして、長年の潜在能力を発揮する道を歩み始めた」、という宣言があり、各国政府に「意欲的かつ現実的な行動を今すぐとる」ように求める文言が記されていた。

それから一年もたたない頃、パンデミックに見舞われた経済を回復させる景気刺激策を検討し始めた世界各国の政府は、ＩＥＡを頼り、助言を求めた。その結果、ＥＵが一四〇〇億ユーロの収益を挙げる産業を二〇三〇年までに創出するとして水素戦略を発表し、[7]ドイツは九〇億ユーロを水素の財源に充てると発表し、[8]アメリカのジョー・バイデン大統領は気候変動計画で、「カーボンフリー水素」が化石燃料から製造する水素よりも安価になるように求めた。[9]

もちろん、すべてがＩＥＡの特別報告書に従った結果ではないが、ＩＥＡの影響は感じられる。ＩＥＡのエネルギー技術政策課長で、水素に関する作業も指揮したティムール・グルは、ＩＥＡの報告書に記載されたアイデアがどのように意思決定者に浸透し、場合によっては政府の政策変更につながるかを説明してくれた。二〇一九年に水素に関する特別報告書が公表された後、ビロルはインドへ行き、エネルギー相のラジ・クマール・シンと会談した。話題はいつしか水素になる。ビロルはシンに概略を説明し、その後ニューデリーの空港からグルに電話をかけた。グルは休暇を取りやめて数日のうちにインドへ飛び、シンと一時間にわたって水素について語り合った。

新しいテクノロジーの可能性について、経済大国のエネルギー相と直接、じっくりと話せる機会はたいへん貴重だ。そのようなきっかけがあったからといって、別の何かにつながったり、政策が打ち出されたり、補助金の交付が発表されたりするとは限らないが、ＩＥＡが世界中の省庁と対話を重ねた結果、数ヵ月後、数年後に法令や補助金といった確かな成果が生まれるのを、マザーウェイは何度も目にしてきた。

ＩＥＡは、互いに学び合い、互恵的な成果を見出せる国同士を結びつける役割も果たす。たとえばデンマーク政府は、開発途上国のエネルギー効率の向上を促進するＩＥＡのプログラムに資金を提供している。その結果、インド、中国、インドネシア、メキシコ、南アフリカとの二国間パートナーシップが生まれた。

この資金提供が明確に支援するのは、デンマークの気候・エネルギー・公益事業省が開発途上国のサステナブルな経済成長を支える計画の一環として掲げる目標だ。デンマークは、エネルギー効率向上を図る世界的事業者が本拠を置く国でもある。天窓専門メーカーのベルックス、空調器具部品のダンフォス、断熱材のロックウールなどが例として挙がる。二国間パートナーシップがあれば、デンマークの産業界は新市場へのアクセスを得て恩恵を受け、開発途上国の側はエネルギー使用量の削減方法を獲得して、多くの場合、輸入コストを抑えられる。

ＩＥＡが重視するエネルギー効率は、デンマークが資金を提供したプログラムよりも幅広い。ＩＥＡは設立当初から、省エネルギーに対する使命を帯びていた。というのも、エネルギー効率を上げることは、同一の活動に対して使う燃料を減らすことであり、新しい燃料源を見つけることでもあるからだ。

直近でIEAが成功したのは、冷房の効率化だとマザーウェイは言う。

空調はエネルギーを大量消費する活動のひとつで、当然ながら、世界が暖かくなり、豊かになるにつれて、空調の需要は急速に高まる。基本的に、二〇五〇年の冷房の電力需要は現在の三倍になるとされている。[10]「たいへんなことになりますよ」、とマザーウェイは言う。需要の増加を支えるために投資すれば、二酸化炭素排出量を増加させる可能性が高い。なぜなら、石炭を多用する送配電網を持つ中国とインドが最も高い関心を寄せているからだ。

しかし、IEAの研究で、より効率の高い空調設備を使用すれば、エネルギー使用量の見積もりが半減することもわかった。「われわれは、より効率の高い空調設備は利用可能だと説明しました」。マザーウェイはそう話す。「テクノロジーの問題ではありませんでした。政策の問題だったのです」。結果は明らかだった。IEAの働きかけによって、インドと中国は国家的な冷房行動計画を策定した。現在、IEAは東南アジア諸国と連携し、インドと中国が得た教訓をこの地域で生かそうとしている。

ビロルは、つねにアナリスト集団を抱えている。彼らの多くは博士号を持ち、どこの国であろうと担当者を直接訪ねて、その国のエネルギー問題を解決する手助けをする。ビロルは、クリーンエネルギー問題にフルタイムで取り組むアナリストを、懸命に増やしているところだ。

「個人的には、われわれIEAはとてもよい立場にあると感じています」。二〇二一年までビロルのもとで副事務局長を務め、その後アメリカのエネルギー省で副長官の役割を担うデーヴィッド・タークはそう言う。「国連では非常に重要な交渉が行われていますが、IEAにはその実働隊となるという利点があります」。簡単に言えば、国連が苦闘している間にIEAが仕事を成し遂げるということだ、とタークは話した。

国連の気候変動プロセスの最大の擁護者でさえ、国連の交渉は手に負えなくなる可能性があると同意する。パリ協定以降五回目となる、グラスゴーで開かれたCOP26〔国連気候変動枠組条約第二六回締約国会議〕がどうなったか、考えてみたい。

パリ協定に参加したすべての締約国は、五年ごとに、より意欲的な排出削減目標を設定すると定めていた。パンデミックの影響で一年間の延期を余儀なくされた後、二〇二一年一一月第一週に予定されていたグラスゴーのCOPに向けて、各国はそれぞれ肯定的な談話を出した。たとえば会議の開始に先立ち、経済大国一〇ヵ国は、最後まで抵抗したインドも参加して、ネットゼロの目標を発表した。[11]

二週間にわたる交渉も終了間近となり、パリ協定が掲げる温暖化を二℃未満に抑制する目標と、世界の温暖化が三℃を超える方向にあるという現実とのギャップを大幅に縮小できる、新しい協定に各国が署名するものと思われた。グラスゴー協定の最終草案は、各国が化石燃料関連の補助金と石炭の使用を段階的に廃止する内容になっていた。ところが、土壇場で決裂する。COP議長のアロク・シャーマが小槌を振り下ろして会議を閉じようとしたところで、中国とインドが異議を唱えたからだ。

両国は「段階的廃止」を「段階的縮小」に変更することを望み、アメリカもこの立場を支持した。[12]些細な言葉遣いの違いとしか思えないのに、なぜそれが一〇ページ以上に及ぶ文章に相当するプロセスを取り消さねばならないほど重大なのか、誰にも理解できなかった。[13]それでも、世界三大排出国（世界一位、二位、六位の経済大国でもある）からの要請であったため、その要請を受け入れる形で新たな草案が起草され、再投票が行われた。多くの島嶼国は、大国はいつも勝手なやり方を通すと抗議したが、グラスゴー協定の残りの部分を無傷で維持するため、最終的には変更に同意した。英国政府の大臣でもあるシャーマは、土壇場での進行妨害がいかに多国間協議のプロセスという性質に反していたかを涙ながらに語った。[14]

COPの議論では、こうした一見ばかげたことがよく起こる。それは、一九九二年に加盟国が国連気候変動枠組条約（UNFCCC）を採択した際に合意したルールに基づいて会議が運営されるためで、その合意したルールには投票に関する決まりが含まれていない。[15] 奇妙に思われるだろうが、結果としてCOPの議論で合意に至る唯一の方法は、多数決や超多数決による勝者決定ではなく、すべての国が同じ側につく（少なくとも反対意見を出さない）コンセンサスなのだ。

COPの議論が最後にこうした窮地に陥るのは、UNFCCCが最初に投票ルールを提案したときから、サウジアラビアがそのルールの採用を阻止してきたからだ。化石燃料の巨人にとっては、気候目標の採択を早める投票ルールに合意するよりも、コンセンサスを求めて進展を遅らせる方がはるかに望ましい。[*5-1]

COPの議論が無益だというのではない。すべての国の意思で行った決定は、定着する傾向がある。だが多くの場合、完全なコンセンサスを得るには時間がかかり、導き出される目標も意欲的とはいえなくなる。IEAはCOPの身代わりにはなれないが、データと政策に関する作業を通じて、プロセスをより迅速に進める手助けはできる。IEAの加盟国は、数は少ないものの力のある国ばかりだ。そのような国々の合意を先に得られれば、COPの議論で総意の結論を得るにあたり、大きな障壁のひとつを克服できる。

IEAは、ビロルのもとで変貌を遂げた。変化を起こせたのは、IEAに対する批判のおかげだといえる。最も強く非難されたのは、ＩＥＡの看板というべき「世界エネルギー見通し」（ＷＥＯ）だった。この年次報告書は、ＩＥＡの豊富なデータベースを使い、高度なモデル化と組み合わせて、数十年の間に世界のエネルギーシステムがどうなるかを予測する。エネルギー・インフラは数十年継続して使用される可能性がある点を考慮すると、「ＷＥＯ」が発表する内容は、官民を問わず、何十億ドルもの資金の行方を左右しかねない。

多くの他の組織が「ＷＥＯ」の内容を裏づけるようなモデル作成能力を開発したものの、「ＷＥＯ」に匹敵する内容の報告書を作成する組織はなく、ＩＥＡのように独立した政府間組織として輝きを放つ組織もない。[16]

「多国間の機関であるため、一定レベルの客観性とプロフェッショナリズムは備えています」。そう話すのは、投資運用会社、サラシン・アンド・パートナーズの資産管理責任者、ナターシャ・ランデル・ミルズだ。エネルギーに関する政府のハイレベルな報告書で、「ＷＥＯ」をはじめとするＩＥＡのデータを引用していないものを見つけるのは難しい。

二〇一〇年代の数年間に太陽光発電の価格が急落するのを見て、再生可能エネルギーの専門家たちはあっけにとられた。だがそれでも、「ＷＥＯ」は再生可能エネルギーの実際の導入スピードに見合う適切な予測をするのに毎年失敗した。[17]「ＷＥＯ」は、その一〇年前にも、アメリカの水圧破砕法（フラッキング）〔シェール層の岩盤に人工的な割れ目を作り、そこに大量の水と化学薬品を流し込んでガス・オイルを採取する採掘テクノロジー〕の急成長に関して、同様の間違いを犯した。この問題の一部は、予測の方法と関係がある。ＩＥＡをはじめ、モデルを作成する側は、自分たちは将来を予測しようとしているわけではなく、ある条件が継続した場合に何が起こるかを分析しているのだと強調する。

グリーン・テクノロジーの価格下落のペースには、かなり楽観的なアナリストも驚いている。IEAのテクノロジーに関する見通しの甘さは、とくに新しい「WEO」を公表する時期にジョークのねたにされた。アナリストたちも頻繁に、「WEO」が過去に公表した太陽光発電の普及などに関する予測を図表で示し、IEAがいかに間違っていたかを説明してきた。

それでも、IEAの対応は遅かった。化石燃料の使用が増えれば、悲惨な気候変動につながるのが明らかになってから約二〇年後の二〇〇九年まで、IEAは汚れたエネルギー源から脱却するためのモデルを作成しなかった。IEAが温暖化を二℃未満に抑えるシナリオを作成したのは二〇一五年で、それが同年末のパリ協定で署名された意欲的ではない目標となった。そしてIEAは、グラスゴーで開催されたCOP26のわずか数ヵ月前となる二〇二一年まで、世界がネットゼロ・エミッションに到達するための本格的なシナリオを作成しなかった。温暖化を一・五℃以下に抑えておくためには、そのシナリオがきわめて重要だった。当時の世界の平均気温は、産業革命前と比較して一・一℃をわずかに上回るところまできていた。

IEAの変化がエネルギーの世界的な動きに比べて控えめなのは、ビロルに対して発言力を持つのが投資家ではなく、気候変動に関わる団体でもなく、急速なエネルギー移行で失うものが大きい富裕国の閣僚だからだ。ビロルほど腕の立つ外交上手な人間でも、そのようなボスが三一人もいれば、一夜にしてIEAを気候変動に適応させるのは無理な相談だ。

コンサルタント会社やシンクタンクのアナリストとは違って、ビロルは地政学的な綱渡りをしなければならない。彼には強力な主人と影響力のある聴衆がいる。たとえば、アメリカはIEAの分担金を一番多く拠出し続けている。他の加盟国も、特定のプロジェクトに数百万ユーロを支払うケースがあるだろうが、そうした資金はすべて、ＩＥＡの存続と成長に不可欠だ。だからこそ、誰に何を話すか、いつ話すか、が非常に大切な仕事となる。

しかし、気候変動対策がひとつの要因となってエネルギーの世界が変わりつつある今、ビロルがメッセージをコントロールするのは容易ではない。彼の発言は、エネルギー専門誌の見出しになることもある。万が一誤った発言をしてしまうと、その発言がまた彼を苦しめることになる。

ドナルド・トランプの大統領就任によってもたらされた問題を考えれば、難しさがよくわかる。トランプ大統領の下、ＩＥＡの最大の資金提供国であるアメリカは、気候変動に対してあからさまに敵対的な姿勢をとり、パリ協定から離脱し、前政権が実施してきた排出削減政策の多くを覆した。トランプ政権時代、多くのＩＥＡ加盟国は二〇五〇年までにネットゼロを実現すると約束したが、アメリカは違った。ビロルと彼のチームは二〇二一年まで待つしかなかった。その年にジョー・バイデンが大統領に就任し、間もなく自国のネットゼロ・エミッション実現の目標を二〇五〇年に設定したからだ。その後、ようやくＩＥＡは、ネットゼロの未来がエネルギーの世界においてどのような意味を持つかについて、本格的に検討し始めた。

結果は、待った甲斐があった。ＩＥＡのモデリングを見れば、世界が本気で温暖化を一・五℃以下に抑えるつもりなら、化石燃料を採掘する新しいインフラの開発は止めるべきだとわかる。すなわち、今後は石炭も、石油も天然ガスも一切採掘しないという意味だ。それこそ気候変動活動家にとっては、自分たちの武装のために必要な方向性であり、これで、かつては化石燃料の支持者であった組織を後ろ盾として利用できる[18]。たとえば、バイデン大統領が承認したアラスカ州のウィロー石油・天然ガス開発計画など、石油会社、天然ガス会社、政府が、今後新しい計画を発表するたびに、環境保護団体は気候科学者だけでなくエネルギー業界随一の分析集団からも支援を得ることになり、新計画を全力で批判できる。[19]

ＩＥＡが、クリーンエネルギーへの移行において果たすべき役割は重大だ。中国やインドなど、加盟国が拡大したおかげで（すべてが正式加盟国ではないにしても）、真の国際的な政府間機関であるというＩＥＡの主張は真実味を帯び始めた。だが、組織は大きくなっても、身動きが取れない国連を補完する効率のよさは、なお維持している。価格が変動しやすい化石燃料、気候変動の影響、不均等なエネルギー移行といった問題に直面しても、エネルギー安全保障の維持を手助けするというＩＥＡの使命は、気候資本主義を機能させるためにきわめて重要だ。

わずか数百人の組織で、年間予算は二〇〇〇万ユーロほどしかないにもかかわらず、ＩＥＡはエネルギー産業や政治の舞台で力を持つ人に大きな影響を与えている。ビロルの指揮によって、ＩＥＡは当初の設立目的よりもはるかに大きな課題に挑戦しており、ＩＥＡが一部の人の神経を逆なでしているとしても彼には驚きではない。

ビロルはこう説明する。気候問題に関心を持つ人々と、エネルギー問題に関心を持つ人々との隔たりは大きくなっている。その二極化は、たとえば原発反対運動にも見られる。かつてはグリーンピースのような組織が反対し、ブレークスルー研究所のような小さな機関が賛成するという、環境保護主義者同士の議論だったが、今では完全な文化戦争になっている。極端な例は他にもある。炭素回収テクノロジーの利用だ。これについては、ＩＥＡなどの組織が支持し、350.org などの団体は、化石燃料の使用停止だけが唯一の道だと主張する。

だからこそビロルは、そのような隔たりを埋めることが、クリーンエネルギーへの移行を減速させないようにする鍵だと考える。それが、二〇一九年に始まり二〇二三年まで続く二期目のＩＥＡ事務局長としての優先課題のひとつだ。三期目の可能性は、実績次第だ。

国際外交において大きな影響力を持つポストに、テクノロジーを専門とする人材が就くのは珍しい。その意味では、アメリカの元エネルギー長官、モニツは、前職がマサチューセッツ工科大学の物理学の教授であり、ビロルと経歴が近い仲間といえそうだ。モニツは、ＩＥＡの価値が最も高まる道筋は、エネルギーと気候のシナリオを増やすことではなく、主要経済大国が今後直面する可能性が高い大きな混乱の解決に必要なツールを提供することだと考える。

スタートアップが、過去に起業経験があるメンターや、新しい才能の支援に熱心な投資家と出会えるアクセラレーターから恩恵を受けるのと同様に、ＩＥＡは、気候変動政策の実施に成功した国を手本に学ぶ手助けをして、各国を指南する役割を担う。その役割がきわめて重要なのは、気候変動問題の対応には、すべての国が同時にクリーンエネルギー・システムへの移行に着手し、数十年以内にその作業を完了させる必要があるからだ。これまで、それを単独で試みた国はなく、少数の国が共同で行った例もない。

いいかえれば、世界がより意欲的な気候目標を採用するにつれて、ＩＥＡの重要性は低下するどころか高まる。意欲的な目標を達成するには排出量をさらに大幅に削減せねばならないが、その一方でエネルギーの供給は続くので、各国はこれまで以上に複雑な決断を迫られる。そうなれば、ＩＥＡのような機関の助言にますます大きく頼ることになる。ビロルに、どんなレガシーを残したいかと尋ねると、

「気候変動と、すべての人が利用できるエネルギーという、今世紀のふたつの大きな課題に対処できる機関」を作り上げたいという答えが返ってきた。

ビロルの仕事がやりやすくなった理由のひとつは、新しいグリーン・テクノロジーがとどまるところを知らぬ勢いで発展しているからだ。基礎研究については政府の資金援助が重要な役割を果たしているが、テクノロジーの規模を拡大するのは民間資本だ。そして、普段は政府の役人との交渉が多いビロルも、世界有数の大富豪のひとりから支援を受ける。その富豪とは、ビル・ゲイツだ。

第6章　大富豪

二〇一五年にパリで、気候変動が問題視されて以来決定的ともいえる瞬間が訪れたとき、ビル・ゲイツはその中心にいた。この年の国連気候変動枠組条約締約国会議（COP）は、今こそ排出量を削減し、世界の気温を安定させなければならないと、すべての国の合意を得るのが目的だった。そのような場で、億万長者の慈善家であり、民間人であるゲイツは、世界のリーダーたちに、これから新たに目を向けるプロジェクトに資金を投入してもらいたいと求めた。

世界屈指の大富豪であるゲイツは、各国が本気で気候変動に取り組むつもりならば、エネルギー研究費を倍増させる必要があると訴えた。しかし世界のリーダーの一部は、ゲイツ自身は自分の富を投資する気があるのか、あるいはもっと理想をいうならば、他の富豪も、政府の資金投入で拍車がかかる可能性がある新テクノロジーの商業化に投資する気はあるのか、と逆に質問した。ゲイツは、自分の資産管理者に相談もせずに、それを承諾した。

ゲイツがシアトルの自宅に戻ったとたん、彼の考えは非難を浴びた。「とんでもない考えだ」。当時、スタートアップに対するゲイツの個人投資を管理していたロディ・ギデロはそう言った。ゲイツが自分の資産をリスクにさらしたいというのなら、それもひとつの考え方だ。いずれにせよ、彼は生きている間に全財産を寄付するつもりでいる。だが、仲間の富豪までが新生のクリーンエネルギー・テクノロジーに投資してリスクを負うと、最終的に莫大な損失を招く可能性もあり、ゲイツに恥をかかせることになりかねない、とギデロは言う。

「なぜ私が、そういう投資に関心を持つと思う?」、とゲイツは言った。「やりがいのある課題でなければ、こんなことをする必要はない」。それが、ブレークスルー・エナジー・ベンチャーズ（BEV）が生まれた瞬間だった。BEVは、今では一〇〇以上の気候変動対策スタートアップに投資する、数十億ドル規模のファンドだ。BEVの立ち上げは、各国政府にクリーン・テクノロジーへの支出を求める、ゲイツのあからさまな世界キャンペーンの始まりでもあった。

その後、気候変動否定論者がホワイトハウスの主となり、パンデミックが起きたにもかかわらず、ゲイツはかつてないほど楽観的だ。「イノベーションは、私が思っていた以上に早く進んでいます」、と彼は話す。「だからこそ、私にはこの問題を解決できるという自信があります」。

ゲイツはブレークスルー・エナジー（BE）によって、民間資本が気候変動に取り組む力を与え、結果として上々のリターンを得るという枠組みを作り出した。これから述べる、その枠組みをどのように構築したかというストーリーは、過去数年間にゲイツと何度も交わした対話と、彼の構想の実現に協力した人々へのインタビューを基にしている。

パンデミックがまだ世界中で猛威を振るっていた二〇二一年一月、私はロンドンの自宅でマイクロソフトの共同創業者、ビル・ゲイツと話をした。対話の間ずっと、ゲイツは椅子に揺られていた。後で知ったことだが、彼はしょっちゅう椅子に揺られているらしい。私の質問に耳を傾けるときは揺れを止めるが、彼が口を開くとまた揺れ始め、熱がこもるにつれてそのスピードは速くなった。

ソフトウェアの開発、販売で富を築いたゲイツは、そのマニアックな知性を人類の健康改善、貧困問題の解決、気候変動への取り組みに向けた。彼は解決すべき課題を選ぶと、それに数十億ドルという資金だけでなく膨大な時間も費やす。たとえるならば、雑草に足を踏み入れて雑草を研究し、やがてそのテーマに精通し、何が足りないかについて揺るぎない意見を持つというようなことだ。また、彼は貪欲な読書家で、スーツケースいっぱいに本を詰め込んでプライベートジェットで飛び回る。そして、ありとあらゆる領域に関するアイデアをたやすく結びつける。

「二〇五〇年までに排出量を五〇％削減することすら、きわめて難しいでしょう。なぜなら、現在の私たちは排出量を増加させる方向に進んでいるからです。結局はどの世代も皆、とても悲観的になりそうです。けれども、もしもネットゼロ・エミッションを実現できれば、新型コロナウイルスのワクチンを生み出した努力さえ、たいしたことはないと思えるでしょう。現代の私たちにとって、ネットゼロ・エミッションの実現は、第二次世界大戦の終結やナチズムの阻止に匹敵する一大事なのです」。

ゲイツは、気候変動問題の大きな課題と解決策について熱く語った。特筆すべき点はふたつある。排出問題に取り組むうえでイノベーションが果たすべき役割は非常に大きいと彼が確信を持っている点、そして、イノベーションが果たすべき役割の大きさを理解している人がほとんどいないと彼が不満を抱いている点だ。

二〇二一年二月、彼は、『地球の未来のため僕が決断したこと――気候大災害は防げる』〔邦訳・早川書房〕と題する本を出版した。この本には、彼が気候問題解決の投資家として、また擁護者として、過去一〇年間に学んだことの本質が記されている。その多くの土台にあるのは、今では気候変動に関するあらゆる問題の解決に取り組む組織に育ちつつある投資ファンド、ブレークスルー・エナジーを立ち上げた経験だ。大きなポイントは、排出量をゼロにするのは難しいが、不可能ではないという点で、彼が主張するのは、イノベーションと政府のよりよい政策に大きな民間資本を組み合わせて、環境に配慮した代替製品をより安価にする展開だ。

彼にとってはイノベーションが第一で、彼も自身の偏見を率直に認めている。「誰かが『これは問題だ……』と言ったら、私の答えは『イノベーション』です」、とゲイツは言う。「たとえ詳しいことを知らなくても、そう言います」。

とはいえ、気候変動については、ゲイツも詳しく知っている。彼がイノベーションの必要性を訴えるために頻繁に例に挙げるのは、クリーン・スチールだ。鋼鉄（スチール）の製造で排出される二酸化炭素は、世界の排出量の八％ほどになる。ゼロ・エミッションを実現するには、あらゆる部門でゼロ・エミッションを実現するか、少なくとも限りなくゼロに近づける必要があり、鉄鋼業においても地球温暖化ガスを排出せずに鋼鉄を製造する方法が世界的に必要となる。[1] すなわち、クリーン・スチールを製造する方法を考案し、それが温暖化ガスを排出するダーティー・スチールと競争できるほど安価になるようにしなければならない。[2]

「実際は、ゼロを実現したからといって、私たちが今やっていること、つまり飛行機を使った移動、車の運転、セメントや鋼鉄の製造、家畜の飼育をやめることにはなりません」、とゲイツは言う。科学者たちはこうした分野を、「排出削減が困難」な産業部門と呼ぶ。その部門をクリーンにするには、バッテリーをはじめとする既存の環境に配慮した代替製品の市場シェアを大幅に拡大することに加え、膨大なイノベーションが必要になる。ゲイツがブレークスルー・エナジーに重点的に取り組んでほしいのは、テクノロジーの開発と規模拡大だ。

二〇一五年以降、ブレークスルー・エナジーは急成長を遂げた。[3] 始まりは一〇億ドルのベンチャーファンドで、世界屈指の大富豪にさまざまなテクノロジーに投資してもらった。どれもが、世界の排出量の約一％にあたる、年間五億トンの二酸化炭素を削減する可能性があるテクノロジーだ。ブレークスルー・エナジーは、政策や資金調達のための各国政府への働きかけ、世論を形成するための科学報告書の公表、民間企業がクリーンな代替製品の需要を拡大するためのプラットフォーム構築など、非営利活動も行っている。

ブレークスルー・エナジーの取り組みのほとんどは、まだ始まったばかりだ。たとえば、同ファンドが支援した一〇〇社ほどの企業のうち、株式公開しているのはわずかしかない。ベンチャーキャピタルの場合は、株式公開を成功の出口とみなすのが一般的だ。全体として、同ファンドが成功しているかどうかを判断するための、有意な経済的兆候やはっきりと把握できる排出削減はまだない。しかし多くの専門家は、ゲイツが作り上げたのは、スタートアップに資金提供するだけでなく、スタートアップのテクノロジーに影響力を持たせて活用するために必要なエコシステム作りの支援もする、独特なイニシアティブ〔気候変動対策に積極的に取り組む、省庁、自治体、企業、金融機関、NGOなど、多様な主体のゆるやかなネットワーク〕だと言う。私は、設立当初からブレークスルー・エナジーを見てきたが、彼らはほとんどの仕事を、内部事情を明かさずにやり遂げてきた。これまでのところは。

ブレークスルー・エナジーのベンチャー部門が狙いを定めるのはかなり初期段階のテクノロジーであ

るため、投資はハイリスクとなる。ゲイツと彼の仲間の富豪の多くは、称賛に値する目標のためなら数十億ドルを失っても気にならないのかもしれない。それほどの原動力が必要だとすれば、ゲイツがブレークスルー・エナジーで成し遂げてきたことを他でも行うのは難しいかもしれないが、それでも、未公開株に投資する同ファンドの体系的なアプローチには、他の企業が学び、他で展開できる要素がある。

世界のベンチャーキャピタルの投資額は急速に伸びていて、現在では年間七〇〇〇億ドル以上に達し、各国の政府がエネルギーのイノベーションに年間で費やす三〇〇〇億ドルを上回る。[4] 政府もベンチャーファンドも、新しいテクノロジーの向上に伴い、民間投資の何倍ものシード資金〔新しいビジネスを始める時点で必要となる資金〕を提供する場合が多い。この投資は、セメント業、鉄鋼業から、電気自動車、ゼロカーボン船舶に至るまで、フィジカル・エコノミー〔情報、通信の大変革が起きる前、つまり一九世紀以前の経済〕に代わるエミッションフリーの経済を構築するために今後は年間で必要となる、数兆ドル規模の金額に寄与するものとしてきわめて重要だ。

ブレークスルー・エナジー設立のきっかけは、ビル・アンド・メリンダ・ゲイツ財団の成功だった。二〇〇〇年から二〇二二年まで、同財団はさまざまなプログラムに七〇〇〇億ドル以上を費やしてきたが、その大半はグローバル・ヘルスに充てられている。[5] 毎年の寄付額でみても世界最大の慈善団体だが、真の成功は、同財団が重要だと考える目的に向けて、各国政府やその他の組織に支出を促し説得するところにある。[6]

貧困国の人々のワクチン接種を支援する官民のパートナーシップ、ＧＡＶＩワクチン・アライアンスの成功を例に挙げよう。ＧＡＶＩによれば、二〇〇〇年に設立されて以来、同団体は八億人以上の人にワクチンを提供し、約一六〇〇万人の命を救ってきた。[7] 二〇二〇年までに、ゲイツ財団だけで約四〇億ドルをGAVIに寄付している。[8] イギリス、アメリカ、ノルウェーの寄付額は、合計で九〇億ドルだ。

世界エイズ・結核・マラリア対策基金のストーリーは、さらに注目に値する。二〇〇二年にゲイツ財団がパートナーを集めてシード資金を提供すると、世界各国の政府から大量に資金が流れ込んだ。二〇一九年の時点でゲイツ財団はこのプロジェクトに約三〇億ドルを拠出していたが、それは資金調達総額四九〇億ドルのわずか六%にすぎない。アメリカ政府が拠出したのは約一八〇億ドルだった。

ビル・ゲイツは、適切な目標を選び、それを強く訴え、適切に資金を使うことができる組織の設立にシード資金を提供すれば、自分が使う資金の影響力を何倍にもできると学んだ。この教訓は、二〇一五年のパリ協定に臨む彼の考え方に反映された。パリで開催されるCOPのほぼ一年前から、彼は気候変動問題に関してもっと何かできないかと、何人かのスタッフと話し合いを始めた。

二〇二二年までブレークスルー・エナジーの最高経営責任者を務め、それ以前はゲイツ財団、およびゲイツの個人事務所を管理するゲイツ・ベンチャーズに勤務していたジョナ・ゴールドマンは、「彼が気候問題に関して新参者だったわけではありません」と振り返る。「ゲイツが気候変動問題に熱心だとは知られていなかったかもしれませんが、彼は問題解決のために何億ドルもの資金を投入していました」。実際、ゲイツは二〇一〇年代半ばにはすでにコースラ・ベンチャーズ、クライナー・パーキンスなど、シリコンヴァレーのベンチャーキャピタルに資金を提供していた。両社は二〇〇〇年代の初めに多くの資金を集め、クリーン・テクノロジーのスタートアップに投資して大きなリターンを生み出した実績がある。またゲイツは、原子力発電のスタートアップ、テラパワー、バッテリーのスタートアップ、アンブリ、直接空気回収技術（ダイレクト・エア・キャプチャー）のスタートアップ、カーボン・エンジニアリングにも直接投資していた。[9]

パリ開催のCOPが迫る二〇一四年には、太陽光発電や風力発電への支援が世界中で急速に拡大し始め、再生可能エネルギーのコスト低減に貢献した。しかし、電力による二酸化炭素の排出は世界の排出量の四分の一にすぎず、汚れたエネルギー源を用いる他の産業部門の排出量に対処するために新しいテクノロジーが必要なのは、ゲイツを含む事情通の人々にとって明らかだった。そのような新テクノロジーは、リスクの高いアイデアへの投資や、研究開発への資金援助がなければ生まれない。「どうすれば、もっと議題に取り上げられる?」。「なぜ誰も研究開発に力を入れないのか?」。二〇一四年、ゲイツはゴールドマンにそう尋ねた。

研究開発を重要視する人が少ないのは、それなりの理由があるからだ。二〇〇六年から二〇一一年にかけて、電気自動車やバイオ燃料をはじめとする新しい気候テクノロジーへの資金提供が試みられたものの、期待外れに終わった。金融危機の影響を受けたベンチャーキャピタルは、その五年間でクリーンテックに投資した二五〇億ドルの半分以上を失った。[10] ゲイツのチームが事後分析を行った結果、原因はテクノロジーの規模拡大を図れなかったからではなく、クリーンテック企業が採用したシリコンヴァレーのインターネット関連スタートアップの資金調達モデルが、この新しい分野には適していなかったからだとわかった。

フェイスブックやTwitterのように短期間で市場に投入され、その後改良が加えられるテクノロジーとは異なり、気候変動関連のスタートアップが開発するテクノロジーは、商業利用できるところまで成熟するのに多くの時間を必要とする。したがって、政府の資金援助や忍耐力のある投資家が必要だが、二〇一一年にクリーンテックが不況を迎えると、民間資本は尻込みし、政府の資金援助も大きな挑戦に踏み出そうとはしなかった。

事態はパリ開催のCOPの前から具体化し始めていた。二〇一五年六月、ロンドンで『フィナンシャル・タイムズ』紙の編集者が、クリーン・エネルギーソリューションに関する研究が不足している点についてゲイツに質問した。そのやりとりでゲイツは不安を覚え[11]、COPを組織する人々は間違った問題に焦点を当てているのではないかと懸念した。そこで彼は、自分の考えを推し進めるための組織を立ち上げようと決意し、その組織をブレークスルー・エナジーと名づけた。その後の歩みを見れば、世界屈指の富豪であり名を知られている人物がいちずに問題を解決しようとすると、何が起こるかがわかる。

ロンドンで会合を終えたゲイツはパリへ飛び、フランスのフランソワ・オランド大統領に、気候テクノロジーファンドのアイデアと、各国政府が気候テクノロジーのイノベーションを支援する方法について売り込んだ。オランド大統領は、のちに歴史的と評価されるCOPを自国で開催する態勢を整えているところだった。ゲイツは九月には再びパリを訪れ、オランド大統領やインドのナレンドラ・モディ首相と会談した。ゲイツは、大国がエネルギーのイノベーションに対する支出を倍増すると同意することから始めるイニシアティブを作りたいと考えていた。加えて、裕福な個人や実業家を集めてさらに投資を増やし、同様の同意を取りつけて、政府の研究によって生まれるテクノロジーの発展につなげる。

モディ首相は、政府側のイニシアティブに「ミッション・イノベーション」という名称を提案した。そこには、世界の大排出国がいくつか参加することになる。民間側の「ブレークスルー・エナジー連合」はゲイツが主導し、一〇ヵ国から集まる二八人の投資家が参加することになった。そのなかには、フェイスブックのマーク・ザッカーバーグ、アマゾンのジェフ・ベゾス、リンクトインのリード・ホフマン、セールスフォースのマーク・ベニオフ、アリババグループのジャック・マーといった志を同じくするテクノロジー系創業者の富豪、リライアンス・インダストリーのムケシュ・アンバニ、ヴァージン・グループのリチャード・ブランソンといった実業家、ソフトバンク・グループ創業者の孫正義、コースラ・ベンチャーズのヴィノッド・コースラ、クライナー・パーキンスのジョン・ドーア、ヘッジファンドの巨人、クリス・ホーンといった伝説的な投資家が含まれる。

ふたつのイニシアティブは二〇一五年一一月三〇日、COP21の初日にパリで発足した。その日、ゲイツは短すぎる青いネクタイを締め、満足げな笑みを浮かべていた。右に立つのはカナダのジャスティン・トルドー首相、左にはアメリカのバラク・オバマ大統領、その他中国、インド、フランス、日本、インドネシアなど経済大国の首脳や高官たちも横に並んだ。彼は、世界がそれまでに排出した温室効果ガスの大部分に責任がある国々を率いる政治家のなかで、ただひとり富豪を代表して参加していた。だが、参加しなかった富豪たちも念を押されていた。「ビルはイニシアティブに参加すると署名した人たちに、署名したからには本当に投資してもらう、と言った」、とゴールドマンは振り返る。ゴールドマンは、当時は「どうやってやるのかさえ、見当もつかなかった」、とも話した。

ゲイツがシアトルに戻り、彼は前進する決意を固めているとチームが確認した後、ギデロはブレークスルー・エナジー・ベンチャーズ（BEV）の最高経営責任者に就任した（二〇二二年にゴールドマンが去った後は、ブレークスルー・エナジーの最高経営責任者となる）。彼はすぐに投資ビークルの構築に取りかかった。そして、ジョン・アーノルド財団のなかに、自分と一緒に細かな仕事をしてくれる人を見つけた。財団の設立者、アーノルドは、二〇〇〇年代の初めに、ヒューストンのエンロン社で石油と天然ガスのトレーダーとして名を成し、富を築いた。エンロンが不正取引による粉飾決算で破綻したのち、アーノルドは責めを負わずに同社を去り、ヘッジファンドを設立してさらに成功を収め、アメリカで最も若い富豪になった。[12] 二〇一二年、彼は三八歳で第一線を退き、フルタイムで慈善活動を行うようになる。[13] ギデロによれば、二〇一七年、アーノルドはBEVに資金を提供するだけでなく、戦略に関する助言もするようになった。グーグル、アマゾン、サン・マイクロシステムズといった企業を初期段階から支援したシリコンヴァレーの伝説的な投資家であり、富豪であるふたり、コースラとドーアも契約を結び、BEVの重要項目が具体化し始めた。

ベンチャーキャピタル・ファンドは、有限責任会員(リミテッド・パートナー)と呼ばれる投資家から資金を調達する。「有限責任(リミテッド)」といわれるゆえんは、一般的にはファンドの日常的な運営に携わらず、責任もファンドに出資した金額が上限となるからだ。ファンドの運営は、特定のテーマのために、たとえばBEVの場合は気候変動対策のテクノロジーのために、資金を集めたチームが行う。ベンチャーキャピタル・ファンドの「ベンチャー」とは、資金が成長の可能性を見込める初期段階のスタートアップに投資されることを意味する。リスクは高いが、その分、高額の報酬が得られる可能性も高い。ファンドのポートフォリオに含まれるスタートアップの大多数は失敗するだろうが、なかには他の損失分を補って余りあるような華々しいリターンを期待できる企業もある。ベンチャーファンドの場合、成功すれば投資額の数十倍、大成功すれば数百倍のリターンを得るのも珍しくない。だがこれまでのところ、ベンチャーファンドのなかで最大の成功を収めているのは、インターネット関連のスタートアップへの投資だ。気候テクノロジーの企業は、規模拡大のためにより多くの資金が必要で、非常にリスクの高い投資先となっている。

一般的なベンチャーファンドの運用期間は一〇年で、リミテッド・パートナーは一〇年後にファンドを撤退(キャッシュアウト)させられる。しかし、それが可能なのは、ファンドのポートフォリオに含まれる投資先企業が株式を公開しているか、投資家に買収されているか、他の企業と合併していたか、他の投資家がベンチャーファンドが所有する投資先企業の株式を買い取った場合に限られる。

BEVが設定したファンドは、それには当てはまらない。運用期間が二〇年だからだ。[14] ギデロはアーノルドをはじめとするさまざまな人と話し合い、一〇年という期間は彼らが目指す目標にはそぐわないと理解した。というのも、気候変動対策のスタートアップの多くは、自然科学とテクノロジーに根ざすアイデアに取り組んでいて、製品化の可能性を証明するだけでも一〇年以上かかり、製品の販売にこぎつけるのにさらに何年もかかるのが普通だからだ。BEVの投資家は、自分の資金がハイリスク・ハイリターンの長期的な気候変動対策に投資されるのを理解して、気長に待たなければならない。

二〇一七年には、BEVは約一〇億ドルを調達し、気候変動に焦点を当てる世界最大級のベンチャーファンドとなった。ファンドに関するニュース記事が出るようになり、その後何千社ものスタートアップからピッチ〔売り込みのプレゼンテーション〕が出された。資金は一〇億ドルあるものの、投資する価値のありそうなスタートアップがあまりにも多く現れて、チームはたちまち途方に暮れた。

多くのベンチャーキャピタル・ファンドは、どのような企業に投資するかという明確なテーマを持ってスタートし、そのテーマに心を引かれた人から資金を調達する。BEVの場合は、ビル・ゲイツの名前とアドレス帳があれば、資金を調達できた。BEVにとって次の重要なステップは、ファンドの対象を絞り込むための枠組みを作ることだった。二〇一七年に科学の専門家からなるチームが結成され、明確な目標が設定された。それは、スケールアップ〔初期段階のスタートアップから急激に規模を拡大している企業〕となったときに、温室効果ガスの年間排出量を少なくとも五億トン（当時の世界排出量の約一%）削減できる可能性のあるスタートアップのみに投資するという目標だった。

BEVには、将来性のある投資先を評価できる専門知識を持つ部署があった。メンバーの多くが、博士号を持っていたり、特定分野のテクノロジーについて豊富な実務経験があったりする。さらに、BEVは外部の専門家も活用して、スタートアップの背後にいる人材、スケールアップ計画、その計画を実行するチームの能力を評価する。

資金の総額、チームの技術力、排出削減テクノロジーに対する高い基準などを総合して見ると、BEVはクリーンテックの分野ではユニークな存在だ。だが私には、まだすっきりとしない疑問があった。ゲイツや彼の富豪の友人たちが資金の損失をいとわないのなら、投資額をはるかに上回るリターンを目指すベンチャーファンドを立ち上げたのはなぜなのか?「規模がとても大きいので、もっと幅広い層の人々に投資してもらわねばなりません」、とギデロは言う。いくら富豪がお金を持っているといっても、彼らだけで気候危機の課題を解決することはできない。IEAによれば、二〇五〇年までにネットゼロ・エミッションを実現するには、今後、毎年四兆ドルのエネルギーシステムへの投資が必要だ。[15]

ベンチャーファンドであるBEVは、ゲイツ財団が政府から資金援助を得て成し遂げたことを民間資本で行える。つまり、ゲイツのチームが選んだアイデアは支援する価値があると投資家に納得してもらい、初期投資を何倍にもするのだ。BEVはもちろん利益を得るのが目的だが、それ以上の目的もあった。BEVがアーリーステージのテクノロジーにシード資金を提供すれば、同様の支援をする他のタイプの投資家のリスクも下げられるからだ。ギデロが言いたかったのは、排出ガスをゼロに削減するとは、排出ガスを生まないテクノロジーで世界のフィジカル・エコノミーの大部分を変えることであり、そのように大きな変革を行うには、慈善活動や政府からの資金提供だけでは充分でないということだ。ゲイツは、資本主義における最強の道具、すなわち民間資本をさらに活用する必要があった。

エリック・トゥーンが言うには、BEVの仕事を引き受けるかどうかを決めるのにかかった時間は一秒だったそうだ。電話がかかってきた二〇一六年当時、トゥーンはデューク大学で化学の終身教授を務め、同大学のイノベーション・起業イニシアティブを率いていた。しかし、BEVチームが最も興味を持ったのは、彼が以前、アメリカのエネルギー省で働いていたことだった。

二〇〇八年の世界金融危機後、当時のバラク・オバマ大統領は、アメリカ経済を不況から脱却させるために八〇〇〇億ドルのプログラムを策定した。そのごく一部、約四億ドルは、エネルギー高等研究計画局（ARPA-E）の設立費用に割り当てられた。エネルギー省内に設置されたこの機関は、アメリカ国防総省の国防高等研究計画局（DARPA）をモデルにしている。DARPAは、一九六九年に、インターネットの基礎となるネットワーク形成の枠組みを構築したことで知られる。[16] ARPA-Eのおもな仕事は、政府の研究所、大学、民間企業におけるハイリスク・ハイリターンのエネルギー・イノベーションに資金を提供することだった。トゥーンは、その初代のテクノロジー担当副所長に任命された。「二酸化炭素問題への取り組みは人類の存亡に関わるともいえる問題ですが、ARPA-Eに入らなければ、そのことを頭に叩き込む機会はなかったと思います」、とトゥーンは言う。「ARPA-Eの仕事は、私の人生のすべてを変えました」。

しかし、政府の仕事には制約がある。ARPA-Eは、アーリーステージの興味深いアイデアに資金を提供したが、規模の拡大を図るその後のステージではるかに多くの資金が必要となるため、ファンドの資金が底をつく場合が多く、資金提供を続ける価値があるのはどのアイデアかを判断するには民間資本が必要だった。

だからこそ、トゥーンはBEVチームに参加する話に飛びついた。「政府というのは、かなり切れ味の悪い道具です。勝者と敗者を選ぶのは政府の役割ではありません」、とトゥーンは言う。「BEVではARPA-Eで始めたことを引き継ぐ機会がありますが、ここではメスを使っています。勝者と敗者を選ぶのが、間違いなく私の今の仕事です」。

ARPA-Eで始めた仕事を継続したいと考えたのは、トゥーンだけではなかった。およそ三〇人いるBEVのスタッフ[*6-1]には、ARPA-Eの元従業員が五人含まれ、五人全員が科学の博士号を持っている。トゥーンはBEVのテクノロジー部門を率いる立場にあり、科学的に信頼できるテクノロジーを持ち、成功も見込める企業にBEVが投資するように持っていくのが彼の仕事だ。彼はまた、BEVの投資が、電力、運輸、建設、製造、農業の、五つの主要な産業部門全体を横断して行われるようにする責任者でもある。各部門の担当者はいるが、「最終的な責任は私にある」、とトゥーンは言う。

トゥーンがBEVに移った当初の仕事は、BEVが一〇億ドルの資金を調達したというメディアの報道の後、膨大な数のスタートアップから押し寄せたピッチに対応することだった。「最初の二〇件の投資を決めるまでに、四〇〇〇社のピッチを見たと思います」、とトゥーンは言う。その二〇社の選定は二〇一九年に完了し、思惑どおり、さまざまな産業部門のテクノロジーが網羅されていた。[17]電力事業では、エネルギー貯蔵関連で六社、太陽光発電で二社、地熱発電で一社、核融合で一社のスタートアップが選ばれた。運輸業では電気自動車のスタートアップが一社、建設業では屋上ソーラーパネル、スマート電気メーター、水利用で各一社ずつ、製造業ではセメントと鉄鋼のスタートアップが各一社、農業ではサステナブルな食糧生産に取り組むスタートアップ四社が選ばれた。

最初のロットでは、電力のスタートアップが著しく大きな関心を集めた。電力事業による排出量が世界全体の排出量に占める割合は約四分の一だが、BEVはピッチに対して受動的だったため、当初はそれもしかたがなかった。パリ協定以降、気候変動関連のスタートアップの数は急増し、それを支援する資金も増えてきた。クリーンテック1.0ブームの後、気候変動関連のスタートアップへの年間投資額は、二〇一三年には約四億ドルだった。ところがその数字は、二〇一九年には一六〇億ドル、二〇二二年には五〇〇億ドルまで増加した。[18]

しかし、製造業などの分野は、イノベーションにおいて大きく後れをとっている。理由のひとつは、鉄鋼大手のアルセロール・ミッタルや巨大企業のハイデルベルク・マテリアルズが、利益率の低い事業を営んでいることだ。とくに問題なのが、基礎的なテクノロジーを少しでも変更しようとすると、保守的な考え方で否定されたり、ありえないような費用がかかると非難されたりと、さまざまな言い訳を使って抵抗されることだ。「われわれは頭では、セメント、鉄鋼、畜産など、巨大産業をどうにかしないと成功しないと理解しています」、とトゥーンは言う。「そういう、セクシーでない分野をどうにかしないと」。

第一弾の投資を完了させたBEVは、ピッチに対して受動的だった姿勢を、優先分野のスタートアップを発掘する能動的な姿勢へと転換する準備を整えた。セメントはとくに厄介な問題であり、BEVがセメント業界に対して取ったアプローチは、排出削減が困難な産業にどう取り組むかを示す好例となる。

セメント製造業の排出量は、地球全体の排出量の八%ほどだが、セメントのカーボン・フットプリントを大幅に減らす効率的なテクノロジーはまだない。[19] セメント工場は五〇年、あるいはそれ以上存続するため、新しいテクノロジーが市場に参入する機会が少ない。[20] また、セメントは安価でかさが大きいため、いくつもの工場を点在させる必要がある。業界のある専門家は、セメント工場は半径三〇〇キロ以内の顧客の需要にしか応えられないと語る。かさばる製品を長距離輸送する費用は、すぐに採算が合わなくなるからだ。さらに、利益率が低いため、業界内の統合を余儀なくされ、少数の企業が世界の生産の大部分を支配している。大企業であれば事業リスクを分散できるため、より安価な資本プールを利用できるからだ。

セメント産業にとっては、たとえば発電所に比べて、排出ガスに関する規制が緩いという利点がある。例を挙げれば、ヨーロッパでは洋上風力発電が安価になっているため、政府は石炭発電所に対して排出量を削減するように圧力をかけ、最終的には廃業にまで追い込める。国の経済成長に不可欠なセメントには、排出量を抑える代替品がまだないので、業界としてイノベーションの圧力を感じていない。

「セメントは古代から存在していますが、重要な科学的研究の対象になったことはありません」とトゥーンは言う。「セメントよりもセクシーでないテーマは、他に思いつきません」。

セメントという材料は科学的に研究するのが非常に難しい。というのも、セメントは同じように焼成しても、毎回化学的に同一のものができるわけではないからだ。また、セメントは結晶構造を持たないので、たとえばリチウムイオン・バッテリーに使われる金属のような、X線結晶学などの手法で精査できる結晶構造の材料とは異なり、構成原子が規則正しく並んでいない。大きな問題は、セメントはこれまで実用的役割を充分に果たしてきて、科学者たちも問題の解決をとくに求めてこなかった点にある。だが、世界がネットゼロ・エミッションを実現する必要があると明らかになった今、そのままでいるわけにはいかない。

BEVは、より環境に配慮したセメントづくりを目指すにあたり、セメントの製造工程のどの部分で二酸化炭素を排出しているかを分析するところから始めた。製造工程ではまず石灰石が採掘され、セメント工場に運ばれて粉砕され、粘土と混ぜられて回転窯（キルン）に投入される。一般にキルンは水平に設置された回転する長い管で、石炭を燃料として一四〇〇度の高温で焼成する。焼成の過程では、まず石灰石（$CaCO_3$）が石灰（CaO）に変わり、そこで二酸化炭素が大量に放出される。石灰（CaO）はその後、粘土に含まれるシリカ（SiO_2）と反応してケイ酸カルシウムを形成し、セメントの結合成分でもあるクリンカーという塊ができる。その後クリンカーを再び粉砕し、微粉にしてから石灰石やシリカなど、他の材料と混合するとセメント（約七〇％がクリンカー）ができる。

　完成したセメントは、製品として大型トラックや船で顧客のもとへ運ばれる。建設現場では、セメントを砂利や水と混ぜてコンクリートを作る。その過程で、クリンカーの一部、つまりケイ酸カルシウムは、空気中の二酸化炭素を吸収して石灰石に戻る。新しく生成された石灰石はコンクリート材料の一部となり、強度をもたらすが、石灰石に戻る際に再吸収する二酸化炭素はごく一部なので、セメントのカーボン・フットプリントは依然として大きい。

　セメントの製造では、最終工程を除いて、全工程で二酸化炭素を排出する。だが、その大部分（九〇％）は、キルンの内部で発生している。石灰石を石灰に変換する化学的工程の排出量は全工程の排出量の約五〇％を占め、約四〇％はキルンを加熱するための石炭の燃焼が原因だ。残りは、材料を粉状にするための粉砕機、製品を輸送する車両などで使用される化石燃料や、炭素集約型の電力による排出だ。

　現在ＢＥＶは、従来よりもクリーンなキルンを造るテクノロジーの評価を行っている。慎重に扱うべき経営上の詳細情報が含まれるため、評価対象のすべての企業名を公表しているわけではないが、ＢＥＶの事業責任者、カーマイケル・ロバーツは、有力候補のひとつはオーストラリアのスタートアップ、カリックスだと認めた。

従来のキルンは、石炭、石灰石、粘土を一緒に燃やし、窒素、二酸化炭素、酸素の混合ガスを放出する。ガスを分離して、温室効果ガスを地下に埋める二酸化炭素回収施設を建設するのは可能だが、それにはかなりの費用がかかる（第7章参照）。一方、カリックスのキルンは二酸化炭素だけを発生させる。ガスを分離する必要がなくなり、二酸化炭素を回収し、圧縮して地中に埋める費用は大幅に下がる。

カリックスの方法はとてもシンプルで、独創的だ。同社のキルンは、同心円状に重ねた二重の円筒でできている。外側の筒をガスか電気で加熱して、石灰石と粘土を入れた内側の筒に熱を供給する。したがって、キルンの中で起こる化学反応は、炭酸カルシウム（$CaCO_3$）から酸化カルシウム（CaO）への変化だけで、放出されるのも純粋な二酸化炭素（CO_2）だけだ。加熱する燃料を再生可能な電力にすれば、セメント製造の排出量を、九〇%も削減できる。このスタートアップは現在、ドイツでキルンを改修中で、同社によると、二〇二三年に稼動すれば、毎年一〇万トンの二酸化炭素を回収できる。[21]

すべての企業が、進んでキルンの改修をしたり、回収した二酸化炭素を地中に貯留するための用地を工場のそばに取得したりするわけではない。そこでBEVは、セメント製造工程の他の部分に着目して排出削減に取り組む企業にも投資している。たとえば、アイルランドのエコセムは、標準では七〇%使用するクリンカーを、二〇%に抑える方法を研究している。BEVはこれまでに、同社に二五〇〇万ドル以上を投資した。

「私たちは、エコセムのアプローチの背後にある深くて厳密な科学と工学を高く評価しました」、とトゥーンは話す。エコセムは二〇〇〇年の設立時から、高炉スラグ微粉末を販売している。高炉スラグ微粉末とは、クリンカーに似た化学的性質を持つ鉄鋼業の副産物だ。エコセムは、従来は埋め立て処分されていた高炉スラグ微粉末を、セメントの結合成分として販売すればよいと考えた。ヨーロッパで二酸化炭素排出量削減の政治的意思が強まるにつれ、ヨーロッパの企業は、より低炭素のセメントを製造するために、エコセムから高炉スラグ微粉末を購入するようになった[22]。

しかし科学者たちは、セメント中のクリンカーやスラグが、結合成分として強度を高める目的だけで使用されているわけではないと知っていた。セメント会社は、コンクリートミックスの湿潤状態を長く保ったり、粘性を維持したりする目的でも、クリンカーやスラグを使用している。ヨーロッパで二酸化炭素削減の機運が高まるなか、エコセムの科学者たちは二〇一三年に、セメント中のクリンカー含有量を大幅に削減するアイデアに取り組み始めた。

七年にわたる研究の末、エコセムはクリンカー二〇%、スラグ三〇%、残りをフィラー材とする適切な混合を発見した。このフィラー材に含まれる要素は、社外秘であるため公表されていないが、カーボン・フットプリントがごくわずかであること、クリンカーとスラグを最大限に活性化し、より効果的な結合剤としていることは確かだ。BEVの資金と世界的なコネクションのおかげで、エコセムは環境に配慮したセメントをヨーロッパで販売するライセンスを申請しようとしている。間もなく、北米とアジアに小規模な工場を建設し、両地域の見込み客に同社のセメントを紹介する予定だ[23]。また、既存のセメントメーカーに自社の化学技術をライセンス供与し、同社のテクノロジーの規模拡大を早めることも検討している。

BEVのもうひとつの賭けは、アメリカのスタートアップ、ソリディア・テクノロジーズだ[24]。ソリディアも、セメント中のクリンカー含有量を削減するという目的は同じだが、クリンカーを粘土に置き換えるという方法をとる。一般的に粘土とは、セメントに含まれるのと同様の鉱物を豊富に含む細粒土を指す。ソリディアのセメントから作られたコンクリートが、通常のセメントから作られたコンクリートと同等の優れた性能を発揮するように、同社は二酸化炭素でコンクリート材料を硬化させる方法をとる。二酸化炭素を注入すると、より多くのクリンカーが石灰石に変化し、コンクリートの強度が上がる。一般的なコンクリートは固まるのに二八日かかるが、ソリディアのコンクリートは一日で固まり、同社の粘土ベースのコンクリートブロックは炭素集約型の製品と同じ強度を持つとソリディアは主張する。ソリディアによれば、同社のセメントのカーボン・フットプリントは、市場に出回る一般的な製品よりも五〇%以上少ない。

BEVはもう一社、カナダのスタートアップ、カーボンキュア・テクノロジーズにも投資した。この企業はセメントやコンクリートの含有量を調整したりせず、セメントの硬化に、二酸化炭素を使用する。それによって、石灰石に戻るクリンカーの量が増える。結果として、カーボンキュアのセメントで作るコンクリートは、二酸化炭素の排出量が全体として減少する。製造工程における全排出量の一〇%以下という、わずかな減少ではあるが。[25]

今後BEVは、セメントおよびコンクリートを製造する工程の多くの段階で、カリックス（あるいは同様のスタートアップ）、エコセム、ソリディア、カーボンキュアに賭けていくことになる。どの会社も、スケールアップになるという保証はないが、だからこそ「数打てば当たる」式でいくことが不可欠だとゴールドマンは言う。事実、BEVの計画では、炭素集約型の主要産業すべてについて、そのような手段を講じていくことになる。

スタートアップを成長させるには、テクノロジーの発展がきわめて重要であると同時に、環境に配慮した代替製品の充分な市場が求められる。市場があれば、既存の大手企業もイノベーションに積極的に資金を投入するようになるからだ。ヨーロッパの炭素価格が一トンあたり八〇ユーロを超えるに至り、よりクリーンなセメントを製造しようとする会社は増えている。[26] 従来の製造工程でセメントを作る場合、二酸化炭素の排出量は五〇〇キロに及ぶ。「たとえ手頃な炭素価格であっても、業界はよりクリーンな方向へ押し進められるでしょう」、とトゥーンは言う。「セメントは一トンあたり一〇〇ドル程度で玄関まで届くからです」。

このような外部の誘因をあてにするのは、BEVのポートフォリオにおいて最大のリスク要因だ。BEVが資金提供した企業が開発するグリーン・テクノロジーやクリーンな製品は、企業が成長してスケールアップとなったときに需要があるかどうかが重要になる。その需要をもたらす要素は、炭素の価格設定、地球温暖化ガスを抑制する新たな種類の法規の制定、排出量削減を求める投資家からの圧力、顧客の求めに応じてより環境に配慮した製品を製造しようとする企業の存在などだ。

気候変動によって起こる大災害の数を考えれば、そのうちのひとつ、あるいはいくつかが要因となって需要を生み出す可能性も高いだろう。けれども、ブレークスルー・エナジーは、ただそれを待つわけではない。ブレークスルー・エナジーは非営利組織をいくつも立ち上げ、需要を喚起しようとしている。

ワシントンDCにあるブレークスルー・エナジーの小さなチームは、ゲイツがきわめて重要だと考える政策を展開するように、アメリカ政府に働きかける。二〇二一年一月にゲイツと話した際、彼はこの取り組みの成功例として、先進的原子炉に対するエネルギー省からの一億六〇〇〇万ドルの助成金を挙げた。[27] 二〇二〇年一〇月に、彼の個人事務所の支援活動により、彼の原子力関連のスタートアップ、テラパワーが、新しい原子力技術を具体化するための八〇〇〇万ドルの補助金を獲得したことも成果のひとつだ。

こうしたロビー活動で最大の成功を収めたのは、アメリカで二〇二二年に可決された「インフレ抑制法」だった。うまい名前がついているが、中身は気候変動対策法だ。二〇二一年一月にジョー・バイデンが大統領に就任した直後から、気候、医療、税制を網羅する大型法案の作成が始まった。だが、アメリカ連邦議会はねじれ議会となっていて、上院ではバイデン大統領の民主党がようやく過半数の議席を得ているものの、法案を通すには上院議員五〇人全員の賛成票が必要だった。しかし、おそらく民主党議員のなかで最も保守的な、ウェストヴァージニア州選出のジョー・マンチン上院議員は、法案に盛り込むべきものとそうでないものについて明確な考えを持っていた。彼はまた、州内のある石炭供給会社から年間数百万ドルを得ていた。

バイデンが政権につくやいなや、環境保護団体やグリーン・テクノロジーのロビイストなど、気候変動対策法案に関心を持つ誰もが、マンチンが投じる票が決定票となると理解した。そしてほぼ同時に、関係者全員がウェストヴァージニア州選出の上院議員に、自分たちが望む政策はきわめて重要であることや、気候変動対策法案に賛成すべき理由があることを認めてもらうように働きかけ始めた。

二〇二二年八月、気候変動対策法案が最終的に成立するまでの顚末は、おそらく本が一冊書けるほどのテーマだが、とりわけ意義が大きかったのは、ゲイツとBEのチームがロビー活動に参加したことだ。ゲイツは、法案について議論されていた一年半の間、マンチンと何度も直接会って話をした。

政治家に転身する前は実業家であったマンチンは、彼のハウスボートの周囲でカヤックを漕いだり、ウェストヴァージニア州の石炭発電所を封鎖したりする気候変動活動家よりも、ゲイツに代表されるような、ビジネスに理解のある意見を受け入れようとした。ゲイツのチームは、彼自身がスタートアップに投資しているものの、一個人の財産だけではそうしたテクノロジーを発展させるのには不充分だと訴えた。アメリカのイノベーションは、アメリカ政府の財布がなければ羽ばたけない。ゲイツとチームは、グリーン水素、サステナブルな航空燃料、二酸化炭素除去に関連する初期段階のテクノロジーについて回るグリーン・プレミアム〔炭素を排出する製品と排出しない代替品のコストの差。二酸化炭素の排出に配慮していない商品は、二酸化炭素の排出を抑えた商品よりも価格が安い傾向がある〕を軽減または補填する税額控除を政府が承認するようにと望んだ。

最終的に成立した法案には、まさにそれが盛り込まれていた。すなわち、その後の一〇年間に行われる、総額一五〇〇億ドル近い税額控除だ。ゲイツのBEVがクリーン・テクノロジーに投資する予定の金額の、二〇倍以上にあたる。ゲイツはまたしても、BEVに投資する個人および政府から何倍もの資金を集めることに成功した。

BEのなかには、科学報告書の作成に取り組むチームもある。基本のアイデアは、BEのテクノロジー関係者が大きな可能性があると考える解決策を、政府の規制機関に評価してもらうことだ。二〇二一年二月に発表された最初の報告書では、送配電網をアメリカ全土に拡大した場合の潜在的な影響について考察し、ソーラーパネルを設置するための充分な土地と風力があるアメリカ中部の大平原地帯から、東海岸と西海岸の消費の中心地へ再生可能エネルギーによる電力を送電できるようになると主張した。[28]

その主張には説得力がある。現在、アメリカの各州は二〇三〇年までにクリーンエネルギーを導入するため、三六〇〇億ドルを投じる計画を立てている。しかし、それだけではアメリカの排出量は六%程度しか減少しない。BEの科学の専門家たちは、送電に二〇〇〇億ドルかければ、アメリカの排出量を半減させることができて、同時に送配電網が太陽光や風力による間欠的な電力をより多く取り込めるようになると気づいた。また、BEは、フェローズ・プログラムを通じて起業する若手研究者にも資金を提供している。

ここで、カタリストについて説明しよう。カタリストは、ブレークスルーが二〇二一年に開始したプログラムだ。目的は、初めて大規模プラントを建設する気候変動問題解決のスタートアップに、助成と株式投資を行うことで、それにより、スタートアップへの投資リスクを下げることができて、民間銀行から融資を受ける際に利子を低く設定できる。二〇二二年、カタリストは、サステナブルな航空燃料を製造する初の大規模プラントの建設資金を援助するため、手初めに五〇〇〇万ドルの助成金を提供した。その企業、ランザジェットの主張によれば、植物由来のエタノールから製造する同社の燃料は、従来のジェット燃料よりも二酸化炭素排出量が七〇%少ない[29]。

また、大企業であれば、事前購入契約を結ぶという方法がある。環境に配慮した航空燃料の会社が最初の工場建設を計画しているとする。たとえば、グーグルが幹部の出張時の排出量を削減するため、工場を建設する前にこの会社から燃料を一定量購入すると約束すれば、この会社への投資リスクを下げられる。企業がこのようなことをするのは、ネットゼロ・エミッションを実現する一〇年計画に確実性がともなうからだ。世界の大手企業の二〇%以上が、すでにそのような約束をしている。

その結果は、どうなったか？　助成金や大手企業からの発注という後ろ盾があれば、スタートアップは大規模プラントの建設に必要な数億ドルを低利で融資してもらえる。ブレークスルー・エナジーが期待するのは、カタリストが、ＢＥＶが有望だと見込む企業を含め、あらゆる種類のグリーンスタートアップに役立つことだ。

ビル・ゲイツとブレークスルー・エナジーを通して明らかになるのは、政府であれ個人であれ、新しいテクノロジーを成長させるには「忍耐強い」資本投下が不可欠になるということだ。しかし、たとえ巨額であっても、資金だけでは充分ではない。気候資本主義では、イノベーションを起こしてテクノロジーを発展させるために、エコシステムの構築など、金銭以外の支援も必要だ。

ブレークスルー・エナジーが成功したかどうかを判断するのは、時期尚早だ。とはいえ、初期にはいくつかの成功があった。第3章で紹介したバッテリーのスタートアップ、クアンタムスケープへの二〇一八年の投資は、同社が二〇二〇年に株式公開し、同年一二月に時価総額五〇〇億ドル(自動車メーカー、フォードの、当時の評価額を上回る)に達した時点で実を結んだ。[30] しかし、ブレークスルーが投資した企業の大多数は、そのような成熟にはほど遠い。しかも、非営利組織はまだ立ち上げたばかりで、成功を数値化するのは難しい。

同社がこれまで行ってきた事業に、誰もが感心しているわけではない。「BEVは、他の企業が投資しなかった気候変動解決策に辛抱強く投資すると約束し、華々しく登場しました」。コンサルタント会社、カーボン・ダイレクトの科学主任、ジュリオ・フリードマンはそう言う。「私たちは今も、約束が果たされる日を待ち続けています」。

それでも、ビル・ゲイツの頭のなかにあったひとつのアイデアから、一〇〇人以上の従業員を抱える組織に成長したブレークスルー・エナジーは、侮(あなど)れない存在になった。BEVの事業責任者、カーマイケル・ロバーツは、これまでで最高の成果は、スタートアップへの投資を検討する投資家から、ことあるごとに「ブレークスルーはどう思うか」、と質問されることだと言う。

今では、一〇〇社を超えるスタートアップがポートフォリオに入り、ロバーツは、BEVが五つの産業分野に網羅的に投資できるようになったと喜んでいる。それでも、炭素回収、グリーン水素、クリーンな鋼鉄、ゼロカーボン航空、エミッションフリーの海運など、BEVが刺激的なスタートアップをまだ充分に発掘できていない分野もある。ロバーツとトゥーンは、ピッチが提出されるのを待つのではなく、自ら会社を立ち上げてこの課題に挑んでいる。

ゲイツはこれまでの進歩を振り返り、今ではBEという形になったアイデアに取り組み始めたのは、マイクロソフトとゲイツ財団で得た経験から、イノベーションが世界の重要課題の多くを解決する鍵だと確信したからだと語る。「しかし、言いにくいことですが、私はソフトウェアや医薬におけるイノベーションに対して楽観的だったため、おしりに火がついた形でフィジカル・エコノミーを全面的に転換させることになりました」、と彼は言う。BEは、彼自身の間違いを明らかにする体系的な試みでもある。

多くのスタートアップに資金を提供すると、業界に大きな変革がもたらされるのは実証ずみだ。大多数の企業は失敗するものの、いくつかは大きく成長して既存の企業に挑戦し、既存の企業に取って代わることさえありうる。だが、排出量削減は差し迫った課題であり、すべての産業分野のスタートアップがそのような過程をたどる時間を確保できるとは限らない。そこで、インフレ抑制法をはじめとする政府の政策や投資が大きな効果を発揮する。一方で、政府は過去の成功例や失敗例から多くを学べる。ドナルド・トランプが信頼を置いていた、二酸化炭素回収・貯留テクノロジーの行く末を考えてみよう。

第7章　カウボーイ

気候変動は空の上に何があるのかという問題だが、ジュリオ・フリードマンが焦点を当てるのはその正反対の方向、地面の下だ。このストーリーはそこから始まる。採掘しては燃やす化石燃料が眠っているのが地下だ。フリードマンは確信をもってこう主張する。地下こそ話を終わらせるべき場所だ、二酸化炭素を元の地下に埋め戻せばよい。

フリードマンは地表の下の世界の語り部、地質学者だ。地球の地殻に穴を掘ってみよう。そうすれば、私たちが住むこの惑星の何億年にもわたる歴史を彼が解き明かしてくれる。とはいうものの、穴は開けなくても構わない。出産を控えた母親の腹部に超音波を当てると、なかで成長する赤ちゃんの小さな足指まで見えるが、それと同じで、地質学者は地中に超音波を照射する。岩石の層が異なると返ってくる反射波も異なるため、その層の成り立ちがわかり、隠された秘密が明らかになる。

たった一度の超音波検査が赤ちゃんの両親の人生を一変させることがあるが、フリードマンの場合は、あるひとつの超音波映像で人生が変わった。二〇〇一年、メリーランド大学の定例会議で、彼はノルウエー沖の地殻の一部を示す超音波映像を見た。当時すでに、ノルウェーの国有石油会社、スタトイル（現エクイノール）は、自社が採掘した原油と天然ガスから二酸化炭素を取り出し、圧縮して液化させてから、ポンプで地下深くに送り込んでいた。油田やガス田には二酸化炭素も含まれることが多く、同社は化石燃料を採掘すると同時に温室効果ガスを地中に再注入する方法を考え出した。[1]

「その映像を見たとたんに、ぱっとすべてがわかりました」、と彼は話す。岩盤の間に二酸化炭素を注入した箇所は反射波が周囲と異なるため、反射法音波探査の結果が「クリスマスツリーのような」形に見える。「二酸化炭素はいったん地下に注入されると、そこに五〇〇〇万年とどまります」、と彼は説明する。石油が地中深くに閉じ込められ、人間が最先端のストローを差し込んで吸い出し始めるまで、そこにとどまっていたのと同じだ。

　このテクノロジーは地球温暖化ガスの削減に役立つ可能性があるとフリードマンが気づく何十年も前から、石油業界はまったく別の理由ではあるが、このテクノロジーを商業化していた。二酸化炭素回収・貯留（ＣＣＳ）と呼ばれるこのテクノロジーが最初に使用されたのは、大気中に排出される温室効果ガスの量を削減するためではなかった。古くなった油田の石油生産量を増やすためだった。

　排出削減どころか、むしろ気候に悪影響を与える製品の促進で足並みを揃える業界でＣＣＳが発明されたおかげで、これまでこのテクノロジーは発展してこなかった。本来なら、このテクノロジーを利用すれば、理論的には、発電所や石油精製所など既存の設備の運転を妨げずに排出削減できるうえに、セメント産業や鉄鋼業など、合計すると全世界の排出量の一〇％以上を占める重工業業界が脱炭素化するうえで採算の取れる選択肢となりうるのだが。

　私たちの排出削減計画は遅れているため、地球温暖化による最悪の結果を回避するうえでＣＣＳの重要性は増している。事実、遅れはたいへん大きいため、気候変動に関する政府間パネル（IPCC）が作成した将来のモデルの大多数において、「ネガティブ・エミッション」（大気中の二酸化炭素を回収・吸収し、貯留・固定化するテクノロジーを用いて、マイナスの（ネガティブな）二酸化炭素排出量（エミッション）を実現すること）を採用しなければパリ協定で設定した目標を達成できなくなっている[2]（第8章参照）。つまり、CCSテクノロジーを活用して、人間がすでに排出した二酸化炭素を大気中から直接回収し、地下に埋める必要がある。

「私たちの日常ではものごとが素早く、大きく変化しますが、地質学の世界はそうではありません」、とフリードマンは言う。それは、おそらくCCSにもあてはまる。このテクノロジーの普及を望む環境団体の長年の努力の結果、現在では二〇以上もの施設が四〇〇〇万トンの二酸化炭素を回収して、地球の深部に注入している。とはいえ、その量は地球全体の年間排出量の〇・一%で、ごくわずかだ。地球温暖化による気温上昇を二℃未満に抑えておくには、この一〇〇倍の量の二酸化炭素を回収・貯留できる設備を、今後数十年の間に世界で建設しなければならない。

　現在はコンサルタント会社のカーボン・ダイレクトで主任研究員として働くフリードマンは、このテクノロジーの普及が急がれること、ところがそれを押しとどめようとする勢力がいくつも存在することを誰よりも理解している。三〇年にわたるキャリアのなかで、彼は石油最大手のエクソンモービルに勤務し、大学や秘密主義的な国立研究所で研究者として働き、アメリカ政府の高級官僚として巨額の予算を動かし、シンクタンクで政策を立案し、スタートアップで気候テクノロジーの規模拡大を図ってきた。本人が言うには、ひとつを除くすべての勤務先で、彼はできる限り「大量の二酸化炭素を地中に埋め戻すこと」に集中してきた。だからこそ、彼は自らを「カーボン・カウボーイ（二酸化炭素の世話係）」と呼ぶ。

フリードマンはこれまでずっとアメリカで仕事をしてきた。アメリカは世界の先頭に立ってＣＣＳの発展利用を進めていて、それはバッテリーやソーラーパネルといった、他の重要な気候テクノロジーでアメリカが主導的立場を失ってからも変わらない。重要なのは、ＣＣＳの発展に時間がかかっているおかげで、現在の資本主義のあり方にどんな問題があるのか、改善のためにはどこをどうすべきなのかが、明らかになったことだ。仮に科学者たちがいうようにＣＣＳが必要だとしたら、世界はフリードマンの過去二〇年間の経験から得られる教訓を、早く実践していくべきだ。

二酸化炭素回収テクノロジーが開発されたのは一九三〇年代で、当初は天然ガスから不純物を取り除くのが目的だった。[3] ガス田の多くは二酸化炭素（および硫化水素）も含んでおり、このような物質が混じる天然ガスはサワー・ガスと呼ばれる。二酸化炭素はわずかに酸性の性質を有し、レモンジュースに含まれるクエン酸のような酸っぱい風味があるからだ。したがって、純粋な天然ガスを商品として販売するには、事前に不純物を分離する必要があった。

酸を中和する方法のひとつは、学生が化学の実習で習うような塩基を使うやり方で、その場合、結果として生じる溶液には塩以外は含まれない。さまざまな気体が混じるガスから酸性を帯びた二酸化炭素を分離するために、科学者は塩基、あるいはアミン（本質的にはアンモニアだが、アンモニアの場合は窒素原子一個と水素原子三個が結合しているのに対して、アミンの場合はアンモニアの水素原子が一個または複数個、他の原子に置換されている）というアルカリを使う。ガス混合物がアミン溶液のなかを通過すると、鉄粉が磁石の表面に引きつけられるように二酸化炭素の分子がつかまって塩を形成する。通過後のガスは二酸化炭素フリーの天然ガスで、家屋の熱源として、また工業用として利用される。つかまえられた二酸化炭素の分子はアミン塩となり、それが独立したチャンバーのなかで加熱され、二酸化炭素が放出される。アミンは二酸化炭素フリーとなり、装置内にさらに流れ込んでくるガス状混合物からまた二酸化炭素を分離できる状態になる。

当時、排出された二酸化炭素はそのまま大気中に廃棄されるだけだった。その後、一九七〇年代に、石油会社は温室効果ガスをこの仕組みに利用しようと思いつく[4]。油田は古くなると産出量が減少するため、技術者たちは工夫をこらす必要に迫られた。石油の採掘量を増やすには、水蒸気を地下に注入し、圧力を高めてより多くの石油を押し出す方法がある。だが、石油と水は混じらないので、石油をより多く押し出すための水蒸気の能力は、高められた圧力だけがよりどころであり、すぐに限界を迎える。そこで二酸化炭素を使うという名案が生まれた。

液状の二酸化炭素には、食べ物で汚れた衣服に石鹼を使うのと同様に、油状のものを溶かす働きがある。したがって、堆積岩の微細な孔のなかに溜まっている石油を押し出すという点では、加圧蒸気よりもよい仕事をしてくれる。油田に二酸化炭素を一トン送り込むと、そのうちの約四分の三が新しく抽出された石油を含んで上に戻ってくる。残りの二酸化炭素は押し出した石油があった場所にとどまり、石油が何百万年もの間眠っていた孔に閉じ込められる。

この意図していなかったメリットを、科学者たちはさらに規模を拡大して活用したいと望んだ。地球の地殻の内側には、油田が石油やガスを閉じ込めているのとほぼ同じ要領で二酸化炭素を貯留できる地層が点在する。事実、何兆トンもの二酸化炭素を、というよりも、過去二〇〇年間に人類が化石燃料を燃やして大気中に放出したよりもずっと多くの二酸化炭素を、しまっておける場所が充分にある。

ノルウェー政府が株式の過半数を保有する石油会社、エクイノールは、沖合で見つかった地下塩田に二酸化炭素を注入している。[5] 液状の二酸化炭素が小さな孔を満たしていくと、無害な塩水が押し出される仕組みだ。アイスランドでは、公益事業会社のレイキャヴィク・エナジーが地熱発電所で二酸化炭素を回収して、玄武岩の岩盤に封じ込めている。地中七〇〇メートルのあたりで、温室効果ガスが反応によって鉱物化し、二酸化炭素は二年未満で岩石に変わる。[6]

五〇年におよぶCCSテクノロジーの歴史や、気候変動対策としての可能性は、トップの意思決定者たちの間でもまだ周知されず、理解もされていない。「左であろうと右であろうと、このテクノロジーはまだ機が熟していないなどと言う人ばかりです」、とフリードマンは言う。「そんなの、でたらめですよ」。

懐疑派の一部が恐れているのは、大量の温室効果ガスが監視されないまま漏れ出るような、予期せぬ漏出だ。CCSを天然ガスのフラッキングと比較する人もいる。フラッキングは地中の浅い部分に液体を注入するため、水質汚染や軽度の地震を引き起こすとして環境保護主義者の間では評判が悪い。一般的なCCSは、地中深くに二酸化炭素を貯留させるため、フラッキングと同種のリスクはない。それでも、「うちの裏庭でやられるのは困る」という、総論賛成、各論反対の論法につられる人たちがいて、彼らは身の回りで行われるあらゆる活動について、安全性や有用性に関係なくただ反対する。長年にわたる科学研究を見れば、そうした懸念には根拠がないのがわかる。

二〇一五年、今では多くの人が知るパリ協定の採択を目指して各国が集まる数週間前、世界中のCCSの専門家四〇名が国連に対する公開書簡を記した。そこには、「数十年にわたり世界中で行われた科学研究を説明する立場として、地質学者および技術者から国連に対して、以下のことを請け合います……二酸化炭素の地中貯留……は安全で危険性がなく、かつ効果的であり、それを示す多くの科学的根拠（エビデンス）もあります」、と書かれていた。そして、学術研究者の通例として、エビデンスとなる査読を経た研究論文の長いリストが続く。[7] だがこうした事実があっても、充分な数の意見を動かすところまではいまだ至っていない。

CCSの支持が広がらない最大の原因は、その生みの親である可能性が高い。原子力発電が核兵器や放射線に対する強い恐怖と切っても切れない関係にあるのと同じで、CCSは化石燃料業界や、その業界の強大な企業が気候科学について植えつけようとする疑念との関係を振り払えていない。

環境保護主義者の多くは、排出量削減やグリーン・テクノロジー構築をうたう化石燃料企業のあらゆる活動に対しては、必ずきわめて強い疑いの目を向ける。Twitterでは、いつしかそうした企業に対する「グリーン・トローリング」が始まり、石油会社が自社アカウントで何かツイートするたびに、その会社が気候変動を否認しているという過去の記事に「これはあなたですか?」と書き添えてリプライを投稿する。さらに、そのような会社の存在を「キャンセル」して、ツイートに対して「#Abolish（消滅させよ）［企業名］」というハッシュタグをつけてリプライする者もいる。[8]

それが理由で、「二酸化炭素回収に取り組み始めた最初の日から、CCSは石炭テクノロジーではないし、石油や天然ガスのテクノロジーでもないと、言い続けてきました」、とフリードマンは言う。「これは排出削減テクノロジーなのです」。

CCSを最初に制したのは石油・天然ガスの企業だったが、世紀の変わり目頃にこのテクノロジーに最も関心を持っていたのは石炭企業だった。理由はふたつある。ひとつは、石炭は化石燃料のなかで最も「汚れている」からだ。同じ量の電力を発電する場合、石炭の燃焼は天然ガスの二倍近く二酸化炭素を生む（天然ガス供給時の漏出がないと仮定する）。つまり、排出削減を求める圧力がどこよりも強くかかっていたのが石炭採掘企業や石炭火力発電所を持つ公益事業会社だった。ふたつ目の理由は、電力需要の増大を満たす燃料の選択肢のトップが石炭だったからだ。というのも、当時はシェール革命（かつては困難だったシェール層から石油や天然ガス（シェールガス）を抽出できるテクノロジーが生まれ、世界のエネルギー事情が大きく変わったこと）が起こる前で、天然ガスは高価だったため、石炭火力発電所が世界の電力の四〇％を発電し、世界全体の排出量を急増させていた。[9] 太陽光発電や風力発電は多額の補助金が必要で、当時は全世界の発電量に比して、わずかな割合しか占めていなかった。

こうした理由から、石炭企業は気候変動活動家にとって最大の敵となっていた。ところが、石炭企業がCCSを軌道に乗せるために支援してもらおうと、石油・天然ガス企業に頭を下げにいったところ、失望する結果となった。当時、石油・天然ガス企業は、すでに意見を変えて気候科学を受け入れるようになっており、いつまでも気候変動を否認し続けて評判を下げている石炭企業とは関わりを持ちたくなかった。「今から思えば滑稽ですが、当時の石油・天然ガス企業は風評を気にしていました」、とフリードマンは話す。

一方で石油・天然ガス企業は、そこにチャンスを見出してもいた。石炭産業のカーボン・フットプリントの値はすさまじく高く、業界の生産活動をクリーンにするにはCCSのようなテクノロジーに予算をかけるしかなかった。つまり石油・天然ガス企業は、理屈のうえでは、石炭企業がCCSテクノロジーに資金を投入するのを傍観して、このテクノロジーが学習曲線を上に伸ばして習熟度を高め、費用曲線が下がってコストが下がるのを待てばよい。その後、石油・天然ガス企業でもCCSの採用が規定されたら、一番おいしい立場でメリットを享受できる。実際に、その後二〇年間で、ふたつの石炭火力発電所がCCS設備の設置に成功し、排出量を削減する。二社のうち一社は石油大手のシェルの支援を受けるが、二社とも、二酸化炭素を地中に埋める仕事を引き受けたのは、知名度の低い小さな石油会社だった。

フリードマンは、こうした化石燃料業界内の論争を、危惧の念を持って見守った。「私は、クリーンエネルギーへの移行を加速させたいと強く願っていますが、それと同じくらい強く、これからの五〇年間、世界は化石燃料なくしては成り立たないとも思っています」、と彼は言う。

理由のひとつは、化石燃料が非常に安価だということだ。原油価格の変動を考慮しても、ダイエット・コークを一リットル買うより原油一リットルを買う方が安い。しかも、石炭はもっと安い。石油と石炭は輸送が容易で、この密度の高いエネルギー源からエネルギーを抽出する既存インフラの数も膨大にある。けれどもフリードマンは、排出量を減らさずに化石燃料の使用を続ければ、これまでの気候対策目標がすべて達成できなくなり、避けられるはずの大災害を招くと理解していた。

二〇一三年、彼は大きなチャンスをつかみ、大規模なCCSプラントを建設するには何が必要かを、身をもって学んだ。アメリカのエネルギー省（DOE）の化石エネルギー局が、筆頭次官補代理として彼を起用したからだ。年間予算六億ドルを動かす地位だった。[10]

DOEは地味ではあるが、世界に影響を与えうる科学とテクノロジーを具体化して、革新的に実施する省庁だ。たとえば、宇宙船のバッテリー開発を支援し、磁気共鳴診断装置（MRI）の開発支援で医学研究を前進させ、元素周期表に掲載される新しい元素を八つ発見した。気候変動はでたらめだと言っていたドナルド・トランプ大統領の政権下でさえ、DOEは新しいテクノロジーの開発に資金を提供し続けた。DOEの長官は、概ね三〇〇億ドル以上の予算を動かし、その巨額の資金をリチウムイオン・バッテリーやCCSなど、最先端テクノロジー支援に配分する。[11]また、情報をあまり明らかにしない国立研究所の上層部の科学者に資金を提供したり、民間企業への助成金を給付して民間投資会社にはリスクが高すぎるテクノロジーの展開を支援したりもする。

筆頭次官補代理就任は、フリードマンにとって、それまでのキャリアで経験したことを活用できる好機だった。エクソンモービルで働いた経験から、石油会社が排出問題をどうとらえているかを理解するのは難しくなかった。メリーランド大学カレッジパーク校に続いて、カリフォルニア州のローレンス・リヴァモア国立研究所で研究者として働いた経験があったおかげで、CCSテクノロジーに関する専門知識もあった。DOEからオファーされた仕事を引き受けたのは、CCSの規模拡大は政府の介入がなければ見込めないと知っていたからだ。

フリードマンの主たる任務は八つの大規模な二酸化炭素回収プロジェクトを構築すること、あるいは、せめて計画に手をつけることだった。着手する場所として抜群に適していたのは、アメリカだ。石油増産のために二酸化炭素を油田に注入するテクノロジーを考案し、きわめていたのは、この国の石油産業だからだ。その過程で、アメリカではCCSテクノロジーの展開のために人材が育成され、二酸化炭素を長距離輸送するパイプラインなどのインフラ投資が行われていたので、将来の新プロジェクトのお膳立てができていた。

フリードマンが関わった八つのプロジェクトからふたつを詳しく紹介しよう。ひとつは成功し、もうひとつは失敗に終わったが、このふたつの例を見れば、CCSテクノロジーを拡充させるうえで彼が何を学んだかがよくわかる。

まずは、失敗した例を取り上げる。二〇〇〇年代の初め頃、天然ガスは価格が高く、再生可能エネルギーも非常に高価だったので、石炭火力発電はさらに成長していくものと考えられていた。DOEは、二酸化炭素回収の設備が初めから組み込まれた新しいタイプの石炭火力発電所への資金提供を望んでいた。それがケンパー・プロジェクトの着手につながった。

そのプロジェクトでは、ミシシッピ州の常緑樹林のなかに、DOEの支援で、石炭を合成ガスに変換して温室効果ガスの影響を低減する他に例のない発電所を建設する予定だった。二酸化炭素回収の工程では、酸素と水蒸気が充満したチャンバーのなかで石炭が非常に高い温度で加熱され、その結果、石炭のごく一部は燃えるが、それ以外は分子レベルに分解され、一酸化炭素、水素および二酸化炭素の三つの気体の混合体となる。理論上では、二酸化炭素は回収されて油田まで運ばれ、そこで地下に注入されて原油生産量を増加させる。残った一酸化炭素と水素の混合物、すなわち合成ガスは、発電所で天然ガスと同じように燃焼させて電気を作り出す。

何年もかけて計画を策定し、何度も費用見積もりを修正したのち、二〇一〇年、複数の州にガスと電気を供給する公共事業会社、サザン・カンパニーは、発電所は二〇一四年までに稼働可能で建設費用は二四億ドルと公表する。さらに重要だったのは、この設備は年間三五〇万トンの二酸化炭素を回収できる見込みで（自動車一〇〇万台が道路から取り除かれるのと同等）、その間六〇〇メガワット近い発電能力を発揮する（住宅五〇万軒分に相当）という点だった。[12]

しかしその後、このプロジェクトは論争の沼から抜け出せなくなった。たとえば、雨が多くてスケジュールが遅れ、その結果、費用総額が何億ドルもの単位で増加してその後の建設工程が保留になるなど、想定外の停滞が生じた。しかも、このテクノロジーは習得がとても難しいことが判明し、遅延と費用超過がさらに重なった。そしてついには、経営陣の相次ぐスキャンダルによってサザン・カンパニーは苦境に立たされる。スキャンダルのひとつは不具合を監督機関に報告せず、隠蔽した疑惑で、結果的に市民の反発を招き、ミシシッピ州で電気代を払う消費者に不具合の費用を不正に肩代わりさせているのではないかと訴える集団訴訟にまで発展した[13]。

ケンパー・プロジェクトは大失敗に終わった。費用は七五億ドルまで膨張し、二〇一七年になっても発電所は完全に稼働できる状態ではなかった。すでに天然ガス価格は大幅に低下し、ケンパー発電所は石炭による発電、および二酸化炭素回収計画を放棄して、CCSテクノロジーを使わずに天然ガスを燃やし始めた[14]。

フリードマンがDOEで仕事に就いたのは、ちょうどプロジェクトが抱える数々の問題が明らかになり始めた頃だった。妻が名のある交響楽団で指揮者を務めるフリードマンは、一〇億ドル規模のプロジェクト管理をオーケストラの演奏にたとえる。「信じられないほど高い成功率が求められます」、と彼は言う。「たとえ一%でも曲の音程が違っていたら、観客はとてもひどい演奏だと感じますよね」。

経営陣のスキャンダルは、DOEのように資金提供の判断をする組織にとってあずかり知らぬ問題だが、テクノロジーの問題で事態が厄介になったのは想定内だった。研究室や小規模のテストプラントでうまくいったテクノロジーでも、本格的な規模となった段階で同じようにうまくいくとは限らない。だからこそ、プロジェクトに公金が投入されたことには価値があったとフリードマンは述べる。「『政府から二億ドルも出してもらえたら、あとは簡単でしょう』と言う人がいますが、そんなことはありません。月探査ロケットの打ち上げのようなものです。月探査ロケットの打ち上げは、失敗することもあります」、と彼は話す。DOEは、そうした類のリスクを覚悟している。そのうえでDOEは相当数の新しいアイデアに資金を提供し、そのうちのいくつかは失敗すると初めから想定している。他方、既知のテクノロジーを使えば仕事は楽に進む。次は、その例を取り上げよう。

テキサス州ヒューストンから一時間ほど南西にあるサッカー場三〇〇〇面分以上の敷地にW・A・パリッシュ発電所はある。高い煙突が二本、低い煙突が二本、合計四本の煙突を見れば、五〇年間の稼働中に徐々に発電規模を拡大してきた、この発電所の歴史がそれとなくわかる。発電ユニットは八基で、四基が天然ガス、四基が石炭を燃やして、三七〇〇メガワットの電力を生む。三〇〇万軒以上の住宅に、電力を供給できる能力だ。あまりに規模が大きいので独自の鉄道を引き、北のワイオミング州から定期的に一万五〇〇〇トン以上の石炭を運び込んでいる。[15]

二〇一七年九月、テキサスらしい晴れた日に、私はこの巨大な発電所を訪ねた。見学中どこにいても、発電所の全敷地の半分ほどを覆う石炭の小山が見えた。冷却塔から蒸気を排出する発電所を離れたところから見る経験はあるかもしれないが、内部から見る機会は少ない。この見学は、日々スイッチひとつで手に入る生活必需品に感謝する気持ちを新たにする機会となった。

その年の初め、同発電所ではペトラ・ノヴァ（ラテン語で「新しい石」の意）と呼ばれる二酸化炭素回収プロジェクトが稼働を始め、まだ二ヵ所目とはいえ、CCSテクノロジーを採用した石炭火力発電所となった。回収できる二酸化炭素の量は、同種のCCSプラントでは最大となる。このプロジェクトは、アメリカのエネルギー企業、NRGエナジーと、日本の石油会社、JX石油開発がパートナーシップを組んで推進してきた（世界初の大規模CCSプロジェクトは、サスクパワーがカナダで操業するバウンダリー・ダムCCS事業で、二〇一四年に回収を開始した)。
「ペトラ・ノヴァは、じつは五つのプロジェクトをひとつにまとめたものです」、と見学中に話してくれたのはNRGエナジーの広報担当者、デーヴィッド・ノックスだ。発電所は石炭を燃やして発電し、排気から二酸化炭素を分離し、分離した二酸化炭素を圧縮して液化させ、それをパイプラインで輸送し、最後には老朽化しつつあるウェスト・ランチ油田に注入する。

建設費は約一〇億ドルで、そのうち一億九〇〇〇万ドルがフリードマンのDOEの予算から出た。年間一六〇万トンの二酸化炭素を、回収・貯留することが可能だ。念のために補足すると、CCSを導入しているのは石炭を燃やす発電ユニットのうち一基だけで、発電所全体の二酸化炭素総排出量の一〇分の一以下しか回収していない。[16]

しかしケンパーとは異なり、ペトラ・ノヴァは予算内で期限内に完成した。というのは、建設過程の五つの段階が、いずれも石油・天然ガス業界ですでに習熟されているテクノロジーに依拠していたからだ。既知のテクノロジーを組み合わせて資金を集め、必要な許認可を得て建設すればよかった。簡単ではないが、まったく新しいテクノロジーを開発するよりはずっと容易だ。

計画から完成までの間には、市場の需給関係が大きく変動したり、プロジェクトの前途が危ぶまれたりする事態も起きた。ペトラ・ノヴァの計画が動き始めた二〇一〇年代初頭は、原油価格が急上昇していた。発電所から八〇マイル〔一三〇キロ〕ほど離れているウェスト・ランチ油田は、一日あたり三〇〇バレルほどしか原油を産出しておらず、一九七〇年当時の産出量、五万二〇〇〇バレルと比べて大幅に減少していた。理論的には、ペトラ・ノヴァで回収した二酸化炭素を油田に注入すると、一日あたり四〇〇〇バレルまで生産量が増加する。二酸化炭素回収費を考慮すると、プロジェクトの損益分岐点は原油価格一バレルあたり約六〇ドルだ。当時の原油価格は、一バレルあたり一二〇ドルだったので、考えるまでもなく採算は取れる。[17]

だが、建設が始まったところで原油価格が暴落した。市場が需要と供給の力学を読み誤り、原油価格は一時、一バレルあたり四〇ドルまで下落した。

NRGエナジーのデーヴィッド・グリーソンや、DOE長官のアーネスト・モニツのように、苦しい時期にもくじけない、粘り強い人材がいなければ、ペトラ・ノヴァは生き残れなかっただろうとフリードマンは考える。「誰が権限を持っているかが重要です」、と彼は言う。「つまり、社内に優秀なプロジェクト・マネージャーがいるかどうかです」。

たとえば、このプロジェクトでは、二酸化炭素回収設備の建設に日本の最大手、三菱重工を起用した。同社は、プロジェクト参画のために複数の日本の銀行から融資を受ける必要が生じた。そこでDOEの幹部が日本の銀行の経営陣に接触し、アメリカはこのプロジェクトを優先事項だと認識していると保証した。それによって、プロジェクトのアメリカ側パートナーとなるNRGエナジーはアメリカ政府の支援を受けると、日本の銀行に請け合うことになる。「これはチーム・スポーツです」、とフリードマンは言う。「全員がプレーに参加しなければなりません。重要な気候変動問題は、ひとつの産業部門だけでは解決できないのです」。

だが問題は、気候変動対策が原油価格に左右されかねないことだ。新型コロナウイルスのパンデミックが起きたとき、原油価格は一バレルあたり七〇ドルから二〇ドル未満まで急落した。その後は持ち直して、二〇二〇年の平均価格は五〇ドルを下回る程度となるが、おかげでNRGエナジーはペトラ・ノヴァ・プロジェクトを棚上げせざるをえなくなった。世界中に余った原油があふれる状況では、石油増産のために二酸化炭素を回収する経済的な動機が存在しない。少なくとも原油価格が回復するまでは。

評論家たちは、CCSテクノロジーが失点を重ねたというニュースに飛びついて批判した。プロジェクトのテクノロジーの成功に傷がついたわけではないとフリードマンは主張するが、このテクノロジーを最も必要とし、なおかつ最も利益を得られるはずの業界がプロジェクトの進展に責任を持たないとなれば、CCSのイメージは間違いなく悪くなる。二〇二三年に原油価格が回復した後、JX石油開発はプロジェクト再開を発表した。[18] 開始・停止の判断が原油価格に左右されてしまうため、支持者でさえ、CCSはまだ規模拡大に踏み切るほどの経済的魅力がないと述べる。


気候変動にどう取り組むのが一番よいかと経済学者に尋ねたら、二酸化炭素に価格をつけるのがよいという答えが返ってくる可能性が高い。二酸化炭素が害をもたらすならば、誰かがその代償を払わねばならないという考え方だ。今はこの負担が不平等な形で配分されていて、二酸化炭素を大気中に最も多く排出している人や組織が、必ずしも相応の負担を引き受けているとはいえない。二〇〇八年、ミャンマーではサイクロン「ナルギス」によって、一〇万人以上が亡くなった。ベンガル湾の海水温度が異常に上昇したせいで、気候変動がなければ起こりえなかったほど強いサイクロンが起きたと判明した。

経済学者は、このような損害をもたらす活動を「外部不経済」と呼ぶ。誰かの行為によって損害が生じているにもかかわらず、行為者本人が損害のコストを負担しない活動を指す。市場が効果的に機能するには、外部性が「価格に反映される」ことがきわめて重要になる。つまり、損害を発生させる者が、その損害にともなう費用を払うことが重要なのだ。ロンドン・スクール・オブ・エコノミクスの経済学者、ニコラス・スターン教授が、気候変動は世界がかつて経験していない最も大きな市場の失敗の結果だと語るのは、そうした観点も理由のひとつになっている。[19]

外部性の正しい価格をはじき出すのは、単純なように見えて、じつは恐ろしく複雑な仕事だ。イェール大学の経済学者、ウィリアム・ノードハウスが、この課題に取り組んでこの分野を進歩させた功績により二〇一八年にノーベル賞を受賞した、といえばその難しさがわかるだろう。[20] 気候変動問題では、因果関係が連なるすべての段階で困難が待ち受ける。たとえば、一トンの二酸化炭素がどれくらいの温暖化を引き起こすのかを理解し、そうした温暖化がどの時点から有害となるかを予測して、いつかはわからないが将来に起きる損害のコストを評価する、という具合だ。けれども、そのような困難があるにせよ、炭素の価格づけ(カーボン・プライシング)がどの程度になるかを見積もれば、政策の効果のほどがわかる。

二酸化炭素の価格はさまざまな形を取りうる。たとえば炭素税の場合は、一般に、環境汚染を引き起こす主体が二酸化炭素の排出量一トンあたりで支払わねばならない定額税となっている。ノルウェーのエクイノールが複数のCCSプロジェクトをたちあげたのは、同国が一九九一年に導入した重い炭素税の回避が大きな理由だった。エクイノールにとっては、税を支払うよりもCCSに投資する方が負担は少なかった。[21]

また、直接的な炭素税の代わりとなるのが、キャップ・アンド・トレード方式だ。政府や自治体が、企業に一定の二酸化炭素排出枠を無料で与え、その排出枠の上限(キャップ)を超えた場合は、炭素市場で排出量の少ない企業から余っている枠を購入しなければならない。排出量が少ない企業は、余った枠を市場で売ることができる。「キャップ」は気候目標に合わせて段階的に引き下げられる。ヨーロッパの排出量取引制度(ETS)でそのような市場が機能していることもあり、ヨーロッパ大陸では二酸化炭素排出量削減がとくに成功している。

ふたつの方式を組み合わせても構わない。イギリスは、EUに加盟していた当時、EU域内排出量取引制度（EU-ETS）を適用したうえで、さらに自国の炭素税を課していた。おかげで石炭の燃焼が天然ガスの燃焼よりもはるかに高くつく結果となったが、それは、石炭が天然ガスの二倍近い気候汚染をもたらすからだ。今ではイギリスは、石炭火力発電所をほぼ全廃できるところまできている。[22]

計算上はうまくいくにもかかわらず、カーボン・プライシングは、政治的には長年悩みの種となってきた。この方式を導入しようとした国のほとんどが、制度の制定に苦しんだ。アメリカでは、二〇〇九年にキャップ・アンド・トレード方式を制度化するためのワックスマン・マーキー法案が下院を通過したが、充分な支持を得るに至らなかった。[23] オーストラリアでは、二〇一四年に政権交代が起こり、ほんの二年前に導入されたばかりの炭素税が廃止された。[24] カナダでは、二〇一九年に首相が苦戦の末に再選された。二酸化炭素による汚染に課税するという首相の政策は、野党からとくに激しく攻撃された論点のひとつだった。[25] 英語圏以外でも、間接的な炭素税となる燃料税の引き上げが騒乱につながった。二〇一八年にフランスで起きた「ジレ・ジョーヌ（黄色いベスト）」運動もそのひとつだ。[26]

フリードマンはこう見ている。炭素価格というわかりやすい数字の設定は状況を改善する助けになるが、CCSは他の政策でも前に進められる。太陽光発電と風力発電では、税額控除と目標割り当て（クオータ）制度が展開を促進する助けとなった（第4章、第9章参照）。同じことは電気自動車の販売でも起きていて（第3章参照）、今では多くの国が直接的な補助金を提供して自動車メーカーに明確な目標設定を求めている。そのような施策はいずれも、CCSにおいて効果を発揮する可能性がある。

アメリカ最大の気候変動対策法、二〇二二年のインフレ抑制法では、CCSテクノロジーに関するインセンティブが増額され、二酸化炭素を回収して地下に埋めた場合、一トンあたり八五ドルの税控除が認められた。[27] アメリカ政府がCCSテクノロジーの利用に対する補助金を増額するのは、これが三度目となる。三度目の正直となるかもしれない。

CCSとその他のグリーン・テクノロジーとの間には、根本的な違いがある。太陽光発電の場合は、同じ型のソーラーパネルを何百万枚、何十億枚も製造するのが目的となり、製造数が増えるにつれてエンジニアが習熟して生産性を高め、テクノロジーは徐々に安価になる。だが、CCSプラントはモジュラー型製品ではない。ゼロから建設しようが、既存の設備を改造しようが、CCSプラントはそれぞれが巨大なので特注とならざるをえない。つまり、テクノロジーが拡充しても、他の気候テクノロジーのようなコストダウンは起こらない。

他に有効な方策が何もなければ、核という選択肢がある。石炭火力発電では、硫黄と水銀の排出カットが義務づけられたため、公益事業会社は排ガスからこのふたつの汚染物質を除去する装置を設置せざるをえなくなった。「硫黄価格や水銀価格が設定されたわけではありません」、とフリードマンは指摘する。「政府は硫黄と水銀をこれ以上排出するなと言っただけです。つまり政策支援があったということです」。二酸化炭素でも同じことが実行可能なはずだ。

政治の難しいところは、選挙のたびにイデオロギーが転換するという大きなリスクがあり、その影響で政策が変更されかねない点だ。そのような不確実性は新しいテクノロジーやビジネスの発展にはつながらない。

政治的分断を乗り越えて広く支持される政策ならば、選挙結果に左右されずに生き残る可能性が高くなる。フリードマンは二〇年近くCCSのために働いてきたが、それでもまだCCSは国民の広い支持を受けるには至っていないと結論づける。「CCSは、新しい何かを作り出すわけではありません。排出をなくすだけです」、とフリードマンは言う。「ＣＣＳについては、重荷が増えるテクノロジーだという見方がありますが、実際はむしろ逆で、目標を達成してくれるテクノロジーです。認識を変える必要があります」。

コロンビア大学の地球科学の教授、ピーター・ケレメンのＣＣＳに関する主張は、私がこれまでに聞いたなかでは最もすばらしい[28]。

ケレメンが言うには、一八二〇年頃、ロンドンは世界一大きくて、間違いなく世界一重要な都市になった。イギリスの首都であったというだけでなく、世界人口の半分近くを支配する帝国の中枢だった。だがロンドンは、別の意味ではまだ僻地だった。下水処理設備が存在しなかったからだ。「貧しい人は、排泄物を道に捨てていました」。ケレメンは、二〇一七年のコロンビア大学グローバル・エナジー・サミットでそう語った。「裕福な人は、地下の汚物だめにつながる管を引いて、そこに捨てていました」。

今では疫学の父と呼ばれるイギリスの医師、ジョン・スノウが一八〇〇年代半ばに行った調査の結果、そうした汚物だめは、少なくとも三度のコレラの流行と関係しているのが判明した。一九世紀の前半、ロンドンではコレラの流行で三万人以上が亡くなっている。さらに不幸なことに、当時は人の排泄物がほぼすべて、最終的にテムズ川に流れ込んでいた。チャールズ・ディケンズは一八五七年、友人への手紙に、「あの不快な臭いは、ほんの少し嗅いだだけでも頭と胃が膨れ上がる質のものだと保証できる」、と書いている。

「そして一八五八年、夏に雨が降りませんでした」。ケレメンの説明が続いた。テムズ川は干上がり、悪臭がさらに悪化した。尋常ではないにおいが発生して、「大悪臭」と呼ばれた。ヴィクトリア女王と王室はロンドンから退去し、国会議員たちはオックスフォードへ移動するかどうかを議論した。地球上のすべての人にとって幸いなことに、議員たちはロンドンにとどまり、何らかの対策に向けた法案を成立させた。「彼らはそこから一〇年かけて世界最大の都市の大通りをすべて掘り返し、下水処理設備を作り上げました」、とケレメンは説明した。「その費用は、GDPの二%にのぼりました。今日でも下水道維持のために、GDPの約一%にあたる費用がかかっています。その価値があるのかと、疑問を呈する人はひとりもいません」。

「二酸化炭素を大気中に放出するのは」道路に糞便を捨てるようなものだ、と誰もが考えるようにならなければ、費用を負担しようとは思わないでしょう」、と彼は語った。いい方を変えれば、世界全体のGDPの二%の費用で、私たちは二酸化炭素の問題とおさらばできる。国際通貨基金のある調査報告は、気候変動がなければ二一〇〇年のGDPは七%高くなる可能性があると示唆している。[29]つまり、気候変動がもたらす損失は、気候変動を防ぐコストを大きく上回る。

このように考えると、経済的な良識というべきものを通じて世界が手を結べば、気候資本主義は実現する。排出削減は今後難しくなっていくが、経済的には必ず実行可能だ。政府の政策には、資本を適切に投入するという非常に大きな役割があるが、忘れてはならないのは、新しい政策はいわば実験であり、失敗の可能性があるということだ。失敗から学ぶのは何よりも大切だ。

私がフリードマンと知り合ったのは二〇一七年で、彼がDOEを辞した一年後だった。彼は、新しいCCSプロジェクトの推進に関わる仕事を得て喜んではいたが、満足はしていなかった。世界の排出量は、毎年増加し続けていた。「気候目標を達成するには、程遠い状態です」、と彼は口を滑らせた。「再生可能エネルギーでは進歩が見られますが、CCSに関しては進歩していません」。

その後、私たちはずっと連絡をとり続けてきた。世界のCCSプラントの数は気候目標の達成に必要な数にはまだまったく足りないが、それでもフリードマンは、多少の進歩があったと喜んでいる。驚いたことに、アメリカ政府はトランプ政権下でCCSの展開を支援する税額控除法案を通過させた。下院で、超党派的な支持を得た結果だった。大西洋の反対側では、二〇二〇年にイギリスとノルウェーが新設のCCSプロジェクトに巨額の投資を行い、一〇年以内に竣工すると発表した。欧州グリーンディールのもとでは、EU圏内の排出枠取引制度における炭素価格が上昇するよう設定され、それによって、CCSプロジェクトの成功につながるビジネスモデルが後押しされる。

また二〇二〇年には、ほぼすべてのヨーロッパの石油メジャーが、二〇五〇年までにネットゼロ・エミッションを実現するための目標を設定した。[30] この目標を達成するために、大手企業は石油や天然ガスの生産を削減するだけでなく、よりクリーンなテクノロジーに投資する必要があり、そのテクノロジーには再生可能エネルギーに加えてCCSが含まれる。二酸化炭素回収をはじめとする炭素マネジメントこそが、気候問題のきわめて重要な解決策であるというフリードマンの信念は今も変わらない。その信念が動機となって、彼はコロンビア大学で一時期働いた後、炭素マネジメントによる対策に取り組むスタートアップ、カーボン・ダイレクトに加わった。

ノルウェーで建設中のCCSプラントは、政府と石油会社が協力して実現するイノベーションの模範例だ。この「北極光（ノーザン・ライツ）」プロジェクトでは、首都オスロの近くにあるセメント工場で排出された二酸化炭素を回収し、圧縮して船に積載したうえで北方に輸送して、沖合のパイプを通じて地下に注入する。また、圧縮ガスはシェル、トタル、エクイノールのような石油会社が運行する船舶で輸送され、他の国であっても代金を支払えば自国で排出した二酸化炭素をその船舶で搬出し、ノルウェー大陸棚に貯留できる可能性がある。ある国が他の国にお金を払って、家庭ゴミを始末してもらうようなものだ。

「気候変動に関心があるのなら、気候に関わる数字にも関心を持つ必要があります」、とフリードマンは言う。CCSを使う以外に、数字として解決する方法はどこにもない。その最大の理由は、人類がこれまで何十年間も排出削減という課題を先送りにしてきたからだ。現実問題として、世界全体の気候目標を維持するには、大気中にすでに廃棄された二酸化炭素についてもある程度削減しなくてはならない。

フリードマンの話からわかるのは、既存の産業を気候変動対策で前進させるのは難しいということだ。だが、ひとりの女性がまさにその難題を実現しようとしている。彼女は、地中から炭素を採取することに依存していた自社のビジネスモデルを、大気中の炭素を回収して地下深くに埋めるビジネスモデルに転換させようとしている。

第8章　改革者

上空から見ると、テキサス州ミッドランドの都市部を囲む広い平野は、地球の表面というよりも電気回路の基板のように見える。すべてが直角に交差する無数の道は電気を通す銅線、あらゆる植物がはぎ取られた多数の四角形の区画は電気を有益なデータに変換する抵抗器やダイオード、そして平野の中央に位置する都市部は、データを制御して価値のある何かを大量に出力し続ける中央演算処理装置みたいだ。

けれども、地表に見えているこの模様の実体は、現代の回路基盤と比べればかなり古めかしい。何十年もの間、石油を探査して採掘した結果だからだ。植物の生えていない四角形の区画は、どれもが地中に開けた穴の跡で、ここから掘削機が岩盤層の下まで掘り進み、乗り物の燃料や日用品を製造する原料となる原油を採掘してきた。回路基盤に使われるプラスチックもそうした日用品のひとつだ。

このストーリーを覆す人物がいるとしたら、それはヴィッキー・ホルブかもしれない。穴の跡は残るだろうが、広大なパーミアン盆地から炭素を採掘するのではなく、大気中の過剰な二酸化炭素を回収して地中に埋め戻したいと彼女は考えている。科学者たちも、世界が気候目標を達成するつもりなら、そうやって埋め戻すことが必須だと今では確信する。世界はゼロ・エミッションに到達すればよいのではなく、ネガティブ・エミッションを実現する必要がある。

ホルブはオキシデンタル・ペトロリアムのCEOだ。同社は二〇五〇年にカーボン・ニュートラル〔温室効果ガスの排出を全体としてゼロとすること。排出せざるをえなかった分については、同じ量を「吸収」または「除去」して差し引きゼロを目指す〕を実現し、その後さらにカーボン・ネガティブ〔二酸化炭素をはじめとする温室効果ガスの排出量よりも吸収量の方が上回っている状態〕を目指すという目標を設定した。アメリカの石油メジャーを率いる初の女性となったホルブは、不可能を可能にしようとしている。石油会社の目標を新たに作り直し、業界のイメージを刷新しようとしているのだ。彼女が言うには、それが実現すれば、オキシという呼称で広く知られる同社は、炭素を採掘する現在の姿から、炭素をマネジメントする会社となる。「世界に対するわが社の貢献は、これまでと異なる方法でも可能です」、と彼女は言う。[1]

もしも成功すれば、この一〇〇年間に世界で起きた重要なできごとのほぼすべてにおいて決定的役割を果たしてきた業界に、大きな変化をもたらすことになる。人類は、何をおいても石油を確保することを第一に考えてきたため、石油は二〇世紀の経済、政治、権力における中心的存在だった。ところが、石油だけを重要視した偏りのせいで、厄介な副次的影響が生じた。たとえば、油田の支配権を確実に得ようとする国が戦争を始めるようになった。あるいは膨大な数の人が「資源の呪い」におとしめられ、自らは天然資源を有効利用できなかった。また、独裁政権の出現が助長され、独裁者による人道に対する罪が発生した。さらに、縁故資本家が生まれ、気候科学に対する疑念の種を撒いた。

とはいうものの、石油が現代文明の発達に大きな役割を果たし、繁栄をもたらしたことは否定できない。不平等な繁栄ではあるが。環境問題の専門家が何十年も前から石油による悪影響を警告してきたにもかかわらず、より安価でクリーンな代替品が存在しないために、石油は世界で強い影響力を持ち続けた。一バレルの原油に含まれるエネルギー量と同等のエネルギーを有する原料は存在しない。しかも技術者たちは、手のひらに収まるほど小さなエンジンであろうと山をも動かせるほど大きいエンジンであろうと、蓄えたエネルギーをじつに簡単に取り出せる機器を過去一世紀にわたって精密に作り上げてきた。

ホルブは、石油を見限る戦略はとらない。けれども、エネルギーの梯子(はしご)の一番上に石油が君臨する時代がついに終わると明確に認めている。石油は今後も重要な役割を果たしていくだろう。とくに航空業界など、代替燃料がまだない部門ではそうなるはずだ。しかし、石油の役割は、おそらく次第に縮小していく。現在、世界の石油生産量の大部分を生産する国々の国営石油会社は、まだこのような予測に転じてはいないが、世界各国の政府が気候問題解決に向けて規制を強めている現状では、そうなるのも時間の問題だ。

このような評価をするのはホルブだけではない。石油メジャーの大多数は排出を大幅に削減する目標を設定していて、シェルやBPなどは二〇五〇年までにネットゼロ・エミッションを実現すると約束している。ロシアのウクライナ侵攻によって起きたエネルギー危機の影響で、一部の会社は石油と天然ガスの販売期間を延長したが、各社とも長期目標は放棄していない。

目標の達成は、すなわち石油と天然ガスの生産量削減、あるいは事業そのものの縮小と最終的な消滅を意味する。一九九〇年には、総収入に基づくアメリカの企業ランキング、「フォーチュン五〇〇」のトップ二〇社中、八社が石油会社だった。[2] しかし二〇二三年は、原油価格の高騰で複数の石油会社が記録的な利益を得てから一年も経過していないというのに、トップ二〇に入ったのは三社だけだった。[3]
一五〇年の歴史があり、大気中に存在する温暖化ガスについて大きな責任を負っている業界に変革を起こすのは簡単ではない。だが、この業界が方針とテクノロジーの転換を考慮せざるをえなくなったのはこれが初めてではない。

石油に関する記述が初めて歴史に登場したのは紀元前三〇〇〇年のことで、場所は現在の中東だった。岩の割れ目から自然ににじみ出す濃い色の液体を、人々はさまざまな用途を見つけて利用していた。皮膚疾患の治療に使い、船のコーキング剤、荷車の車輪の潤滑剤としても使い、殺虫剤などにも使用した。石油ガスが自然に漏出している場所もあり、「永遠の」炎がともって火炎崇拝者が生まれた。また、ホメロスによる古代ギリシャの叙事詩、『イリアス』によれば、石油は戦争でも使われた。そして一八世紀には、アジアとヨーロッパの各地で貿易材となるほど利用された。

石油の時代は照明から始まった。一九世紀に起きた産業革命により、欧米諸国は豊かになり、照明の需要が急速に高まった。当初、需要を満たしたのはマッコウクジラの脂肪から採る鯨油だった。しかし、乱獲によって鯨類は絶滅の危機に追いやられ、鯨油の価格が上昇した。しかも、動物性脂肪や植物性脂肪による照明は質が劣り、明るさが足りなかったり、悪臭がしたりした。黒くてべっとりとした物質を使う実験が加速したのはこの頃だ。

化学的に説明すると、石油は水素と炭素を主成分とする複数の化学物質の混合物だ。最初に熱を利用してその化学物質の一部を分離したのはアラブの化学者たちで、その方法は精製と呼ばれるようになる。加熱すると炭素原子の数が最も少ない化学物質が最初に沸点に達して気化する。その気体を個別に捕集して濃縮し、液化させると何種類かの「石油留分」ができる。そうした留分のひとつで、九個から一六個の炭素原子から成る化学物質を含むものをランプの燃料とすれば、最も明るく輝くことが判明した。

その最も明るく輝く留分は、初めは粘性の強い天然のアスファルトから採取され、ギリシャ語のワックス（ケロス）と油（エライオン）という言葉から「ケロシン」と名づけられた。ケロシンの需要はたちまち供給量を上回るようになる。多くの人がケロシンを採取できる資源を見つけようとしたが、そのなかのひとりがアメリカ人の起業家、ジョージ・ビセルだった。彼は、ペンシルヴェニア州で掘り当てられた「石の油（ロックオイル）」の標本を偶然目にした。イェール大学の化学者に相談した彼は、充分な量の石の油が見つかれば、それで事業を起こして貧しい暮らしから抜け出せると確信した。そして、石の油は採掘ではなく、掘削によって採取する必要があると考えたが、当時、この掘削という考えは大いに嘲笑の的となった。数年間奮闘したのち、一八五九年に、彼と彼のパートナーたちは、ペンシルヴェニア州の町、タイタスヴィルの農場で地下六九フィート（二一メートル）にある石油を掘り当てた。

タイタスヴィルの人口は当初わずか二五〇人だったが、数年で一万人にふくれ上がった。国中から人が集まってきて土地を買い、油井のやぐらをところ狭しと建てていった。掘削した石油の供給が急速に増加したため、一八六一年の年始に一バレルあたり一〇ドルだった価格は、年末には一〇セント以下に落ちた。けれども、低コスト化のおかげで、石油は競争にさらされずに最初の市場を獲得した。天然アスファルトからケロシンを採取していた精製業者も、すぐに原油以外は原料にしなくなった[4]。

しかし、好不況の波は、やがて石油業界の特色となる。供給不足が起きて価格が上がるたびに、掘削業者は新しい油田を求めて地球上をあちこち探し回る。誰かが見つけると、すぐに他の業者も殺到して好きなだけ採掘し、結果として市場に原油があふれて価格が下がる。そこに需要が追いついて価格が再び上昇に転じると、それをきっかけに、また好景気、不景気のサイクルが続く。

驚異的な好景気が訪れた場合は、不景気を許容しやすくなる。よく知られる例を挙げると、一八六〇年代に掘られたある油井は、一ドルの投資に対して二年未満で一万五〇〇〇ドルのリターンをもたらした。市場でひと儲けしようとする者が大勢いたということでもある。

一八七〇年創業のスタンダード・オイルは、ジョン・D・ロックフェラーが作り上げた世界最大の企業だ。四一年後、同社は違法な独占を行っているとみなされる。分割によって生まれた、今日のエクソンモービル、シェブロン、マラソン、コノコフィリップスなどを含む複数の法人は、その後、一社独占の時代よりも企業価値が上がり、各社の株式を保有していたロックフェラーは、現代史における屈指の裕福な人物のひとりとなった。

ロックフェラーは、石油産業に大きな足跡を残した。スタンダード・オイルは不法行為が重なって失墜したが、彼が経営者であった時期に得た三つの教訓が、のちに石油産業の基本原則となった。今日では当然と思える教訓もあるが、一九世紀には革新的だった。だが一方で、そうした教訓のおかげで、二一世紀の石油会社はクリーンな燃料供給へ転換するのがより難しくなっているのかもしれない。

教訓のひとつ目は、規模の経済〔おもに大量生産が可能な大企業で、事業規模が大きくなるほど単位あたりのコストが小さくなり、競争上有利になる効果を指す〕が役に立つということだ。操業当初のスタンダード・オイルは、他の誰かが掘削した原油を精製して、ケロシンを卸売業者に販売していた。その卸売業者が小売業者に販売する仕組みだ。しかし、リスクを減らして利益を増やすには、掘削から小売まで、事業のすべての段階を一手に引き受けるのがよいと、ロックフェラーは徐々に認識するようになった。垂直統合ということの戦略を用いて、彼は価格が下がったときに原油や精製製品を貯蔵し、価格が上がったときに販売して、結果として、利益を最大化できた。そして自社のブランドを作りあげたことにより、スタンダード・オイルは商品販売の業界で他社と差別化されていった。

教訓のふたつ目は、好不況の波を乗り切るために現金を手放さないことだ。石油価格が下がると、ロックフェラーは現金の投資先を探した。経営の行き詰まった会社であれ、新しい油田の探索であれ、あらゆる機会を狙った。やがて好景気が来るのはわかっているので、石油価格が必ずや再上昇するそのチャンスを最大限に活用するため、確保しておいた資金を投資した。

三つ目は、新しい市場を作り出すことだ。多くの人が欲しがる製品を作るだけでは必ずしも充分ではないと、ロックフェラーは学んだ。これほど多くの石油が手に入るのだから、石油のための新しい市場を見つける方がよい。スタンダード・オイルは、分割されるまでの間に、アジアとヨーロッパにも石油と石油製品を供給する事業を広げていた。トーマス・エジソンが電球を普及させ、ケロシンを採取する石油の消費が頭打ちになり始めると、スタンダード・オイルは、ガソリンを動力とする車に乗る新しい顧客を開拓した。

上場企業の経営幹部であろうと、産油国の国王であろうと、石油業界の大物たちはロックフェラーの教訓を導入して、グローバリゼーションや金融の高度化に伴って業界が直面する新たな試練に立ち向かおうとしてきた。ロックフェラーの教訓は、石油が目新しい商品であった時代から、世界のエネルギー需要の最大シェアを担う時代まで、一〇〇年以上にわたって石油業界を導いてきた。

ヴィッキー・ホルブは、一九六〇年にアラバマ州のバーミングハム郊外で生まれた。ちょうど、エネルギー番付のトップが石炭から石油に入れ替わろうとしていた時期だ。アラバマ大学で鉱山工学を学んだ後、一九八一年にシティーズ・サービスという小さな石油会社に就職した。その翌年、オキシデンタル・ペトロリアムがシティーズ・サービスを買収し、以来ホルブは、ずっとオキシで働いてきた。

一九八〇年代はオキシが企業として七〇年目に入り、創業以来最も爆発的に成長し始めた時期にあたる。やがてホルブは技術部門から経営部門に異動し、海外赴任も経験する。ソヴィエト連邦の崩壊直後にロシアで勤務し、ベネズエラでは隣国のコロンビアで活動するゲリラから身を守るため、軍隊の護衛つきで働いた。エクアドルのアマゾン熱帯雨林で働いたこともある。

オキシの傘下に入った当時、女性技術者はホルブの他にひとりだけで、あとは片手で数えるほどの女性地質学者しかいなかった。彼女が言うには、油田で自分の他に女性がいないのは珍しくなく、アメリカン・フットボールの話題で同僚と打ち解けていったそうだ。今日ですら、アメリカの石油業界の女性従業員は四分の一以下であり、経営陣に限ればわずか二％だ。この割合は、中国やインドのエネルギー産業と比べても低い。

ホルブは、当時の上司、グレン・ヴァンゴリンが支援してくれたおかげだと語る。「彼はリスクを冒してチャンスを与えてくれました。概ね多様性を尊重する社風でしたが、彼の判断に対しては反対意見があったので、彼はそれに立ち向かって『この仕事は彼女がやる。彼女ならきっとうまくやる』、と主張する必要がありました」[6]。

ホルブがリーダーとしてキャリアの転機を迎えたのは、二〇〇〇年代、オキシがアルトゥーラ・エナジーを買収した後だった[7]。この買収によって、オキシはテキサス州最大の油田を利用する権利と、原油の採掘量を増やすために二酸化炭素を地中に注入するテクノロジー（第7章参照）の専門知識を手に入れた。アルトゥーラの油田は、その後新しい採掘テクノロジーを使ってシェール層に閉じ込められた新たな石油資源を採掘する道を開いたシェール革命においても、決定的に重要な役割を果たすことになる。アルトゥーラの強みをオキシに統合した能力が賞賛を浴びて、ホルブはどんどん昇進していった。それは、同社の激動の時期とも重なっていた。

六〇年間で同社の最高経営責任者を務めたのは、たったのふたりだ。ひとり目は一九五七年にその座についたアーマンド・ハマーで、次は一九九〇年に就任したレイ・イラニだ。業界きってのふたりの大物は、ともに個性的な人柄とこれみよがしな派手な生活で知られ、巨額の報酬と幅広い美術品のプライベート・コレクションが有名だ。ハマーはロシアのスパイであったとされ、イラニは現代史上最も高額な報酬を得た石油業界のCEOだった。

ところが、イラニがCEOを退いた二〇一一年には、オキシの拡大路線と原油価格の変動が相まって、同社の財務状況は無残な状態になっていた。オキシにはそれまでと異なる経営スタイルが求められており、ホルブの地に足のついたやり方は同社の取締役会には魅力的に映った。それは、同社が利益の出る価格で石油の生産を続けるには二酸化炭素がさらに必要になるとホルブが気づいた時期でもあった。

ホルブは二〇〇九年から二〇一六年までに五回昇進し、最後の昇進でCEOという最高位の職に就いた。欧米の大手石油会社で初めて女性として社を率いる立場となり、男性優位の石油業界でこれほどの躍進を遂げたのは異例だ。二年後、オキシは初めて気候変動報告書を公表し、ホルブのリーダーシップのもとでこの巨大石油会社がどのような転換を行うつもりでいるかを明らかにした。また報告書は、石油業界の歴史でもとりわけ暗かったひとつの時代に終わりを告げ、気候科学に対する疑いを植えつけようとした数十年間の試みに終止符を打つ旗印にもなった。

歴史学者たちは、石油業界が化石燃料を燃やすことと地球温暖化の関係に気づいたのは、一九五九年のことだと認識している。[8]また彼らは、業界団体が気候科学に対する疑念を植えつける試みを始めたのは、一九八〇年だという証拠も見つけた。だが、気候科学に対して大きな影響力を持つ手段が取られたのは一九八九年で、その年、国連がＩＰＣＣを立ち上げたわずか数ヵ月後に地球気候連合（ＧＣＣ）が結成された。[9]

ＧＣＣは、最盛期には主要な石炭会社や石油会社、および米国石油協会、全米商工会議所といった有力な業界団体がメンバーとして名を連ねていた。おもな目的は気候変動を緩和するための法規制に反対することで、一九五〇年代にタバコ業界が喫煙と肺がんの関連性に対する疑念を広めるのに用いた手法を取り入れた。広告や高額で採用したロビイストを通じて偽情報を流すキャンペーンを実施し、化石燃料の使用と世界の気温上昇に関連があるのは確実だという考えに疑いを持たせようとしたのだ。数十年という時間を隔ててはいたが、どちらのキャンペーンも同じ広告会社を起用していた。

ＧＣＣは二〇〇一年に解散したが、ＩＰＣＣはその後も憂慮すべき科学報告書を数年おきに公表しており、それをふまえれば、どちらが事実を正しく捉えていたかがわかる。ＧＣＣは活動していた一二年間に、多くの有害なことをした。たとえば、ＩＰＣＣの開かれたプロセスを悪用して、報告書を書いた科学者たちの信頼性を損なわせるために根拠のないスキャンダルを作り出した。また、「専門家」に代金を払って科学的事実に疑義をはさみ、論争を起こした。科学を疑問視する広告も出した。全体として、ＧＣＣはタバコ業界の悪名高い戦術に追従していたのがわかる。それは「疑いはわれわれが販売する製品である。なぜなら疑いこそが、一般大衆の意識に存在する『一連の事実』に立ち向かう最良の道具となるからだ」という戦術だ。

GCCにとって一番の具体的な成果は、裕福な国が排出削減を実行するように法的に拘束し、排出問題解決に向けたより意欲的な国際的合意の基本原則を決めた京都議定書を、アメリカが批准しなかったことだ。さらにたちのよくない成果としては、より大規模で広範な気候変動否定組織を設立して引き続き運営し、気候変動対策を遅れさせたことが挙げられる。

GCCのメンバーとなった大手企業は、石油メジャーの各社だった。一九八六年から二〇一五年にかけて、現在ではエクソンモービル、BP、シェブロン、シェル、コノコフィリップスという名の五社は、三六億ドルを広告に費やし、さらに二〇億ドルを政府へのロビー活動にあてている。専門家によれば、株式上場企業が支払ったこのような金額は氷山の一角にすぎない。政治キャンペーンへの寄付、事業者団体やいわゆるダークマネー・グループへの出費など、今も表に出ていないものは多い[10]。

その後はすべての石油会社が、否定しようのない気候変動に関する科学、および化石燃料が気候変動に与える影響を容認したとはいえ、この問題に真剣に取り組むために必要となる数々の変化を完全に認めていない会社は多い。エクソンモービルもそのひとつだ。他のすべての石油会社と同じく、同社は二〇二〇年、新型コロナウイルスのパンデミックがもたらした景気低迷に直面して支出削減を迫られた。結果として、ワイオミング州に二酸化炭素回収施設を建設する計画を凍結することにしたが、その予算は二億六〇〇〇万ドルだった。一方、ギアナに九〇億ドル規模の投資をして世界市場に何十億バレルもの原油供給増をもたらす計画は、断固として継続した[11]。

このような決断は、石油業界の多くの会社が排出削減のために必要な行動を本気で起こそうとしないからこそ行われる。そうした状況では、本来なら利益をもたらす製品を地中にとどめようとする石油会社が本当に現れるのかと、各方面から疑問視される。とはいえ、利益こそ、ホルブが宗旨替えをした本当の理由だったかもしれない。地中から炭素を抽出する事業から、地中に炭素を埋め戻す事業に転換する理由なのかもしれない。そうであれば、より真実味があり、彼女の計画は本当に実を結ぶかもしれないと多くの人が思うようになる。

ホルブがCEOに指名されたのは、パリ協定の署名が行われた年だった。世界が初めて気候危機の緊急性を認め、国際政治の新しい時代が幕をあけた年だ。

二〇一八年、ローマ教皇はホルブとその他数名のエネルギー業界のリーダーをヴァチカンに招き、「共に暮らす家のためのエネルギーの転換と配慮」と題する会合を開いた。教皇はこの会合の結びに、招待した人々に直接語りかけた。「これは新時代の均衡を図る挑戦です。文明はエネルギーを必要とします。しかしエネルギーの使用が文明を破壊してはなりません」。彼はホルブをはじめとするリーダーたちに、「それぞれの手腕を、今日の世界で大きく欠けているふたつの精神、すなわち貧しき者への配慮と環境への配慮」のために使ってほしいと訴えた。[12]

帰国したホルブのなかで、何かが変化していた。「彼女はその会合で大きな影響を受けました」、とホルブに近い協力者は語った。「ローマから戻った彼女は、CEOとしての役割やオキシが世界に提供できる独自の価値について、以前とは異なる考え方をするようになりました」。

ホルブは、世界は今後数十年にわたって石油を消費し続けるだろうが、現在のように温室効果ガスを放出することはできないと予測した。オキシは、石油の生産量を増やすために二酸化炭素を注入することにかけては世界有数の企業だ。だが、現在は大気中にある過剰な二酸化炭素が問題となっているにもかかわらず、注入される二酸化炭素は別の地下油田から採掘されている。ホルブは、地下油田から二酸化炭素を採掘するのではなく、大気中から採取することにすれば、一石二鳥を狙えると気づいた。折よく、カナダのスタートアップ、カーボン・エンジニアリングが、まさにそのダイレクト・エア・キャプチャーというテクノロジーの規模を拡大しようとしていた。

ダイレクト・エア・キャプチャーのプラントは、次のような仕組みになっている。大型のファンが大量の空気を吸い込み、その空気何層もの波型の板の間を通る。板には空気中の二酸化炭素と反応する溶液が塗られていて、空気が通った後には炭素を多く含む溶液が残る。この溶液を次に生石灰（または酸化カルシウム）と接触させると、化学反応により炭酸カルシウムのペレットが形成される。そしてこのペレットを約一〇〇〇℃まで加熱すると、純粋な二酸化炭素ガスが放出されてその後に生石灰が再生成され、さらに二酸化炭素を空気から回収する次のサイクルでそれを使用する。放出された純粋な温室効果ガスは地中深くに注入され、大気中に戻らないよう貯留される。

ローマ教皇との会合から数ヵ月もたたないうちに、オキシはカーボン・エンジニアリングに投資した。そしてホルブは、二〇一九年には同社のテクノロジーの規模拡大計画を策定した。オキシは、テキサス州にある自社の油田にカーボン・エンジニアリングのプラントを建設して、一〇〇万メートルトンの二酸化炭素を大気中から回収・貯留する予定で、それはネガティブ・エミッションに分類される見込みだ。現在採掘されているよりも多くの二酸化炭素を油田に注入できれば、計算上その油田から生産された原油は「カーボン・ネガティブ」となる。

ダイレクト・エア・キャプチャーの仕組みは既存の二酸化炭素回収テクノロジーと似ているが、両者がとらえる気体の二酸化炭素の濃度は大きく異なる。石炭火力発電所の排気は約一〇％の二酸化炭素を含む。他方、大気中には二酸化炭素が〇・〇四％しか含まれていない。青いM&Mのチョコレートの海から赤いM&Mのチョコレートを見つけるのが難しいのと同じくらい、希薄な気体の流れから二酸化炭素を捕集する方が、濃厚な気体の流れから捕集するよりもずっと難しい。

ホルブが直面した最大の困難は、このプラントの建設費用に数億ドルが必要で、その後の運転継続にも年間数億ドルがかかることだった。業界初のプラントであったため、二酸化炭素一トンあたりの回収費用は、二〇〇ドルを超えると予想された。その結果、カーボン・ネガティブの原油価格は従来品よりも一バレルあたり数十ドル高くなる。誰がこのような割増料金を払うというのか？

ところが、オキシがダイレクト・エア・キャプチャーのプラント建設計画を発表するほんの数ヵ月前に、カリフォルニア州の新しい規則によってカーボン・ネガティブの原油を取引する市場が生まれた。すべてが計画通りに進めば、オキシは業界初のダイレクト・エア・キャプチャーの大規模プラント建設によって、利益を挙げられるかもしれない。

アメリカのなかでも、カリフォルニア州は環境問題に関して長くリーダー的存在だった。州政府で気候問題を主導してきた数々の組織のなかでも、リーダーシップの発揮において特別に大きな功績があるのが、カリフォルニア大気資源局（CARB）だ。

CARBは一九六七年に設立され、以後ほぼすべての期間、急速に成長するカリフォルニア州の都市部で起きていた大気汚染の削減に重点的に取り組んできた。二〇〇〇年代に入り、気候問題に関する警告が声高に叫ばれはじめた頃、CARBに温室効果ガス規制を制定する任務が与えられる。

カリフォルニア州の排出源で最大の割合を占めるのは運輸部門だったため、運輸部門の排出量を大幅に削減しない限り、州が設定した気候目標は達成できないとCARBは気づいた。この問題に対する答えとして生まれたのが、低炭素燃料基準（LCFS）というキャップ・アンド・トレードのプログラムだ。CARBが運輸部門の排出量に上限を設け、水素、バイオ燃料などの代替燃料や電気自動車などを使うことで削減した二酸化炭素排出量一トンごとのクレジットを、仲買人が取引する仕組みとなっている。

LCFSクレジットの取引が始まったのは、二〇一一年だった。キャップ・アンド・トレードのプログラムを通して削減できた二酸化炭素一トンあたりのコストは、CARBがキャップを下げるにつれて年とともに上昇し、二〇二〇年に取引されたクレジットの平均価格は一トンあたり二〇〇ドルになった。プログラムは成功によって拡大した。二〇一八年、カリフォルニア州は二〇四五年までにネットゼロ・エミッションを実現すると約束した。CARBは、非ガソリン車の数が増えても航空機の排出量は正しい方向に向かっていないと認識していたが、二〇一九年、ダイレクト・エア・キャプチャーをLCFSの取引に含めることを正式に許可した。[13]

いいかえれば、オキシプロジェクトは発表の時点で、同社が二酸化炭素を回収すれば一トンあたり二〇〇ドルを得られると確信を持っていたのだ。それならば、同社が大気中から二酸化炭素を捕集するために負担する費用は帳消しになる。しかもうまい具合に、二酸化炭素を地下に注入して石油生産を促進すれば、別途アメリカ政府による税額控除が適用され、一トンあたり三五ドルを節約できる。総合すれば、このプロジェクトはうまくいく。

プラントの建設が二〇二三年に始まり、さらによい知らせが入った。前年に議会を通ったインフレ抑制法により、ダイレクト・エア・キャプチャーに追加のインセンティブが適用されることになった。[14]ホルブにとっては、もうひとつの収入源となる。この法案によって石油増産目的の二酸化炭素注入で同社が得られる金額も増加した。同時に、ネットゼロを目標とするさまざまな企業が、ますます二酸化炭素の地下注入に関心を向けるようになった。そうしなければ、各企業の経営陣の航空機移動によって、二酸化炭素排出量はプラスのままになる。

すべてが計画通りに進めば、二〇二五年にはプラントの運転を開始できるはずだ。業界初の大規模プラントの排出削減テクノロジーによって利益が生まれるという、まれな事例となるだろう。ホルブの話では、二酸化炭素回収の需要に追いつけないので、オキシは現在、同様のプラントを七五基建設する計画を立てているそうだ。[15]

石油業界が原油や天然ガスの採掘事業から離れていくのであれば、業界は自己改革せざるをえない。ホルブはここに至るまでに、ロックフェラーが遺した教訓を取り入れていた。規模の経済が役に立つこと、現金をうまく使えば不況を乗り越えられること、新しい市場を作り出す重要性。オキシは、ダイレクト・エア・キャプチャーの規模拡大によってテクノロジーのコストを下げ、従来の石油生産が生み出す資金を使って転換を進め、炭素を地下に埋めることで新しい収入源を見出した。

このような転換は世界中で起きている。ノルウェーの企業、エクイノールは、洋上風力発電の大手となった。イギリスの巨大企業BPは、石油・天然ガスの生産を徐々に減らしながら、そこで生まれる資金を使って再生可能エネルギーや電気自動車充電ネットワークを拡大している。フランスの巨大企業トタルは、BPに似た道をたどっているが、リチウムイオン・バッテリーにも投資している。

一方で、転換による混乱も生じている。石油・天然ガスの巨大企業、シェルは、数年前に公益事業会社を買収してクリーンエネルギーの供給に乗り出そうとしたが、二〇二三年初頭の報告書によると、売却を検討している。[16] BPも、二〇二二年に記録的な利益を挙げた後、当初計画していた化石燃料の生産削減の速度をゆるめると発表した。他方、アメリカの企業エクソンモービルは、化石燃料から多角化へ転換する動きに抵抗していたものの、二〇二三年の前半に同社初の「ローカーボン・ソリューションズ・スポットライト」を開き、低炭素事業計画を発表した。

こうした石油会社が成功する保証はない。過去一〇〇年間で、石油会社は石油、天然ガスというふたつのエネルギー製品の取引に関して専門性を深めてきた。そこから転換するには、公益事業、太陽光発電、風力発電、バッテリー製造の事業において自分たちよりも経験が長い企業を相手に競争しなくてはならない。どれをとっても、異なる知識や技能が求められる。気候資本主義の力が大きくなるにつれて、目先の利益だけに気をとられる企業は、長くは生き残れないだろう。

したがって、今後はさらに混乱が広がる可能性もある。ネガティブ・エミッションの必要性を認識する新しい部類のスタートアップがいくつも挑戦を始めている。二〇二一年、イーロン・マスクは、大気中から二酸化炭素を回収する新たなアイデアに一億ドルの賞金を出すと発表した。[17] 二〇二二年には巨大グローバル企業が集まって、二酸化炭素除去テクノロジーを支援するために一〇億ドル近い基金を設立した。[18] 二酸化炭素を吸収する樹木のような仕組みだけでなく、海の森（シーフォレスト）の育成やカーボン・ファーミング〔大気中の二酸化炭素を土壌に取り込んで、土壌の質を向上させながら温室効果ガス排出削減を目指す農法〕など、他の創造的なアイデアも今後検討されていくだろう。

石油会社が選べる道筋のひとつは、完全なクリーンエネルギーへの転換だ。そのような転換を遂げた石油メジャーはまだ存在しないが、ヨーロッパの小さな石油会社が、一五年もあれば転換を成し遂げられることを実際に示した。かつてはデンマーク石油・天然ガスという社名であった企業が、今でははるかに世界的に有名な風力発電巨大企業、オーステッドに転換した。

第9章　執行者

オーステッドは、エネルギー転換のシンボルだ。かつてはデンマークの石油・天然ガス業界の礎となる企業だったが、自ら風力発電の巨人に生まれ変わった。そして二〇年以内に、自社の排出量をほぼゼロに削減する見込みだ。国営のデンマーク石油・天然ガス（DONG）から巨大なクリーンエネルギー企業へと変身したオーステッドの歴史は、世界中のビジネス・スクールで事例研究の題材となり、変化の多い時代でも入念な計画と先見の明があれば実を結ぶと教えてくれる。[1] 政治家はオーステッドを例に挙げながら、グリーン化を通して裕福になる道を選び、将来性のある職を創出しようと企業に呼びかける。[2] 気候変動活動家は、よりクリーンな資源への転換は困難だと言い訳をする大手石油会社に対して、オーステッドを例に挙げて非難する。

もちろん、オーステッドの成功は同社の幹部の判断によるところが大きいが、政府の政策とタイミングよく交付された補助金が果たした役割も同じくらい大きかった。オーステッドの変身は、化石燃料の企業が今後数十年間になすべきことの青写真となるが、オーステッドのような存在を生み出して成功させる場を作ったデンマークという国のエネルギーに関する数十年間の歴史を理解していなければ、後を追う企業の計画は不完全になってしまう。オーステッドのストーリーの始まりは、他の多くのエネルギー転換のストーリーと同様に、石油危機だった。

一九七三年の石油危機は、西側の経済大国にとって大事件だった。だが、デンマークほど石油危機によって大きな変化を遂げた国はないだろう。一九七三年一〇月に石油禁輸措置を発表したサウジアラビアとその同盟国は、当初、北欧の国デンマークを対象に入れていなかった。ところが翌一一月、デンマーク首相は非公開の会合で、アラブ諸国と交戦中のイスラエルを支援すると述べた。[3] その結果、デンマークの原油価格は三〇〇％以上跳ね上がり、国全体の燃料が底をつきかねない、抜き差しならない危機に陥った。

デンマークは大きな痛手を受けた。当時、国のエネルギーの九〇％は石油の燃焼で得ていて、石油のほぼ全量が中東から来ていた。禁輸措置がとられてから、デンマークは石油の消費を減らすために、石油に依存する他の西側諸国と同じような政策をとった。自動車の制限速度を低くする、道路の街灯をひとつおきに消す、日曜日の自動車利用を禁止する、シャワーの水温を下げて時間を短くするように奨励する、といった政策だ。当面の危機においては、こうした対策はどれも多少の効果があった。しかし、このときの衝撃は一般市民にも、国の政治家や事業家にも、強烈な印象を残した。

「デンマーク社会にとって、劇的な目覚まし効果がありました」。そう語るのは、当時大学を卒業したばかりで、首都コペンハーゲンで国の職員をしていたアンダース・エルドラップだ。「政治家は『二度とこんな事態は起こしません』、と言っていました」。のちにエルドラップは、ＤＯＮＧのＣＥＯになる。

それから一〇年間、デンマークでは政府主導で大きな改革が行われ、民間事業者が支援して、エネルギー供給源の多様化が図られた。そして策定されたのが、「シックス・ステップ・プラン」と呼ばれる基本対策だ。

(1)発電所は石油を燃やす方式から石炭を燃やす方式に転換する。石油のほとんどはアラブ諸国からの輸入だが、石炭はさまざまな地域から輸入が可能で、そのなかにはアメリカなどの同盟国も含まれる。

(2)国内で産出する原油と天然ガスを採掘する。北海のデンマーク領海内における近年の発見により、それは実行可能となった。

(3)エネルギー効率を上げる方策によって、総エネルギー消費を削減する。燃料を使わなければ燃料の節約になる。

(4)発電所の余熱を家庭の熱源に利用する。そうすれば、燃やす燃料は増やさずに発電所から送出する利用可能なエネルギーを大きく増やせる。

(5)家庭や産業界から出る廃棄物をエネルギーに変える。廃棄物を埋立地に埋めるのをやめて燃やせば、燃料需要を満たす代替となる。

(6)デンマークは風力に恵まれているので、その活用法を見つける。必要なテクノロジーの開発から始めなければならない。

当時、気候変動は喫緊の課題ではなかったが、そのときデンマークが考案したステップの多くは、まさしく今日、世界中の国が化石燃料への依存を減らして排出量を削減するために採用すべき方策だ。

まずは、政府がどのように改革を進めたかを見てみよう。石油危機に見舞われる少し前から、デンマークの首脳は、国が輸入エネルギーに完全に依存していることを懸念していた。一九七二年、政府は北海の自国の領海に新しく見つかった原油・天然ガス資源を開発するため、別個の企業をいくつか設立した。そして石油危機の後、政府はそれまでの取り組みを加速させるために、そうした企業を合併させてDONGを設立した。

次は、一九七六年のデンマーク・エネルギー庁（DEA）創設だ。エネルギーシステムは複雑で、つねに変化があるが、DEAは、さまざまなエネルギー源や異なるタイプの消費者に幅広く機能する政策について政府に助言するために創設された。最初に取り組んだのは風力発電の開発推進と、最新の風力タービンを設置するための補助金の提供だった。[4]

隣国のスウェーデンは、化石燃料ではなく原子力を利用する新たなエネルギー源を採用したが、デンマークは原子力には断固反対で、一九八五年には政府が原子力発電所の建設を禁止するに至った。石油も選択肢から外れているため、入手できる燃料を最大限利用しなくてはならない。その燃料とは、石炭、風力、天然ガス、バイオマス、廃棄物だった。

一九七三年に、石油の使用量を削減する目的で政府が打ち出した緊急対策に加え、一連の法律と行政命令によってより効率的な熱供給が推進され、やがて、燃料需要は長期的に削減された。当時は国のエネルギーの半分弱が家庭や商業施設で消費されており、石油を燃やす需要の大半は暖房のためだった。

一九七九年に施行された熱供給法によって地方自治体に義務づけられたのは、熱需要の正確な把握と、各家庭における天然ガスの利用、あるいは、石油以外の燃料を熱源とする地域熱供給システムの利用で暖房需要を満たす、綿密な計画の作成だった。また政府は、新しいインフラを計画する場合には、暖房には地域熱供給システム、または天然ガスの利用を徹底するように、設計に関する規制を改めた。

地域熱供給システムでは、集中型の燃焼炉で燃料を効率的に燃やし、一般的には熱湯の形で熱を家庭に送る。そこにはふたつの利点がある。ひとつ目は、さらにクリーンな燃料資源が利用可能になった場合、新しい燃料を使うために炉を調整したり交換したりするだけでよいので、無数にある各家庭の個別のボイラーを交換する必要がない。ふたつ目は、集中型の燃焼炉を、熱だけでなく電力も生むコージェネレーション・プラントの一部に組み込めることだ。たとえば、非常に効率の高い天然ガス発電所でも、天然ガスに含まれるエネルギーの半分以下しか電気に転換できず、残りの利用不可能なエネルギーは排熱として大気中に廃棄されてしまう。だがコージェネレーション・プラントならば、その排熱を利用可能なエネルギーに転換できるので、発電所の効率は九〇%まで上がる。つまり、同じ便益を得るために燃やす燃料は、少なくなる。

国全体のエネルギーシステムを変更するには、概して高額な費用がかかる。デンマークの場合、小規模な区画の熱源プラントの多くは、地方自治体が所有して運転し、利益は得ずに市民にエネルギーを供給した。地方自治体は利用する燃料を自由に選べたので、石油でない限り、安い燃料ならなんでも使えた。北海から引く天然ガス輸送パイプラインや各家庭に供給するガスパイプの敷設など、多額の資金が必要となる場合は政府が資金を提供した。その資金の一部は、エネルギーの使用や排出にかかる税金を財源とした。初めは一九七七年に石油税と電力税、次は一九八二年に石炭税、一九九二年に二酸化炭素排出税、そして一九九六年には天然ガス税が導入された。

結果はどうなったか？　一九七二年から一九九〇年の間に、天然ガスを利用する建物の割合が〇%から一〇％に上昇し、地域熱供給システムの利用は二〇％から四〇％に上昇した。[5]

これまでの変遷を短くまとめたため、簡単に実現できたように思えるかもしれないが、実際はそうではない。「一度の入念な計画だけで達成できたのではありません」、とエルドラップは言う。「試行錯誤を経て、ようやく達成できました」。

政府主導の一連の改革によって、民間企業にも新しいビジネスチャンスが生まれた。

エネルギー効率の事例を考えてみてほしい。IEAはエネルギー効率は「第一の燃料、すなわち使う必要がない燃料であり、供給面から見れば豊富に手に入るうえに安価に得られる」[6]、と言う。簡単にいえば、エネルギー効率とは、快適さは同じなのにエネルギーコストは安くなることを意味する。

エネルギーコストの低下は魅力的だとしても、エネルギー効率について関心を高めることには政治家たちも苦心した。新しくて光り輝く太陽光発電所や、風力発電施設の建設を売り込む方が簡単だ。見た目がよく似た安価な製品があるのに、エネルギー効率が高いからと、値の張る断熱材や家電製品を売るのはとても難しい。

適切に実施すれば、政府の政策は有効に働く。たとえば、エネルギー税をかければ国民はエネルギーの使用を減らそうとするし、新しい建物や設備を承認する際の条例等でエネルギーの効率改善を義務化すれば、まずはエネルギーの使用削減を考える。デンマークは、産業界が進歩するのにちょうどよい数の政策を導入した。「私たちはエネルギー消費の削減にいくらか成功しました」、とエルドラップは話す。「また、私たちは産業においても成功しました」。

デンマークの四つの企業、グルンドフォス、ダンフォス、ベルックス、ロックウールは、すべて二〇世紀前半の創業で、一九七三年に石油危機に見舞われた際には、エネルギー効率を高める解決法を用意した。グルンドフォスは、水の輸送と建物の換気に用いるエネルギー効率の高いポンプを開発し、ダンフォスは暖房のエネルギー使用量を減らすラジエーター・バルブを開発し、ベルックスは熱を取り込んで逃さない窓を販売した。そしてロックウールは、より少ないエネルギーで建物の暖気を保てる断熱材を開発した。こうした企業は、国内の建物を省エネルギー化しただけでなく、海外市場でも大きなシェアを獲得していった。

デンマークのエネルギー効率改善策は、数十年にわたって大きな影響を与えてきた。二〇一九年には、一九七三年と比較して人口が二〇％増え、経済規模は倍増したにもかかわらず、エネルギー消費量は二〇％減少した。同じ期間のフランス、スウェーデンでは、両国とも人口と経済が大きく成長し、エネルギー消費量もそれぞれ二四％、一八％、増加した。ドイツとイギリスはもう少しよい数字で、エネルギー消費量をそれぞれ九％、一九％、減らしている。それでも、デンマークを凌ぐには至っていない。[*9-1]「多くの国がエネルギーの使用量を削減していますが、私たちは苦しい経験をしたおかげで、よりよい結果を出すことができました」、とエルドラップは言う。細かく連携し合う政府の政策と、景気状況の判断、起業家精神が組み合わされば、グリーン・チャンピオンを生み出すことができる。オーステッドは、それを実現した一番の好例だろう。だが、オーステッドの話に入る前に、デンマーク人がどのようにして風力を使いこなせるようになったのかを知る必要がある。

一九七〇年代、デンマーク政府はエネルギー改革を進めていたが、国民の側にもエネルギー問題を重く受け止める人々がいて、なかには自力で解決策を見つけようとする人もいた。ユトランドにあるトゥヴィン高等学校では、一九七八年に、生徒が教師や専門家と一緒になって、当時としては世界最大の風力タービンを作りあげた。トゥヴィン風車と名づけられたこの風力タービンが作られたのは、原子力推進者に対抗して、デンマーク人は風力を動力化できると示すためだった。熱心な市民が成し遂げたこの偉業によって、風力の活用はさほど難しくはなさそうだということもわかった。

現在も発電を続けるこのタービンは、風力タービンの世界最長運転記録を保持する。塔の高さが五三メートル、羽根の直径は五四メートルあり、九〇〇キロワットを少し下回る電力を生み出し、住宅五〇〇軒に充分供給できる能力を有する。トゥヴィン風車の大きな功績のひとつは、現代の風力発電のゴッドファーザーとも呼ばれる、ヘンリック・スティースダルに影響を与えたことだろう。[7]

一九七六年、スティースダルは高校を卒業したばかりで、兵役義務により数ヵ月後には入隊する予定だった。兵役期間は、数ヵ月から最長で一年になる。父親が、タービンを建設中のトゥヴィン高校にスティースダルを連れて行ったところ、自分と同年代の生徒たちが建設に携わるのを見た彼は、たちまち影響を受けた。そして、その現場で再生可能エネルギーと風力に関する本と出会った。

物理のコースを修了していたスティースダルは、兵役開始までの数ヵ月を利用して、風力タービンに関する限られた知識を形にしようと試みた。最初に作ったタービンは羽がふたつで、手のひらに収まるほど小さかった。「羽根を回転させると、まるで生きているみたいに動き、風のなかの細かな変化をすべて感じました」、と彼は振り返っている。「私はすっかり夢中になってしまいました」。彼は、兵役に就いた期間を除いて、何ヵ月もかけてタービンを作り、当初の二枚羽根版を三枚羽根版に改良し、それが現在世界中で見られる形式となった。

一九七八年にはデンマーク風力タービン協会に入会していたが、そこには彼以外に五〇人、機械いじりが好きな同好の仲間がいた。仲間とともに実験を重ねるうちに、彼は地元の機械工、カール・エリック・ヨーゲンセンと出会い、自分にはない部分を補うテクノロジーを持つパートナーだと認識するようになる。ふたりは一緒に、金属くずや安い中古機器を探して回った。そして、さらによいタービンを作り続けるため、思い当たる先に片端から資金提供を頼みに行った。最大の成果は、デンマーク技術研究所の発明家事務局から獲得した資金だった。

スティースダルとヨーゲンセンはわずか数ヵ月で、小さな村に電力を供給できる数基のタービンを建設した。そのうちの一基の建設中に、スティースダルは九死に一生を得た。彼は二〇一三年に著した『風力を世界に』（Wind Power for the World）で、こう述べている。

一九七九年当時、私たち先駆者の間では、安全帯などの墜落から身を守る器具が普及していなかった。設置の作業中、私は柱のてっぺんの足場に立って、大きな発電機に小さな発電機をつなぐベルトを取りつけようとしていた。ところが手違いで、私の両手がまだベルトの上にあるのに、突然小さな発電機が動き始めた。私は、自分が立っている場所を考える間もなく、反射的に飛び退いた。一八メートルの高さから落下しなかったのは、シャツの一部がかろうじて部品にはさまっていたからだ。シャツは破れ、心臓は口から飛び出しそうだったが、なんとか足場の上によじ登ることができて、少しだけ場数を踏んだ。[8]

このタービンを完成させてから数ヵ月もたたないうちに、地元のクレーン製造会社の技術者が何人か見学に来た。デンマーク政府は風力発電の開発と設置に助成金を出していた。この会社はスティースダルの設計を商業化できると考え、両者はライセンス契約を結んだ。その会社がベスタスで、今では世界最大の風力タービン製造会社だ。

それ以来、スティースダルは風工学技術者として、自らの名義の特許を数百件所有する。陸上風力タービンで成功を収めたのち、彼は洋上風力タービンの設計に取りかかり、やがて浮体式洋上風力タービンも設計した。彼は今も現役だ。悲しいことに、ヨーゲンセンはふたりの仕事が大きな実を結んだところを見届けられなかった。一九八二年にがんで亡くなったからだ。

一九八四年に入り、デンマーク政府は固定価格買取制度と呼ばれる仕組みを導入した。送配電網の価格に関係なく、風力発電による電力について一定の価格を保証する制度だ。その結果、小規模な風力タービン向けの市場ができて、ベスタスのような会社が成長する後押しとなる。一九八七年には、デンマークの電力会社、エルクラフトが、当時としてはヨーロッパ最大となる三・七五メガワットの集合型風（ウィンド）力発電所（ファーム）を建設した。

洋上風力発電所の開発は、デンマークにとってたいへん重要だった。同国には広大な土地はないが、海であれば広い面積を利用できる。ありがたいことに、デンマークが利用できる海域には適度に浅い大陸棚があり、洋上風力タービン設置の基礎を建設するにはうってつけだった。

一九九一年、エルクラフトは世界初の洋上ウィンドファーム、ヴィンデビーを建設した。一一基の風力タービンが設置され、各々に四五〇キロワットの発電能力がある。一九九五年には別の電力会社、エルサムが、同等サイズの洋上ウィンドファーム、チュノ・クノブを建設した。五五〇キロワットの発電能力を持つタービンが、一〇基ある。どちらも、政府がクリーンエネルギー改革推進の一環として電力会社に洋上ウィンドファームの建設を義務づけた結果、建設された。こうしたウィンドファームがその後合併してDONGとなり、やがてオーステッドという社名になった。

DONGは二〇〇五年まで国有の法人で、北海の石油・天然ガスの探索と採掘を行い、デンマーク全土に天然ガスを供給していた。一方でEUは、エネルギー市場の自由化を検討していた。自由化されると、DONGが独占していた事業に、他のヨーロッパの企業が参入できるようになる。

エルドラップは、デンマークの財務省で二〇年近く働いたが、二〇〇一年にDONGのCEOに任命された。彼はDONGの資産状況を確認し、同社にはその後一〇年の天然ガス供給契約はあるものの、その後の将来は明るくないと気づいた。「行き止まりのような感じでした」、と彼は語る。スウェーデンのバッテンフォールやドイツのRWEなど、他のヨーロッパのエネルギー会社に対抗する唯一の道は、ただの天然ガス会社、あるいは公益事業会社ではなく、いろいろと手がける会社になることだ、とエルドラップは認識した。

そこでDONGは、他社を次々と買収していった。政府がエネルギー産業における自国の利益を保護するために行っていた、支援策も支えとなった。二〇〇六年には、DONGは六つの電力会社を買収して、DONGエナジーとなった。石油・天然ガスの探査をして天然ガスの供給をしていただけの会社が、石炭火力発電所や電気代を直接支払ってくれる顧客を手に入れた。

買収した会社にはエルクラフトとエルサムが含まれていたため、DONGエナジーは洋上ウィンドファームも三つ所有することとなった。ふたつはエルクラフトとエルサムが所有していたファーム、もうひとつはDONGが二〇〇五年に建設を開始したファームだ。総収入に占める割合は小さいものの、DONGエナジーは洋上風力発電市場において、突如として世界最大の企業となった。

「これで一安心だと思いました」、とエルドラップは振り返る。DONGエナジーは生産、輸送、小売と、エネルギーのサプライチェーン全体を押さえたからだ。

だが、すぐに次の危機がやってきた。EUの排出量取引制度が二〇〇五年に開始され、電力部門も対象となった。石炭の価格が上昇して、石炭火力発電の利益が下がる。しかも、ほぼ同時期に、重要な二〇〇九年のCOP開催国としてコペンハーゲンが指名された。多くの場合、COP開催国の政府は、意欲的な気候目標を推進することになっている。政府の目標を支持する形で、エルドラップは当時のDONGエナジーが掲げていた、化石燃料八五%、再生可能エネルギー一五%という目標を、二〇四〇年までに再生可能エネルギー八五%、化石燃料一五%という目標に変更した。

しかし、そのような目標を設定する一方で、DONGエナジーは、ドイツ北東部のグライフスヴァルトに新しい石炭火力発電所を建設する計画も立てていた。当時はまだ同社の支配株主〔ある会社の発行済み株式に対して、議決権のある株式の過半数を保有する株主〕であった政府の優先順位とは、矛盾していると受け取られた。環境活動家の注目が集まり、DONGエナジーは数々の抗議に対処せねばならなかった。「私たちは多数の石炭火力発電所の買収に成功しましたが、結果的にはあまりよいことではなかったかもしれません」、とエルドラップは話した。洋上風力発電で世界の先頭をいく立場が、以前にもまして魅力的に見えてきた。DONGエナジーは、新しい石炭火力発電所の建設計画を中止せざるをえなくなり、そのコストはかなり大きく、数千万ドル単位にのぼった。

二〇〇九年のCOPは、多くの人が期待した結果を出せずに終わる。期待にかなう結果は、二〇一五年にパリで開催されるCOPまで待たねばならない。それでもDONGエナジーは自社の気候目標を維持し、さらに多くの洋上ウィンドファームを、イギリスを中心に建設し始めた。

ふたつの事実が、洋上風力事業の実現を大きく後押しした。ひとつは、石油・天然ガスの探査をしてきた同社には、洋上作業の専門技術があったことだ。そのノウハウを風力事業でも活用できるうえに、担当者は世界初の洋上ウィンドファームを建設したときの知識ベースを持っていた。ふたつ目は、政府の規則によって、同社はデンマーク海域外における石油・天然ガス資源の開発を許されていなかったことだ。しかし、エルドラップによると、風力資源の開発にはそのような規則は存在しなかった。イギリス政府は、洋上風力発電による電力の価格保証を含む、魅力的な契約条件を提示していた。DONGエナジーは洋上風力発電では最も経験が豊富で、ウィンドファーム建設に関して、最も条件のよい場所を選ぶ力量があった。

ところが二〇一二年頃になると、DONGエナジーは深刻な状況に陥る。アメリカが、フラッキングを利用して石油・天然ガスを国内供給できるようになったため、天然ガスの価格が下がり始めたからだ。それがもとで、デンマークの巨大企業、DONGエナジーは記録的な損失を計上する。数々の買収による多額の借金も残っていた。ふたつの問題が重なり、DONGエナジーの信用格付は下げられた。

債務危機が起きると、企業はその問題を最優先せざるをえない。DONGエナジーも債務支払いの資金を確保するため、多くの資産を売却する必要に迫られた。経営陣が刷新され、エルドラップはヘンリク・ポールソンと交代した。二〇一三年、同社はゴールドマン・サックスとデンマーク年金基金から、財務立て直しのために二〇億ドルの投資を受ける。[9] 二〇一四年には最大の難局を乗り越えたが、残ったのは石油・天然ガス事業と洋上風力事業の設備だけだった。脱炭素の動きは加速していたが、エルドラップが想像していた形ではなかった。

ポールソンは、二〇一六年にはDONGエナジーの財務状況を好転させた。同社は引き続き、最大の洋上ウィンドファーム企業として世界を牽引する立場にあり、当時の世界の総合的な風力発電能力の四分の一近くは、同社が建設した設備でまかなわれていた。投資家が業態転換のメリットを理解し始めたおかげで、株式公開も果たす。評価額は一五〇億ドルで、その年のヨーロッパ最大の新規上場株式となった。投資したゴールドマン・サックスとデンマーク年金基金は、大きなリターンを得た。

二〇一七年、ポールソンはDONGエナジーの石油・天然ガス関連の設備を売却する手続きに入った。北海で生産する石油と天然ガスは、数十年にわたって開発されてきたため、費用がかさみ始めていた。他方、洋上風力発電設備は建設コストが安くなりつつあった。こうした事情から、ポールソンは同社を再生可能エネルギーに特化した企業に転換することにした。[10]

二〇一七年末には、ほぼすべての化石燃料関連設備の売却が完了し、DONGエナジーは社名をオーステッドに変えた。電流が磁場を形成することを発見し、電気と磁気の関係を最初に立証したデンマークの科学者、ハンス・クリスチャン・オーステッドに敬意を表してつけた社名だ。風力タービンは、まさにオーステッドが発見した原理を利用して発電する。羽根が回ると、羽根の中心部の発電機の内部で、磁界が発生している回転子がともに回り、電子の動きを生み出し、電力が発生して、私たちの身の回りにある多くのものを動かす動力となる。

DONGからオーステッドへの変身は、必ずしもMBAで学ぶ教科書的な事例ではない。むしろ、思いがけない災難、タイミング、政策、起業家精神が、等しい割合で混じり合った結果だ。しかもそうした要素は、数年ではなく、数十年かけて発生した。気候変動対策の期限がより厳しくなる状況下では、これほど時間をかける贅沢はなかなか許されない。とはいえ、同社の試行錯誤のおかげで、ビジネスモデルの転換を検討する企業にとっては、適切な処方箋ができた。よりどころとなるテクノロジーを選び、政府と協力してそのテクノロジーの展開を支える政策を作り上げ、専門知識を活用して新しい市場を開拓するという処方箋だ。商機を得たことはオーステッドの変身を可能にした大きな理由だが、政府の支援体制が助けになったのも確かだ。

政府は、今もオーステッドの株式の五〇・一％を保有する支配株主だ。二〇一四年、デンマークは、二〇五〇年までに低炭素社会となることを法的に義務づける気候変動対策法案を可決した。国が一丸となって科学的根拠のある排出削減に取り組む状況下で、オーステッドのグリーン・トランスフォーメーションは国家の優先事項と完全に一致した。このような気候変動対策法によって、企業経営は恒久的な変化を迎えようとしている。そして、法律の力で資本の流れを変える方法を世界に示すという点では、最先端を行くのはイギリスかもしれない。

第10章　活動家

　イギリス史上で大騒ぎになった日のひとつが、二〇一六年六月二三日だ。その日、イギリスでは国民投票が行われ、僅差でEU離脱が決まった。ポンドは三〇年ぶりの安値をつけ、FTSE100指数（ロンドン証券取引所（LSE）の代表的な株価指数。同証券取引所に上場する時価総額が大きい一〇〇社を対象とし、一九八三年一二月三一日の株価を基準値（一〇〇〇ポイント）として計算した時価総額加重型指数）は一〇％以上下落し、ロンドンの金融界が混乱して国内のあらゆる業界に衝撃が走った。当時の首相、デーヴィッド・キャメロンは、自らが反対運動の旗を振っていたブレグジットが不可避となって辞任し、保守党内で党首選挙が行われることになった。野党側も混乱した。労働党の党首、ジェレミー・コービンは、ブレグジットに反対するようにイギリス国民を説得できなかったことが明白になり、労働党の国会議員による不信任投票にかけられ、可決された。

　しかしイギリス政府は、経済的混乱や政治的混乱にもかかわらず体勢を立て直し、一週間後に歴史的な気候変動対策法案を通過させた。六月三〇日、政府は、二〇三〇年までに一九九〇年と比較して排出量を五七%削減するという新しい気候目標を設定すると同意した。経済大国が発表した目標としては、最も意欲的な気候目標だった。

イギリスで、政治的混乱が進歩的な気候変動対策につながったのは、それが最後ではない。三年後、キャメロンの後継者、テリーザ・メイは、EU離脱協定が難航した結果政治論争の犠牲となり、二〇一九年五月、首相の座から降りると発表した。そのような問題とは関係なく、二〇一九年六月、辞任前の最後の立法措置として、メイ首相とイギリス政府は同国の二〇五〇年までのゼロ・エミッション実現を約束すると合意した。それまでの約束の期限を変更せずに、排出量を八〇%削減することになった。

メイの後継者、ボリス・ジョンソンも、自らの政権が実際のEU離脱に関する骨の折れる交渉に奮闘し、新型コロナウイルスによるパンデミックの惨状に直面していても、気候変動対策をさらに進めようとする圧力を回避できなかった。二〇二一年に開催予定の国連の気候変動枠組条約締約国会議、COP26までに、ジョンソンは、イギリスは気候変動に真摯に取り組む決意でいると示す必要があった。そこでジョンソンは、二〇三〇年までに排出量を一九九〇年比で六八%削減するという従来の気候目標を厳格化すると決めた。彼が設定したのは、二〇三五年までに七八%削減するという目標だ。

いいかえれば、イギリスは五年間で首相が二度交代し、その間に、排出量を八〇%削減する期限を二〇五〇年から二〇三五年へとまるまる一五年縮めた。気候変動に関して、このように意欲的な上昇スパイラルが起きたおもな理由のひとつは、法律の力だった。

「適切な法律と適切な枠組みを用意すれば、さらにもっと進歩させられます」、とイギリス議会貴族院議員のブライオニー・ワーシントンは言う。彼女にそれがわかるのは、二〇〇八年の気候変動対策法の主執筆者だからだ。この法律によって、その後相次いで目標設定を支える制度と枠組みが確立される。

法案は、八つあるすべての政党から圧倒的な賛成を得て、四六三の賛成票とわずか三の反対票により可決した[1]。

ワーシントンは、法制インフラとそれを支える強固な支持基盤があれば、今後数十年の間にどの政党が政権につこうと、イギリスはカーボンフリー経済の実現に向かうと確信する。また彼女は、イギリスはネットゼロ・エミッションに到達するだけでなく、それをさらに超えて、カーボン・ネガティブの目標を設定できるようになる可能性が高いと考える。無制限に化石燃料を使っていた数十年間の炭素負債を、返済できるはずだ。

石炭燃料で産業革命を起こした国が、排出量削減の世界的リーダーになったのは、ある意味で衝撃的だ。しかし、この二〇年ほどの間にイギリスで起きたことを見れば、政治の追い風、理にかなった分析、賢明な立法行為があれば、国は科学に基づく気候目標にそって進めるのがわかる。気候変動との戦いはようやく、法律を排出削減の足を引っ張るために使うのではなく、利益をもたらすために活用し始めた。

ワーシントンは、このストーリーの思いがけないヒーローだ。彼女はケンブリッジ大学で英文学を学んだあと、自然保護と生物多様性に関する環境保護団体で働き始めた。ところが一九九〇年代の半ば、地球温暖化の影響によって、自然保護活動だけでは多くの種が絶滅するのを止められないと、科学者が警告を発しているのを知った。

「私たちが大切にしているものすべてが、気候変動によって脅かされています」、と彼女は言う。「文字通りすべてです。生物多様性だけでなく、社会の安定も脅かされています」。

そこで彼女は環境保護慈善団体、「地球の友（FOE）」で、活動家として気候変動のためにフルタイムで働くようになった。一九九〇年代、イギリスは排出量削減を着実に進めていた。政府はその進歩を自らの手柄として誇り、称えたが、数字をよく見ると、排出量の減少は国が化石燃料への依存を断ち切ったからではなく、特別に排出量の多い石炭の使用をやめて炭素集約度の低い天然ガスの燃焼に転換したからだとわかった。それには、北海のイギリス領海域に天然ガスが大量に埋蔵されているのが見つかったことが、大きく関係していた。

一九九七年の総選挙で保守党が大敗し、労働党が政権をとると、イギリスは国連気候変動枠組条約の京都議定書に署名した。温室効果ガスの排出量を、二〇一二年までに一九九〇年比で一三％削減すると約束したことになる。すでに石炭から天然ガスへの転換途上にあったため、目標は容易に達成できると労働党幹部は考え、選挙に向けたマニフェストでは二〇％の削減を約束していた。[2]

けれども、表向きは労働者階級の擁護者である労働党党首のトニー・ブレアは、石炭産業の雇用を守るとも約束していて、政権についたのち、一九九七年に国内の天然ガス発電所の新規建設を中止して、石炭火力発電所の延命を助けた。[3] その結果、排出量の減少は止まった。九〇年代にブレア率いる労働党が通したその他の法案も、ほとんどが排出量削減をわずかしか進めない方向に働き、マニフェストで約束した二〇％という意欲的な目標は、立ち消えになっていった。

自称データマニアのワーシントンは、イギリス政府は一貫性のある排出削減戦略を持っていないと気づいた。環境問題を管轄する省庁には、問題に対処する政策を制定する権限がなく、エネルギー問題を管轄する省庁は、気候変動をあまり重要視していなかった。

二〇〇〇年代の初め、ワーシントンはＦＯＥの同僚とともに、すべての省庁が同じ目標に向かって協力しあう、気候変動対策法の制定を政府に求める報告書を作成した。ＦＯＥはこれをビッグ・アスク・

キャンペーンと呼び、政府は気候科学者が訴える内容に沿って、期限を定めた二〇五〇年までの炭素(カーボン)・予算(バジェット)を設定すべきだと訴えた。

「外に出かけたり、ロビー活動をしたりしていると、自分が何らかの影響を与えられるかもしれないと希望を持ちます」、とワーシントンは言う。「でも、影響を与えたという確かな手ごたえは、決して得られません」。

報告書は労働党政権からも多少は興味を持たれたが、バックベンチャーと呼ばれる、公的役職がなく、大きな力のない平議員たちから、党派を超えて支持が集まった。その頃、ワーシントンはスコットランドと北アイルランドの電力・天然ガス企業、スコティッシュ・アンド・サザン・エナジー（SSE）に転職した。同社の社長は気候変動問題に対応せねばならない緊急性を理解していて、現状を直接評価してもらおうと、ワーシントンを招いた。「会社をどのように経営していけばよいか、私に教えてくれませんか」、と社長はワーシントンに言った。「お返しに、よりよい活動家になる方法を教えましょう」。

当時のSSEは、電力価格が儲かる水準にあるときには、必ず石炭火力発電所を最大限に運転していた。ワーシントンは、スプレッドシート上で見てきたイギリスの温室効果ガスに関する数字の一覧を、現実のものとして目の当たりにした。石炭火力による電力に経済的合理性がある限り、それをやめる電力会社は現れない。

一方でワーシントンは、そこにはチャンスがあることにも気づいた。電力は現代の経済を支える背骨のようなもので、ほとんどの国がエネルギーの安全保障のために公益事業を厳しく規制している。ワーシントンは、そうした規制を修正すれば、気候目標を達成できるペースに合わせて、石炭では利益が挙がらないようにもっていけるのではないかと仮説をたてた。

幸運にも、その種の規制に手を加えられる機会が、タイミングよくやってきた。二〇〇七年、元FOEの活動家でイギリス政府の職員に転身した人物から、ワーシントンに電話がかかってきた。ロンドンに戻ってこないか、という話だった。

FOEのビッグ・アスク・キャンペーン以降、数年後にワーシントンが政府の仕事でロンドンに戻るまで、保守党は三度の総選挙でたて続けに負けていた。二〇〇五年、党は刷新をはかり、エネルギッシュな新しい党首、デーヴィッド・キャメロンを選出した。彼は世論調査によって、イギリス人の気候変動に対する関心が大いに高まっていると理解する。気候危機に関するメディアの報道が増えたおかげでもあった。キャメロンは、保守党のイメージを「浄化」するために気候問題を利用したいと考え、次の総選挙で勝利して首相に就任できた場合は「炭素監査室」を設置し、「ウェストミンスター（イギリス議会議事堂）で政党同士の大喧嘩」をするのはやめて、気候変動に関する意見の一致を得ると約束した。キャメロンは党のロゴまで変更し、「トーチを持つ手」が「走り書きの樫の木の絵」に変わった。二〇〇六年五月に行われた地方選挙では、「青（保守党のイメージカラー）に投票しよう、グリーンで行こう」、というスローガンを掲げた。

作戦はうまくいった。保守党は労働党に大勝し、全国の地方議会で三〇〇以上の新しい議席を得た。勝利に気をよくしたキャメロンは、さらに歩を進める。FOEのキャンペーンに呼応して、気候変動対策法案を導入すると同年九月に約束した。[*10-1]

労働党にとっては、地方選挙の惨敗にキャメロンの環境問題の取り組み強化が重なって、目覚ましとなった。労働党は、国民の信頼を取り戻す方策のひとつとして、新星デーヴィッド・ミリバンドを環境大臣に指名する。当時、将来の首相候補とみなされていたミリバンドは、懸命に名を揚げようとしていた。

ミリバンドは大臣に就任してすぐ、ワーシントンとFOEのキャンペーンが数年前に指摘した通り、環境大臣には充分な権限がなく、排出削減を迅速に進められないと気づいた。そこで彼は、当時の首相、トニー・ブレアの許可を得て、省庁横断型のチーム、「気候変動局」を設置した。交渉を遅らせたり重要問題への取り組みを困難にしたりするような、政府内のもめごとを打開しやすくするのが目的だった。気候変動局は、さまざまな政策の限界について官僚同士が率直に話し合い、権限を持って政府内の異なる部署と協力し合い、確かな解決策にむけて互いに納得を得る、安全な空間として政府内で知られるようになる。

そうしたさまざまなできごとがあったのは、イギリスの経済学者ニコラス・スターンが、今ではよく知られる、気候変動と経済に関する調査報告書を発表した時期だった。スターンが気づいたのは、地球が温暖化すると世界全体の国内総生産が五％失われるリスクがあり、最悪の場合は二〇％失われるということだった。[4] スターンは、気候変動はこれまでに類を見ない、最大かつ最も広範囲にわたる市場の失敗だと述べた。

巨大ビジネスの世界もようやく注意を向けはじめたようだった。イギリスで最も影響力の強い業界団体、イギリス産業連盟が支持を表明し、石油最大手のBPやシェルを含む多くの企業が、「低炭素経済への転換」がイギリスにとって望ましい理由を論じた書状をブレア首相に提出した。

非営利団体や産業界からの政治的圧力、環境問題というだけではなく経済問題としても捉え直す動き、さらに、いうまでもなく野党からの追い上げがあり、労働党がイギリスの気候変動問題への取り組みについて変革を起こす環境ができあがった。

大西洋の向こう側では二〇〇五年、カリフォルニア州知事のアーノルド・シュワルツェネッガーが、二〇五〇年までに温室効果ガス排出量を一九九〇年比で八〇％削減することを目標とする行政命令を発した。二〇〇六年、カリフォルニア州議会はその目標を支持して、法的に州政府を拘束する地球温暖化対策法案を可決した。カリフォルニア州は、アメリカ国内の州のひとつにすぎないが、経済規模はイギリスと比べてさほど小さくはない。カリフォルニア州がどのようにして成功したのかを学ぶために、労働党のメンバーと官僚からなるイギリスのチームが同州を訪問した。

その頃、ワーシントンは、新しく設置された気候変動局で働き始めた。気候変動局がミリバンドから与えられた仕事は、政府が二酸化炭素排出量を削減して気候変動に適応できるようにする、現実的な選択肢の提案だった。対策を法的に義務づける法案は提出できるだろうか？　問題は議会の承認が必要なことで、当初ミリバンドは、法案通過に必要な票数が得られるのか、確信がなかった。しかしキャメロンが、仮に保守党が政権をとったら同様の法案を提案すると二〇〇七年九月に約束していたので、ミリバンドは決意を固め、政府は年内に気候変動対策法案を議会に提出することにした。

外務省と環境省は、気候変動対策法案が成立すれば、イギリスはただちに地球規模の問題に取り組む世界のリーダーになれるという考えから賛成した。だが、イギリス政府の財務を司る大蔵省は、そこまで意欲的な気候目標を立ててしまうと、国の経済競争力を大きく損ねる可能性があると懸念した。大蔵省は気候変動局に、イギリス政府には当面現状維持を義務づけて、他国が同様の行動を起こした場合にのみイギリスも行動を起こすという条項を付加するように求めた。

また、エネルギー省と産業界の代表は、目標達成にかかる費用が大きすぎると、排出量が多い企業は排出量削減の努力をせずに、炭素排出に寛大な国へ移転するのではないかと懸念した。風評リスクにさらされる可能性もあった。イギリスが目標達成に失敗した場合、化石燃料肯定派は、積極的な気候変動対策をとればイギリスのようになると決めつけることができる。

省庁間の内輪もめの範疇を超えた、法案の構造そのものに関する議論がいくつも起きた。法案にはカーボン・バジェットを設定する案が盛り込まれる予定だった。時間の経過とともにカーボン・バジェットを減少させていけば、イギリス全体で排出削減をせざるをえない。カーボン・バジェットは年間で設定するべきか、それとも五年単位で設定するべきか？　後者であれば、あらゆる政策において政府が希望する、ある程度の柔軟性が得られる。けれども、柔軟性を持たせるならば、法令遵守が確保される仕組みも必要になる。

そこで、独立した監視組織、「気候変動に関する委員会」の設立が提案された。これがあれば、政府も楽観視はしていられない。しかし、保守的な陣営は、委員会に大きすぎる権限を与えないように釘をさした。たとえば、政策を策定する権限は委員会に与えるべきではない、という条件だ。国民に選出されたわけではない人たちに、法律を制定する力を与えたと思われるのは最悪だ。

ワーシントンが言うには、最終的に意見の相違を乗り越えて折り合いがついた一番の理由は、おそらく、わずか数ヵ月で法案を形にしないといけないという現実があったからだ。気候変動局は、重宝する部局であり、省庁間を横断して仕事をする能力があり、迅速に折り合いをつけて大幅な遅滞を招かずに起草手続きを前進させられる組織であると、自ら実証した。急を要していたうえにミリバンドから圧力がかかったおかげで、二〇〇七年三月に公表された法案の最も重要な要素は、数ヵ月前に作成された最初の草案から大きくは変わっていなかった。法案は次の四つの柱からなる。温室効果ガス排出量の目標、カーボン・バジェットを用いた目標達成への道程、プロセス開始のツールとなる一連の政策、法令遵守を確保するための監視枠組みのひとつ、独立委員会の設立だ。[5]

二〇〇七年一一月、法案はイギリス議会の上院にあたる貴族院に提出された。当初の目標は、排出量を二〇五〇年までに一九九〇年比で六〇％削減することだった。[6] それに不満を持った世界自然保護基金ＵＫをはじめとする環境団体は、より意欲的な目標を設定するためにキャンペーンを開始した。その取り組みは比較的成功し、二〇〇七年に公表されたＩＰＣＣの最新報告書もそれを裏づけていた。

法案は、二〇五〇年までに八〇％削減するという目標を盛り込み、二〇〇八年一一月にようやく可決された。そして、目標達成のために規制を設ける権限が政府に付与された。最も重要なのは、政府が排出量取引制度を導入できるようになった点だろう。制度の施行は、二〇二一年一月のブレグジットの後、イギリスがＥＵの炭素市場から去らねばならなくなってからだった。

法案可決後の二〇〇八年一二月、気候変動に関する委員会（現在は気候変動委員会に改名）が、イギリス政府が達成すべき五年単位の詳細なカーボン・バジェットを記した初の報告書を公表した。委員会は以後毎年、政府が順調に削減を進めているか、目標を達成するには何をしなければならないかを示す年間報告書を公表している。

二〇〇八年以降、スウェーデン、フランス、ニュージーランドを含む何十もの国が、イギリスの気候変動対策法を参考に、自国のニーズに合わせた国家レベルの気候変動対策法案を可決してきた。裕福な国だけではない。気候変動対策法はバングラデシュ、ブルガリア、ミクロネシア、フィリピンでも成立している。[7]

一方で、大多数の国は、国家としての包括的な気候変動対策法を制定していない。それどころか、排出量がとくに多い国はどこも制定していない。しかし、それでも、他の法律や一般的慣習法を基にすれば、政府が自ら決めた気候変動対策に関する約束に責任を持たせることは可能だろう。

二〇一三年、非営利団体、ウルゲンダ財団と気候変動活動家は、オランダ政府が設定した気候変動対策目標が不充分であるとしてオランダ政府を提訴した。IPCC第四次評価報告書によると、産業革命前と比べた世界の平均気温の上昇を二℃以下に抑えるためには、裕福な国が二〇二〇年までに一九九〇年比で二五％排出量を削減する必要がある。活動家たちは、オランダ政府の気候目標の約束は科学に基づくべきであり、政府にはそれを確実に履行する義務があると主張した。[8]

二〇一五年の最初の判決では、審理を行ったオランダの地方裁判所が活動家の主張を認め、二〇二〇年までに二五％という目標を設定するように政府に求めた。政府は上訴したが、それに対して活動家たちは、気候変動は国民の基本的生存権を侵害する恐れがあり、目標を達成できなければ政府の法的な注意義務違反にあたると主張した。

注意義務に関する主張については、数十年前の判例がある。一九三二年、メイ・ダナヒューは友人とスコットランドでカフェに入った。ダナヒューはスコッツマン・アイスクリーム・フロート〔アイスクリームにジンジャー・ビールをかけた飲みもの〕を注文した。カフェの主人はアイスクリームの入ったタンブラーを持ってきて、茶色い不透明な瓶のジンジャー・ビールを注いだ。ダナヒューがアイスクリーム・フロートに少し口をつけた後で、ダナヒューの友人がジンジャー・ビールを注ぎ足したところ、瓶からカタツムリの死骸が転がり出てきた。その日の夜、ダナヒューは体調を崩し、数日後にはショックと胃腸炎で治療を受けることになった。ダナヒューはジンジャー・ビールのメーカーを訴えて、当時は最高裁判所の機能を有した貴族院まで争い、長い訴訟の末に勝訴した。

この判決は、提供を受ける側の人への注意義務違反の判例となった。すべてのジンジャー・ビールの製造元が、自社製品によって顧客に害を与えないようにしなければならないだけではなく、製品やサービスを提供するあらゆる主体がそうしなければならない。

それから何十年もたって、二〇一〇年代半ばに気候変動活動家たちが主張したのは、オランダ政府が温室効果ガスの排出を削減すべく迅速に動かないのは、地球上で安全に生活するという基本的人権を守るための注意義務違反にあたるということだ。この主張に力があるのは、世界のほとんどの国において、基本的人権はきわめて神聖で犯すことのできないものだからだ。加えて、ほぼすべての国が詳細に検討したうえで署名したＩＰＣＣの報告書を裏づける気候科学は、気候変動に関して対策をとらないのは注意義務違反であるという強力な証拠だ。

オランダ政府は上訴を重ねて同国の最高裁まで争ったが、無駄に終わった。気候変動活動家とウルゲンダ財団が勝訴し、裁判所は政府に、気候目標をより意欲的に引き上げるように命じた。

この成功は、活動家たちを勇気づけた。彼らは工夫を凝らして、ウルゲンダ訴訟を私企業にも応用した。二〇一九年、ＦＯＥオランダ支部は、当時オランダに本部があったシェルを同様の注意義務違反で訴え、シェルの気候目標はパリ協定に沿っておらず、同社は排出量を二〇三〇年までに、二〇一〇年比で四五％削減しなくてはならないと主張した。二年にわたる審理を経て、活動家グループは下級裁判所で勝訴した。シェルは現在上訴中だ。

二〇二〇年、ドイツでも同じような訴訟が起きた。非営利団体、ジャーマン・ウォッチの支援を受ける活動家たちとグリーンピースが、パリ協定に合致しない気候目標を設定したとして、政府を訴えた。ドイツが排出量削減について正当な負担を履行しないことは、国の基本法に明記されている基本的な生存権と身体的不可侵性を脅かしている、と活動家グループは主張した。[9]

何年もかかって長引いたオランダの訴訟とは異なり、ドイツの連邦憲法裁判所は即座に判断を下した。二〇一二年、長く首相の座にあるアンゲラ・メルケルは、同国の気候目標を引き上げると約束した。メルケルは退任前の最後の大きな仕事として、ドイツがネットゼロを実現する期限を二〇五〇年から二〇四五年に早めた。それは、主要経済大国のなかで最も意欲的な目標となった。[10]

とはいえ、訴訟を起こしても勝利が約束されているわけではない。オーストラリアでは、二〇二〇年に八人の若者が注意義務違反をたてに、政府による新しい炭鉱開発の許可を阻止しようと差止め命令を求めた。オーストラリア連邦裁判所は主張の合法性を認めて注意義務違反を認定する判決を下したが、そのうえで差止め命令の請求は退けた。政府が注意義務に関する判断に対して上訴したところ、上級裁判所はそれを認めて下級審の判断を覆した。裁判所は判決理由において、政策に関する問題の「司法による解決は不適当」であると述べた。いいかえれば、裁判所が温室効果ガスの排出に関する注意義務の解釈に踏み込む場合は、本来は政府や選挙で選ばれた議員で構成される立法機関が判断すべき範囲の問題に立ち入っているといえるかもしれない。[11]

一部の活動家にとっては、気候変動対策で成果を出すために法律を応用することが最後のよりどころとなる。パリ協定のもとでは、地球の平均気温が際限なく上昇するのを防ぐために設定した共通の目標に向けて、各国政府が排出量を削減することになっているが、各国が自ら決めた目標を達成できなかったとしても、定められた制裁は何もない。
「各国の裁判所は、気候変動対策の約束について実効性のある制裁を与えれば、なんらかの重い責任を取らせることになると示しています」、と気候訴訟ネットワーク設立者のテッサ・カーンは言う。一〇年余りの間に、政府や企業にもっと積極的な気候変動対策をとらせようと、世界中の裁判所で二〇〇〇件近くの訴訟が起こされた。[12]

それでもカーンは、裁判で勝ったとしても必要な変化につながるとは限らないと、自ら認める。たとえば、二〇一三年のオランダの訴訟では、政府が引き伸ばしをはかって上訴を繰り返し、最終的な判断が下された二〇一九年の年末は、問題とされた二五％の削減期限のわずか一年前だった。政府は、パンデミックによる経済の遅滞のおかげで、排出削減を目標達成に向けた軌道に乗せられた。カーンの考えでは、経済遅滞が起こっていなければ、政府は最善を尽くしたとして言い逃れをしていたかもしれない。注意義務が争点となる訴訟では、有効な防御法だ。

法廷での敗北は政府にとって不名誉だろうが、本当の責任は民主的な手続きから生まれるものだ。理想は、気候変動問題を解決するという民意を託せるリーダーを国民が選び、政治的立場を超えて広く受け入れられる気候変動対策法を制定させることだ。

それがすでに行われている国もある。気候変動対策の要望が非常に早く支持を広げ、気候目標を達成しなければ政治的に自殺行為となるような国だ。たとえばオーストラリアは、一〇年間に五回首相が交代し、その間に気候変動政策が大きく変動して、最新の二〇二二年の総選挙では、さらに気候変動対策をとってほしいという民意が、かつてなく明らかになった。[13]

また、短期間にさまざまな要因が組み合わさった国では、進歩が早まる。イギリスでは、気候変動対策法に関する議論が始まった二〇〇七年以降、六人が首相の座についた。首相が所属する政党は同じではなく、政策も大きく異なっていたにもかかわらず、全員が国の気候目標を強化した。

けれども、イギリスのような国でも、気候変動活動家は訴訟を起こさねばならなかった。二〇二一年、気候変動委員会は、より意欲的な政策をすぐに採用しない限り、イギリスは目標達成に間に合うペースで排出量を削減できないと警告を発した。その結果、FOE、クライアントアース、グッド・ロー・プロジェクトなどの非営利団体が、政府は必要な気候変動政策をとらなかったとして、二〇二二年に訴えを起こした。[14]

訴訟頼みでは政府に変化を強いることはできないかもしれない。だが、訴訟をきっかけに気候目標について国民の間に議論を起こすことはできるし、そうなれば政府は対策について説明せざるをえない。気候変動対策に関する法律がある場合、政府は目標を達成できなければ訴えられる可能性がある。けれども、より大きな影響を生むのは、評判の悪化だ。気候変動対策を求める声が支持を広げていくと、気候目標の未達は政治的自殺行為となりかねない。

民主主義は、資本主義の暴走を阻止する最良の手段となる可能性がある。すべての国が民主主義国として繁栄しているわけではないが、それでも世界の多数の国は民主主義体制をとっていて、そのなかにとくに排出量の多い国が多く含まれる。いずれにせよ、経済学者でありジャーナリストでもあるマーティン・ウルフの主張によれば、資本主義も民主主義も、どちらか一方だけでは生き残ることも繁栄することもできない。[15]

だが、気候変動対策をとってもらいたいという民意を政治家に託す熱心な国民のもとでさえ、気候変動対策法を排出削減という目的に沿って機能させるには、慎重な考慮が必要になる。イギリスの気候変動対策法は、他の国々がそれぞれ独自のニーズに合わせて微調整できる枠組みとなる。法律は政府という領域の外側で、企業が未来図を描くためのマーケットシグナルを提供し、資本主義の最も大きな基本単位である企業は、ネットゼロの世界の一員となる方法を学びつつある。そうしなければ、最大の敗者は株主となるだろうが、株主は悲劇が起こりつつあるのを黙って見すごしたりはしない。

第11章　資本家

世界一サステナブルな企業は、トイレ用洗剤やデオドラント、マヨネーズを製造している。その企業、ユニリーバは、ドメスト、Ｌｙｎｘ、ヘルマンなどのブランドを擁し、調査会社、グローブスキャンにより、持続可能性（サステナビリティ）を追求する優れた企業として、二〇一一年以降毎年ランク一位に認定されてきた。[1] しかもユニリーバは、上位ランクの他社、テスラ、マイクロソフト、オーステッドなどを大きく引き離している。

多種多様な製品を扱う企業がこのような功績を挙げたのは、注目に値する。ユニリーバによると、世界の約二五億人が、日々同社の製品を使っているという。[2] これほど多くの消費者に製品を行き渡らせている企業は、世界でもあまりない。消費財企業でありながら、イーロン・マスクのテスラ、ビル・ゲイツのマイクロソフト、再生可能エネルギーに完全移行した唯一の大手石油会社、オーステッドよりもサステナビリティに関する評価が高いのはなぜなのか。それがわかれば、企業はどのように気候変動問題の解決を担うべきかを理解する鍵が得られる。

かつてのユニリーバは、企業の社会的責任に関するプログラムはあるに越したことはないという認識だったが、それを自社のビジネスモデルの中心へ転換させる道を見出したらしい。見た目はほとんど変わらない消費財を包装やブランドだけで差別化する世界で、ユニリーバは「よい行いをする」ことを、消費者に対する重要なセールス・ポイントにして、なおかつ才能ある人材も引きつけてきた。

しかも、サステナビリティの重視は、ユニリーバを救った可能性がある。一九九〇年から二〇一〇年まで、同社は競合相手となるアメリカの大手、プロクター・アンド・ギャンブル（P&G）とスイスの企業、ネスレに市場シェアを奪われていた。「正直なところ、ユニリーバは大きく横道に外れていました」。そう話してくれたのは、二〇〇九年から二〇一九年までCEOとして同社を率いたポール・ポールマンだ。「会社の経営を担っていたのは財務畑の人たちで、短期的な利潤を求め、達成不可能な目標を追いかけていました」。

その結果同社は、従業員の研修費を削減し、株主が喜ぶような数字のテコ入れをするためだけにブランド開発をしていた。「収穫戦略（陳腐化したブランドには投資をせず、キャッシュフローの引き出しに専念する戦略）ですよ」、とポールマンは言う。「そして、負のスパイラルに入っていくのです」。ユニリーバは長期的な考えを持たず、目先の収益だけを求めて資産を枯渇させ、回復不能となる恐れがあった。

ポールマンは、過去にP&Gとネスレで働いた経験から、ユニリーバには他とは違う何かが必要だと理解していた。当時五二歳の彼にとっては、多国籍企業で大きな仕事をする最後の機会となる可能性が高く、二〇〇九年に新しいCEOに就任した際は、自らの力を使ってより大きなことをしたいと考えた。それは、資本主義の刷新だった。「私がはっきりさせたかったのは、ユニリーバは株主のためだけにあるのではないということです」、と彼は話す。「私たちが最大限の努力をするのは、多様なステークホルダーのため、つまりユニリーバで働く人々、顧客、そして地球のためなのです」。

「世界をよりよい場所にする」というような言葉は、投資家向けパンフレットでたびたび目にするが、実業界には「グリーン・ウォッシング」（環境に配慮しているイメージ、エコなイメージを与える「グリーン」と、ごまかしや上辺だけという意味の「ホワイトウォッシュ」を組み合わせた造語。環境に配慮しているように見せているが、実態はそうではないことを指す）が蔓延していて、そうした約束を実行に移す企業は滅多にない。ポールマンは、改革を目指す人がこれまで誰も口にしていないことを言っているのではない。短期的な利益のために資本主義を貫いても、長い目で見れば価値を下げることになる。彼が示したかったのは、よりサステナブルな資本主義の実現が可能だということだ。驚いたことに、ポールマンはユニリーバのかじを取っていた一〇年間に、まさにサステナブルな資本主義を実現させた。彼の在任中、同社の市場価値は三倍に成長した。収益は三〇％増加し、直接排出量は半分以下になった。[3]

その点で、ユニリーバの正反対を行くのが石油最大手のエクソンモービルだ。二〇一三年までは世界最大の価値を誇る企業だったが、その後の一〇年は混乱が続いた。[4]同社では気候変動対策に対して根強い抵抗があったうえに、財務業績の悪化が何年も続き、二〇二一年にはついに最大級の反乱が起きた。[5]その年、気候変動活動家が率いる小さなヘッジファンドが株式を取得して、エクソンモービルが進む方向性に最終責任を持つ一二名の取締役のうち、三名を交代させるのに必要な議決権を得たからだ。[6]

気候変動対策の一翼を担っていくうえで、ほとんどの企業がユニリーバとエクソンの間のどこかに位置しているが、大半は問題がある側の近くにいる。ふたつの極端な事例を手本とすれば、地球温暖化が進むなかで、資本主義を動かす原動力である企業が今後取り組むべきことは何か、取り組まざるをえなくなることは何か、が見えてくるはずだ。

株式の非公開と公開の違いはあっても、最終的に企業を所有しているのは人だ。信託を通した株の保有、シェルカンパニー、有限責任事業組合など、所有構造が複雑であっても、どんな企業も、つまるところは人だ。人が資本家として資本主義を動かし、気候変動による混乱に関して責任の大部分を負う。オックスファムの調査によれば、一九九〇年から二〇一五年の排出量については、世界の上位一%の最富裕層には、下位五〇%の排出量の倍以上の責任があった。[7]

民主主義制度では(少なくともそれが存在する場所では)、個人の財産に関係なく代表が選ばれることになっているが、富裕層が多額の政治献金で選挙結果をゆがめているのはよく知られるところだ。そして、富裕層が多大な影響を与えうる最もあからさまで直接的な方法は、企業を通した影響力の行使だ。

公開企業といわれる企業ですら、会社の方向性を決めるのは比較的少数の関係者だ。また、大多数の企業では個人の大富豪ではなく、ブラックロックやバンガードといった機関投資家が大株主となっている。一般市民の多くは年金という形で、シェルなどの企業の株を保有するが、その出資金は一般的に機関投資家が管理している。私たちは、自分が投資した資金に対して適切なリターンを獲得し、それと引き換えに、投資先企業の方向性について代理で投票する権利を機関投資家に与える。しかし、決定的に重要なのは、シェルは多国籍企業であり、その所有者のほとんどが非常に裕福な国にいるため、代理権がさらにゆがめられることだ。

このような問題を考慮する多くの環境保護主義者は、長期的な視点で気候危機に取り組むには、資本主義を根絶して自然と人間の暮らしに価値を置く何らかの経済システムに置き換えるしかないと考える。自然にとっての幸福を守らなければ人間の幸せも守れない、と彼らは主張する。企業が原因で、これほどの世界的問題がもたらされているのなら、政府主導で世界の再構築を試みるのがよいのではないか、というわけだ。

確かに、気候問題を解決するには温和な独裁者やテクノクラート〔高度な専門的知識を持つ行政官、高級官僚、技術官僚。テクノクラートが政治、社会の実権を握る体制をテクノクラシーという〕が経済を管理する方がふさわしいのではないかと考えたくはなる。けれども、実際はこの考えには説得力がない。ロシア、サウジアラビア、イランの動向を見れば、そのような国家体制は地球全体で気候変動に取り組むうえで大きな障害となるのがわかる。[8] 同様に、北朝鮮や崩壊前のソヴィエト連邦のような計画経済も、悲惨な失敗であるのははっきりしている。[9]

大切なのは、今ではアメリカから中国に至るまで資本主義が深く定着している点だ。気候変動を解決できる経済システムにうまく転換した「ユートピア」のような国は、世界のどこにも存在しない。[10] たとえ、資本主義の廃止が最善の策だと考えるにしても、破滅的な気候変動を回避するにはあと数十年しか猶予がなく、そのなかで新しい経済システムを導入する方策があるとは思えない。

もしも、そのような時間的制約の範囲でできることがあるとすれば、それは資本主義の刷新だ。しかし、どうやって?

ポールマンがユニリーバのCEOになってまず実行したことのひとつは、四半期利益見通しの公表の中止だった。[11] そうした数字は、アナリストが顧客にその企業の株式を保持すべきか、買うべきか売るべきかを助言する際によく利用される。場合によっては株式市場が不安定になり、CEOにとって頭痛の種となりかねない。

「経営が近視眼的になっていました。個々の症状にばかり反応して根本原因まで目が行かないのです」、とポールマンは言う。「それで私は、本気で事業を軌道に戻したいのなら、もう少し時間が必要だと思いました」。四半期利益見通しのプレッシャーがなくなると、ユニリーバが行う投資のリズムを変えることができた。前任者たちの過小投資を元に戻すためには、それが必要だった。ポールマンの分析では、過小投資は、ユニリーバの業績悪化の背後にある問題のひとつだった。

このように資金の流れを微調整する他にも、ポールマンとしては、従業員にもう一度長期的な視点で考える習慣を持ってもらう必要があった。CEO就任後、彼はイギリスのリヴァプールの近くにあるポート・サンライトで、初めての大きな執行役員会議を開催した[12]。この街を従業員が暮らす村として建設した会社の創業者の考え方を、現在の役員たちに思い出してもらいたかったからだ。一八八五年、リーバ・ブラザーズという社名で創業した同社は、従業員の労働日数を削減し、医療給付や貯蓄プランを提供した。現在から見れば、企業が提供すべき手当としては必要最小限だと思えるが、当時としては他社のずっと先を行く内容だった[13]。

ポールマンは一五万人近い社員を抱える同社の管理職、一〇〇人のうち七〇人以上を交代させた[14]。研修プログラムを再度導入し、短期ボーナスではなく長期貯蓄に使えるように報酬体系を調整し、心身の健康や柔軟な働き方を支援する従業員の福利厚生制度を大幅に拡充した。「つき詰めれば、企業は人の集合体です」、と彼は言う。「人がサステナブルな暮らしをしなければ、サステナブルなビジネスモデルは作れません」。

彼は、ユニリーバのサステナビリティに関するさまざまな取り組みについても、見直しを始めた。それまでは、サステナビリティの中心は漁業、農業、水だった。現在はグローバル・サステナビリティ・

ディレクターの職にあるトーマス・リンガードは、当時、サステナビリティ・チームに所属し、同社の取り組みのポートフォリオに気候変動対策を含める仕事を任された。「ポールが来るまで、サステナビリティは『責任ある事業活動』に分類されていました」、と彼は言う。「ポールはサステナビリティを、何が何でも商業活動の中心に置こうとしていました」。

リンガードによると、サステナビリティのビジネス・ケース〔企業が大規模な投資や戦略的な取り組みを行う場合、会社が得られる価値や利益を説明するための文書〕には三つの柱がある。ひとつ目は、顧客の期待は変化するという柱で、彼が言うには、やがて顧客は、地球にとって有害でない製品を買うことをよりいっそう考慮するようになる。ふたつ目は、よりサステナブルになるためにさまざまな段階を踏むという柱で、たとえば、エネルギー効率をあげること、再生可能エネルギーに投資することは、長い目でみれば費用節約にもなる。そして最後は、同社が気候変動対策で役割を果たすという柱で、仮にそうなれば、地球上のほぼすべての国で行う販売がよりどころの同社にとって、事業リスクが減少する。

リンガードが言うには、気候変動の影響によって、いずれにせよ世界はよりサステナブルな方向に向かうことになる。消費者の需要は短期間で変化するので、「私たちの業界では、トレンドをわずかに先取りするのがよいのです」。彼はそう話した。

パーム油を例にとろう。パーム油という名称を知らない人もいるかもしれないが、パーム油を含む製品を買ったことがない人はいないはずだ。パーム油は植物油の一種で、歯磨き粉、リップスティック、ドッグフードをはじめ、バイオ燃料に至るまで、多くの製品に使われている。そして、このパーム油の世界の需要は、二〇五〇年までに四六％増加すると見込まれる。[15] だが、問題がある。

二〇二〇年のある研究によれば、パーム油の九〇％以上が東南アジアのボルネオ島、スマトラ島、マレー半島で産出されている。どれもが、世界屈指の重要な熱帯雨林のある地域だ。マレーシア領のボルネオ島で行われている森林伐採の五〇％は、パーム油の生産と直接関係している。

とはいうものの、世界が消費財のために何らかの植物油を使う必要があるのなら、今のところはおそらくパーム油が最善の選択肢だ。なぜなら、パーム油は、土地利用のフットプリントが比較的低い割に、非常に高い収益を生むからだ。世界全体の植物油の需要においてパーム油は四〇％を占めるが、植物油生産に使用される土地においては五％を占めるのみだ。つまり、世界はパーム油生産のサステナブルな方法を新しく見つける必要があり、ユニリーバは二〇〇〇年代からその解決に取り組む数少ない企業のひとつだ。[16]

ユニリーバは「サステナブルなパーム油のための円卓会議」を、最初期から支援してきた。この団体は、製品が森林伐採と関わっていないと保証する認証制度を作った。パーム油のサプライチェーンの複雑さを理解しつつ、消費財の原材料を充分に追跡して、認証制度を実現した。今では世界のパーム油供給量の五分の一が、サステナブルとみなされている。

「人々はいずれ、森で何が起きているのかを理解するでしょう。そして、サステナブルでないパーム油に対する反発が生まれるでしょう」、とリンガードは言う。「でも、こういう問題は一夜では解決しません。サプライチェーンの構築には何年もかかります」。

そうしたことが理由のひとつとなり、ポールマンの指示を受けたリンガードのチームは、ユニリーバ・サステナブル・リビング・プランを作成した。同社の成長を環境への影響と切り離すための目標を設定するプランだ。具体的には、たとえ製造する製品の数量が増加しても、自社の製品の製造と使用による環境フットプリントを半分にするのが目標だ。[17]二〇一〇年に大企業が設定したサステナビリティに関するあらゆる目標のなかで、圧倒的に意欲的な目標だった。

サステナビリティの強化を進めていたところ、ポールマンは、非常に醜悪な姿をした資本主義によって最大の試練に襲われる。二〇一七年、ユニリーバはクラフト・ハインツから同意なき買収を提案された。クラフト・ハインツの所有者は、未公開株式投資会社の3Gキャピタルと、ウォーレン・バフェットのバークシャー・ハサウェイだった。[18] ユニリーバを、当時の市場価値よりも一八%高い、一四三〇億ドルで購入するという買収提案で、[19] 同社の株価は、買収提案の情報が漏れて急騰した。

ユニリーバはポールマンの計画が開始されて七年目を迎え、よい結果が出ていた。市場シェアを獲得しつつあり、会社の評価も上がり、環境フットプリントを削減していた。しかし、クラフト・ハインツからの買収提案は、ユニリーバが本来なら得られるはずの価値をみすみす逃しているというメッセージとなってしまった。平たくいえば、『ブルームバーグ　ビジネスウィーク』誌の記事に書かれたように、「貴社のCEOは、もっとマヨネーズを売る方法を見つけるべきときに、気候変動カンファレンスの基調講演ばかりしている」、という意味だ。[20]

ユニリーバとクラフト・ハインツは、よく似た商品を製造しているが、両社のビジネスモデルはこれ以上ないほど違っていた。両極端の一方の端には、クラフト・ハインツのような、コスト削減に集中して利ざやを増やし、税金をなるべく少なく払う企業群がある。『フィナンシャル・タイムズ』誌は、このビジネスモデルを「最後には投資の欠乏によって経営破綻する」、と描写した。[21] もう一方の端にあるのはユニリーバで、目下の利益を一部犠牲にしてでも環境を重視し、長い目で見れば、それが最終的には株主にとってよい結果になるという考えを持つ。

買収が成立するためには、買収される企業の取締役会で過半数が賛成する必要がある。しかし、ポールマンのサステナビリティ・プランを承認した当時と同じメンバーの取締役会は、これまでの変化が後退するような、3Gキャピタルに操られたクラフト・ハインツの買収提案に興味を持たなかった。ポールマンの見解では、3Gキャピタルは、経費を削減して利益を搾り取る「株主第一主義」に毒された企業がどうなるかを示す、またとない好例だった。

取締役会が買い手に会社を引き渡すことに難色を示し、それでも買い手が固執する場合、買収は敵対的になる。その場合、買い手は相手企業の株主を説得して、買収賛成の新取締役を選任するように議決権を行使してもらい、買収反対派を押し切らねばならない。3Gキャピタルは過去に敵対的買収に失敗したことがなく、『ビジネスウィーク』誌によると、「反対を粉砕してきた前歴」がある。ビール会社、SABミラーの買収をもくろんだときは、買収金額を四回つり上げて同社の取締役会に大きな圧力をかけ続けたため、結局取締役たちは拒めなくなり、投資家は利益を手にした。

買収を成立させれば、ポールマン本人は大金を得られたかもしれない。ポールマンはこう話してくれた。「クラフト・ハインツの連中に言われたのです。『ポール、君は私に売り払うべきだ。何しろ、二億ドルが君のものになるんだから、大金持ちになれるぞ』。私は言ってやりました。『いいねえ。私に二億ドルくれたら、すべてを君と戦うために使うよ』」。

九日後、3Gキャピタルは初めての敗北を喫した。ポールマンの話によると、彼がサステナビリティ・プランで始めた仕事こそが、ユニリーバを3Gキャピタルから守ってくれた。サステナビリティ・プランのおかげで、二〇〇八年には活動家を送り込んで、抗議のためにユニリーバの本部によじ登らせたグリーンピース・UKの元代表、ジョン・ソーヴェンが、ユニリーバを援護した。[22] 農業やサービス業の労働者一〇〇〇万人を代表する国際食品労連の書記長、ロン・オズワルドもユニリーバを守ろうとした。彼はこう述べている。「クラフト・ハインツは企業がそうあってはならない姿の典型、純然たる財テク屋だ」。

ユニリーバが、買収交渉は「財務的にも戦略的にもメリットがない」、と公式に発表した後、『ビジネスウィーク』誌が、ポールマンも裏で手を回していたと報道した。実際彼は、3Gキャピタルの創業者とバフェットに、同じ主張を記した手紙を送りつけたし、彼の部下たちは、買収されたら長く積み上げてきた会社のビジネスモデルが破壊される、と報道関係者に告げていた。

敵対的買収を行う場合、クラフト・ハインツは、ユニリーバの株主の心情を自分たちの方に向けなければならなかった。そのためには集中的な広報キャンペーンを打つ必要があり、同社は、イギリスに本拠を置くPR会社、フィンズベリーを起用した。しかし、フィンズベリーの支配的株主は広告最大手のWPPで、WPPはユニリーバの数十億ドルにのぼる広告の大半を扱っていた。ポールマンはWPPのCEO、マーティン・ソレルに連絡し、報道によれば、その数時間後にフィンズベリーは新しい顧客を手放した[23]。

イギリスの最大手の企業のひとつ、ユニリーバが運命の岐路に立たされたため、首相のテリーザ・メイまで心配し始めた。オーナーが変われば人員を削減するのではないか？　最終的にイギリス以外の国に移転させるのではないか？　そうなれば国の産業基盤が打撃を受ける。ただでさえ、何十年も後退が続いているのに。EUとブレグジットに向けた交渉を重ね、国の舵取りをしようとしていたメイにしてみれば、もう心配ごとはごめんだった。

状況が不利だと理解した3Gキャピタルは、買収提案を取り下げた。ポールマンは安堵のため息をついた。買収に抵抗して成功したのは、ユニリーバがサステナビリティを重視するビジネス・ケースを実践してきた結果だと彼は考えている。「これまでにも増して、消費者は、自分が買う製品を自分と重ね合わせ、その製品が自分のライフスタイルを反映しているか、哲学を反映しているか、変化すべきだと思うことを反映しているか、と考えるようになっています」、と彼は言う。

二〇二三年四月時点の市場評価額、一三〇〇億ドルをもってしても、ユニリーバは資本主義の原動力の小さな歯車にすぎない。この一〇年間、さらに多くの企業がサステナビリティに本腰を入れるようになったが、気候危機に対応するには、企業の変化の速度は遅すぎる。「多少は勢いが出てきました」、とポールマンは言う。「もはや問題は方向性ではなく、規模とスピードなのです」。

往々にして企業は、政府の排出削減政策の障害となってきた。世界の経済産出高に占める割合が高い大企業は、政府や法規制に対する影響力も強い。企業は、政治家へのロビー活動で誰よりも多額の資金をたやすく使い、企業の利益低下を招くような法規制に反対する方向に政治的意思を向ける。資本主義は、競争によってよりよく機能する。しかし、資本主義体制の下で特定の存在があまりに力を強めると、その存在は自らの利益のために資本主義を押しつぶしかねない。このような縁故資本主義の実態を見れば、リバタリアンが理想とする、政府の法規制に縛られない自由市場が失敗する傾向にある理由がわかる。

そのような経験から、ポールマンはユニリーバのCEO退任後の二〇一九年に、多くのCEOがともに共通の目標にむけて合意形成するための非営利団体、Ｉｍａｇｉｎｅを設立した。Ｉｍａｇｉｎｅの力があれば、「底辺への競争」で競い合って短期的利益を搾り取るのではなく、共同で環境問題や社会問題に取り組むCEOの連合をつくれると彼は期待する。すでに食品業界、ファッション業界、金融業界の企業の間で協力関係が築かれ、すべての企業が具体的な気候目標を約束している。[24]「全員が文句を言いますが、全員が歩み寄るまで、私たちはCEOたちと協力します」、と彼は話し、「最終的に、私たちは政府の対策のリスク回避を図ります」、とも語った。その理由は、たとえば、石炭の使用を段階的に廃止する方針を固める、二〇五〇年までのネットゼロ・エミッション実現という気候変動計画の公表に同意する、といった一定の目標で相当数の業界団体が合意すれば、各団体は力を合わせてロビー活動を行えるからだ。

環境に配慮した活動を企業が単独で行うとしても、先行投資は避けられず、同じ道を歩まない他社に対して競争力を失う可能性がある。つまり、気候変動に取り組むことが長い目で見れば経済的に有益である可能性が高いとわかっていても、短期的な打撃は深刻な障害となりうる。ポールマンのImagineのような取り組みは、非競合的な連携を生む機会を作り出す。そうなると、複数の企業がみな同じ環境を優先する目標を約束するようになり、結果として自社が後れをとるリスクを軽減できる。

けれども、そのような連携に自発的に参加する以外にも、方法はある。より確実なのは、企業の長期的な財務実績が向上するという理由から、株主の過半数が、環境に対して適切に行動せよと企業側に求める方法だ。二〇二〇年一二月、エンジン・ナンバーワンという小規模なヘッジファンドが、エクソンモービルの取締役会に新しい役員を就任させて、化石燃料の使用を倍増させる方向性を、エネルギー転換に向けた計画に取り組む方向性へ変換させるキャンペーンに取りかかった。火のついた惑星にとって資本主義は救いの手となるかという、いわばダヴィデ対ゴリアテの戦い〔少年ダヴィデが巨人戦士ゴリアテを倒すという旧約聖書『サムエル記』の逸話にちなむ、小さな者が大きな者を倒すたとえ〕だ。

戦いの顛末を紹介する前に、不満を持つ株主がエクソンのような企業に事業の方向性を変えさせるには何をすればよいのか、おさらいしてみよう[25]。

株主は、エクソンが化石燃料に依存したまま再生可能エネルギーに投資しなければ、それが同社の将来にとってリスクとなる理由を、プレスリリースで発表したり、報道関係者に伝えたりできる。企業の経営陣、とくにCEOは、人から好かれたり尊敬されたりするのを好むので、よくないニュースは不快だろうが、だからといって企業に何らかの行動を迫るきっかけにはならない。

不満を持つ株主は他の株主に、気候変動による影響の報告書を用意すべきだとエクソン側に求めるような、強制力のない議案に賛成票を投じてもらいたいと依頼できる。過半数の株主が賛成すれば、企業側には、普段よりも強い圧力がかかり、何かをしなければならないと考える。実際にエクソンは二〇一八年に報告書を作成し、自社の戦略は事業に重大なリスクをもたらさないと示した（専門家はこの報告書を「不完全であり要求を満たしていない」とみなした[26]）。

エクソンの経営陣は毎年、役員報酬パッケージについて株主の承認を受ける必要がある。過半数が反対した場合、拘束力のない決議であっても圧力にはなるが、エクソンの上級執行役員はいずれにせよ報酬を受け取る。

同様に、エクソンの取締役は毎年選任を決議される必要があり、株主は反対票を投じることができる。ある取締役に対して過半数が反対したら、その取締役は辞表の提出を求められる可能性があり、エクソン側は別の誰かを推薦しなくてはならなくなる。しかしこの場合も、厳密には取締役会は必ずしも辞表を受理する必要はない。

もちろん、投票結果に対するエクソン側の反応に不満を持った株主は、好きな時に株を売却して構わない。大学年金基金が、抵抗する化石燃料企業から投資資金を引きあげたケースなど、気候変動活動家が大株主に圧力をかけて成功する例もある。二〇二〇年、イギリス国教会年金理事会は、まさに株式売却を行った。エクソンが、自社の化石燃料を顧客が使用したことによる排出量について毎回のように削減目標を設定しなかったため、国教会年金理事会は同社の株を売却した。[27] 考え方によっては、多くの株主がエクソンから投資を引きあげると株価が下落するので、企業側の資金調達力が損なわれ、最終的には事業免許を失う可能性もある。

しかしながら、投資引きあげ戦略では、企業の基盤事業を毀損するところまではいかない。企業が化石燃料を掘削して販売し、利益を充分に出していれば、環境に配慮する姿勢の株主が投資資金を引きあげても、他の投資家がさらに多くの利益を容易に得るだけかもしれない。また、このような利益によって、企業は資金調達が容易な状態を維持できる。気候変動活動家が長年キャンペーンを行ってきたにもかかわらず、ビル・ゲイツが化石燃料から投資を引きあげなかった理由のひとつもそこにある。[28] 彼は二〇一九年、地球の破壊から利益を得たくないと言って、ようやく引きあげを実行した。しかし彼は、投資資金を引きあげたところで、企業の進む道を変更させるには充分ではないだろうと、活動家たちに念を押した。

変化を強要するために株主がとれる戦略は、他にふたつある。ひとつは前述の敵対的買収だ。もうひとつは取締役会の支配権獲得を狙うプロキシー・ファイトだ。

敵対的買収においては、今が公開会社を非公開会社にするちょうどよいタイミングだと、大規模なファンドが他の株主を説得する場合がある。通常はその見返りとして、公開会社の株主は株式市場よりも高い株価で持株を買い取ってもらえる。いったん非公開になれば、新しい所有者は取締役会とCEOを解雇して、より環境優先の戦略を持つ経営陣に入れ替えられる。

しかし、相手企業が大きいほど敵対的買収は困難になる。クラフト・ハインツは、時価総額一四三〇億ドル、すなわち市場株価に一八％の割増を加えた額であったにもかかわらず、ユニリーバを買収できなかった。エクソンの評価額はどうかというと、二〇二〇年一二月時点では一六〇〇億ドルで、乗っ取られるリスクは低かった。

だからこそ、エンジン・ナンバーワンはプロキシー・ファイトを仕かけた。プロキシー・ファイトでは、株主は取締役会に新しい取締役を推薦して、この候補者の方が会社のためによりよい方向、つまりはすべての株主のためによりよい方向に会社の舵取りをしてくれると主張する。エンジン・ナンバーワンの場合は、エクソンの取締役会にはエネルギー産業に関する専門知識を持つ者がひとりもいないと主張した。「常識的に考えれば、エネルギー企業には、少なくともエネルギーに関わった経験を有する取締役が数人は必要です」、とエンジン・ナンバーワンの創業者、クリス・ジェームスは、ポッドキャスト「Capitalisn't」で語った。[29] そういう取締役がいないとは、「どのような企業文化なのかがよくわかるというものです。異議を唱えられるのが、よほど嫌なのでしょう」。彼はそう話した。

ジェームスはまた、現在起きているエネルギー転換という現実を受け入れることや、全排出量を公表すること、世界がパリ協定の目標を達成する助けとなるような、科学に基づく排出削減戦略を設定することなどをエクソンが繰り返し拒否している点について、エクソンの株主がかかえる不満を結果に結びつけたいと願ってもいた。しかし「私たちは気候変動をイデオロギーの問題としては語っていません」、と彼は言う。「私たちは一貫して、経済問題として話しています」。

プロキシー・ファイトは安くはつかない。攻める側の株主は、最初に資金をかけて取締役に適した候補者を探し出して説得しなければならず、次にさらに資金をかけてその候補者を他のすべての株主に売り込まなければならない。他の株主の支持が明暗を左右する。エンジン・ナンバーワンは、このキャンペーンを始めたとき、エクソンとの戦いに三〇〇〇万ドルを用意していた。

そのような支出は、プロキシー・ファイトにフリーライダーの問題をもたらす可能性がある。エンジン・ナンバーワンは、成功すればエクソンの株価が上がると見込み、それでプロキシー・ファイトの費用を補塡できると考えて賭けに出た。この場合、他のすべてのエクソンの株主は、自分の資金をまったく使わなくても自らのポートフォリオの価値が上昇することになる。一方、もしもエンジン・ナンバーワンが戦いに敗れたら、エンジン・ナンバーワンだけがすべての費用をかぶることになり、他の株主は何も失わない。したがって、他の株主にとってはエンジン・ナンバーワンのキャンペーンに参加するインセンティブはあまりないが、何が起きるかを傍観するだけという選択肢にはより大きなインセンティブが働く。

二〇二〇年一二月にプロキシー・キャンペーンが始まった時点で、エンジン・ナンバーワンのエクソンへの出資金はわずか〇・〇二%、約三〇〇〇万ドルだった。[30] このヘッジファンドはプロキシー・キャンペーンのために、それとほぼ同額を現金で払う準備ができていた。つまり、エンジン・ナンバーワンは、二〇二一年五月に予定されている投票で取締役会の席を勝ち取ればエクソンの株価は少なくとも倍増するだろうと考えて、それに賭けていた。

ジェームスの計算では、シェアの大きいエクソンの三つの株主を説得できれば、八五%の確率で、候補者リストの少なくとも数人を同社の取締役会に送り込む賛成票を勝ち取れるはずだった。三つの株主いた。[31]

とはバンガード、ブラックロック、ステート・ストリートの三社で、あわせて約二〇%の株を所有していた。[31]

この「ビッグ・スリー」は機関投資家で、顧客の代わりに資金を管理している。顧客の多くは一般の、あちこちに少額ずつ投資するのがちょうどよい程度の資金を持つ中流階級の人々だ。[32] 実際、あなたの年金投資の一部も、こうしたファンドに預けられて管理されている可能性は充分ある。二〇〇八年から二〇〇九年にかけての世界金融危機の後、インデックス・ファンドのブームが始まり、このようなファンドが地位を獲得した。

株価指数（インデックス）とは、定められた企業群の株価の変動を集約した数字だ。あるインデックスにどの企業が含められるかはさまざまで、そのインデックスに設定された基準に基づく。たとえばS&P500なら、「主要産業の主要な企業群を代表する」企業が五〇〇社選定されている。[33] 一度作成されたインデックスは、大きな力を持つ可能性がある。株式市場は活況だ、とアメリカの大統領が言う場合、彼は特定の企業や特定の産業部門について言っているのではなく、S&P500のようなインデックスに基づいて話している。イギリスのFTSE100やAtoxx Europe 600のようによく知られるインデックスは、地域経済の健全性の指標になる。おもなニュース刊行物の第一面に、こうしたインデックスの変動が載っているのを、見たことがあるはずだ。

ファンドマネージャーの立場に立てば、インデックスに投資するのは個別の株よりも安全だ。インデックスは多くの部門の広範な企業群から構成されているため、ひとつの企業や産業に大きな問題が生じても資金を失うリスクは低い。長年の財務分析により、有名なインデックスに投資した場合のリターンは、特定の株式に投資した場合よりも優れていると明らかになっている。

最も大事なのは、インデックス・ファンドのファンドマネージャーはどの銘柄をファンドに含めるかを選定する必要がないので、投資資金を管理する手数料を抑えられることだ。たとえば、典型的なインデックス・ファンドは年間手数料として投資総額の約〇・一%を請求する。他方、マネージド・ファンドが請求するのは〇・五%程度になる。手数料が低いほど、投資家が確保するリターンの割合は多くなる。

低い手数料、低いリスクとかなりの利益という組み合わせによって、インデックス・ファンドはとても人気が出た。ビッグ・スリーはこの流行を大いに利用し、アメリカの企業の二〇%以上を含む、世界のほとんどの公開企業の株式を大きな割合で所有するようになった。[34]

こうしてビッグ・スリーは多数の強大な企業で大きな議決権を持つに至ったが、最近まではそうした議決権が、気候変動対策を否定するために頻繁に用いられていた。[35] したがって、気候変動活動家はブラックロック、バンガード、ステート・ストリートを標的にするようになり、彼らが投資家の長期的利益を守る義務を放棄していること、彼らの判断に気候変動による財務リスクが組み込まれていることを問題にした。

活動家たちの憤りは、エンジン・ナンバーワンが主張を強める助けとなった。エンジン・ナンバーワンは委任状による代理投票でビッグ・スリーの支援を必要としていて、ビッグ・スリーの方は、自分たちは気候変動に関心を持って行動すると示さねばならないという圧力を感じていた。

その間も、エンジン・ナンバーワンは、エクソンに直接圧力をかけ続けていた。二〇二一年一月には、エクソンのCEO、ダレン・ウッズとエンジン・ナンバーワンの運用調査最高責任者、チャーリー・ペナーが、非公開の会話を交わした。『ニューヨーク・タイムズ』紙は、それを次のように報じている。[36]

ウッズは、世界人口の増加と生活水準の向上から生まれるエネルギー需要に応えるために、会社がどのように重要な役割を果たしていくかを話した。彼が口にしたのは、エクソンモービルは気候変動に取り組むという考え方を支持しているが、再生可能エネルギーというような分野で自社がどのような競争優位性を持てるのかはわからない、という話だった。

「貴社に投資した投資家の多くは、もっと長期的な目標を設定すべきではないかと考えていますよ」、とペナーは会話のなかで言った。

「待てよ、チャーリー、二〇五〇年の目標を、誰がどうやって達成するのか、今わかるのか?」。ウッズが言い返した。「そんな約束をしているCEOと話したことがあるのか?」。

「地球を焼き尽くさずに、どうやって自社の事業計画を遂行していくのか、わかっているというのですか?」。ペナーが質問した。

「大志があればよいというのなら」、とウッズは言って、一呼吸おいた。「私たちはその意欲を支援するよ」。

「あなたは、終わりがわからないまま何かを始め、それを最後までやり遂げたことはありますか?」。ペナーは言い返した。ペナーにしてみれば、ネットゼロ実現という目標を掲げつつもそこに至る明確な計画がないという方が、世界が脱炭素化を進めているなかで原油や天然ガスを生産し続けようと計画するよりも、まだましだった。

経営陣と活動家たちは、今後も解決を目指そうと言いつつ行き詰まりを回避し、話し合いは終わった。だが、彼らは二度と話し合いを持たなかった。

話し合いから数週間後、エクソンはふたりの新しい取締役会メンバーを選任した。ふたりのうちひとりはエネルギー業界で経験があり、もうひとりは気候変動に焦点をあてた投資の経験があった。[37] この人員追加によって取締役は一二名に増え、エンジン・ナンバーワンがエクソンの取締役会に対して抱いていた大きな懸念材料、エネルギー産業の経験者がいない点、および気候変動対策を重視したエネルギー転換に関心がない点に対して、明確な回答が示された。

これでエンジン・ナンバーワンのキャンペーンは終わるはずだった。エクソンは批判に耳を傾け、それに対応した。大株主のほとんどは概して保守的な見解を持ち、もの言う株主(アクティビスト・インベスター)よりも会社の経営陣の意向に沿う投票を行うことが多い。しかし、エクソンの財務実績の記録、株主エンゲージメントの記録は、長きにわたってあまりにも不充分で、多くの株主がエクソンには自ら新しい取締役を選ぶ資格はないと感じているようだった。

ゆえに、キャンペーンの立ち上げから三ヵ月後、エンジン・ナンバーワンが勝利する可能性はさほど低くないと思われた。ただし、エクソンがすんなりと受け入れるとも思えなかった。エンジン・ナンバーワンが株主の同意を得ようとするつもりなら、石油会社の方は脅威に対抗するためにさらに資金をかけようとしていた。三五〇〇万ドルの予算を準備し、新しいウェブサイトを立ち上げて、ソーシャルメディアで広告をうち、エンジン・ナンバーワンがたてた取締役候補に反対票を投じるように株主を説得する専門家を投入した。[38]

ビッグ・スリーを説得してエンジン・ナンバーワンが有利になるように投票してもらうと、全体の約二〇%の票を獲得できる。さらに三〇%、ないしはそれ以上あれば、プロキシー・ファイトが成功する見通しがたつ。そして、そういうときこそ、いわゆる議決権行使助言会社の出番だ。彼らは議決権は持たないが、インスティテューショナル・シェアホルダー・サービシーズ（ISS）やグラス・ルイスなど、影響力の強い会社のアドバイスは比較的小規模な機関投資家からなる株主全体の一〇％から二〇％を動かせる。

機関投資家は何千もの企業の株式を保有しているが、それぞれの企業では毎年、議決や取締役改選などの投票が行われる。機関投資家たちにはひとつひとつの議案の意義を検討する時間が充分にあるとは限らないので、議決権行使助言会社を頼って投資家の考えに合う投票行動を助言してもらう。

つまり、もしもエンジン・ナンバーワンが議決権行使助言会社とビッグ・スリーを納得させられたら、エクソンのもくろみがどうであれ勝利は約束される。エンジン・ナンバーワンは先見性のある機関投資家の助けを得て、まさにそれを実現した。

戦いの先頭に立ったのは、CalSTARS（カルスターズ）という略称で知られるカリフォルニア州教職員退職年金基金のポートフォリオ・マネージャー、アイーシャ・マスタニだ。アメリカで二番目に大きな年金基金、カルスターズは、投資先企業の経営に積極的に関わる姿勢で有名になった。過去数年の間に、マスタニと、かつてはジャナ・パートナーズのもの言う株主だったエンジン・ナンバーワンのペナーは、Appleに働きかけて子どものデバイス依存症に歯止めをかけるべくペアレンタルコントロール機能を加えさせたり、マクドナルドを説得して植物由来のハンバーガーをメニューに入れさせたりした[39]。

マスタニがエクソンにプロキシー・ファイトを仕かける案を、上司のクリストファー・アイルマンに話すと、彼はあきれ返った。「なんとまあ、もう少し小さな会社から始められないものかね？」。彼はそう答えたと、二〇二一年六月の『ブルームバーグ』で振り返っている[40]。「エクソンは怪物べヒモスだ、いじめられるかもしれないぞ」。だがマスタニは、上司を説得して承諾を取った。ペナーとエンジン・

ナンバーワンがプロキシー・ファイトの表の顔になり、カルスターズは裏で動いて支持を集めて回った。

この協力関係はたいへん重要だった。おかげでエンジン・ナンバーワンは、一二月のキャンペーン開始直後からすぐに信頼を勝ち取ることができた。当時、エンジン・ナンバーワンを知る人は誰もいなかったが、カルスターズは三〇〇〇億ドル程度の資金を運用して、エクソンの株式の約〇・二%を保有していた。割合として少ないようにも思えるが、保有株数としてはエンジン・ナンバーワンの一〇倍にあたる。

そして、前述の二〇二一年一月、エクソン側は新しい取締役の増員を発表したが、もの言う株主たちが求めている気候変動やエネルギー転換の専門家は含まれていなかったため、マスタニは議決権行使助言会社や他の大口投資家に向けたウェビナーを開催した。自分たちが推薦する新しい取締役候補に投票することが、エクソンの将来と過熱しつつある地球を気にかける株主にとっていかに重要かを彼女は投資家たちに説明した。その結果、ＩＳＳとグラス・ルイスの両方がエンジン・ナンバーワンの候補者リストの支持に回った。「彼女がいなければ、あのような結果にはならなかったと思います」。ペナーは『ブルームバーグ』にそう語った。「彼女の支援は、信じがたいほど強力でした」。

ペナーとマスタニがエクソンの他の株主に内密に働きかけていた間に、エンジン・ナンバーワンとエクソンは公然といがみ合いを続けていた。エクソンは新しい取締役を独自に指名しただけでなく、今後五年間で三〇億ドルを二酸化炭素回収（第8章参照）とその他の二酸化炭素削減策に費やすという発表もした。また、同社の気候変動対策はすでにパリ協定と合致していると主張し続けた。

数十年にわたって変化の要求をことごとく拒み続けてきた企業だけに、そのような動きを見れば、小さなヘッジファンドに脅威を感じて動揺しているのは明らかだった。「一番の驚きは、エクソンがエンジン・ナンバーワンから最初の手紙を受け取ってすぐに動き始めたことかもしれません」、とブルームバーグNEFの石油部門の専門家、デーヴィッド・ドハティは言う。[41]

エンジン・ナンバーワンはカリフォルニア大学サンディエゴ校のイノベーションおよび公共政策学教授、デーヴィッド・ヴィクターに、エクソンの主張について詳しく調査してほしいと依頼した。彼はエクソンの気候変動に関する多数のプレゼンテーションを細部にわたって読み込み、結果をホワイトペーパーにまとめた。内容は石油業界全体に対する告発であり、それにとどまらず、エクソンはどうしようもない怠け者であると明らかにしていた。[42]「エクソンモービルは、世界の流れが変化していることに気づかないまま未来を予想している」、と彼は書いている。「後に残されるのは縮小しつつある石油メジャーの集団、とりわけいまだに旧来の予測法と予測結果にしがみつくエクソンモービルである」。[43]

これとは別に、エンジン・ナンバーワンはヴィクターのホワイトペーパーに書かれた見解を盛り込んだ独自の分析を発表した。それによるとエクソンの公式声明は、同社の気候変動の取り組みについて、エンジン・ナンバーワンが算定した炭素会計結果よりもはるかにバラ色に、いいかえれば「グリーン・ウォッシング」して、説明していた。[44]

温室効果ガス（GHG）プロトコルは、任意の業界基準でありながらも広く用いられ、企業はこれに基づき、三つの区分に分けて排出量を算出する。スコープ1は直接排出を指す。ボイラーで天然ガスを燃やして社屋の暖房に使う場合などだ。スコープ2は、企業が業務で使う電力を供給するために、電力供給会社が発電する際の排出を指す。そしてスコープ3は、企業のサプライチェーンによる排出や企業の製品の使用に際して生じる排出など、すべての範囲の排出を指す。

エクソンにとってさらに厄介だったのは、私が『ブルームバーグ・ニュース』の同僚、ケヴィン・クロウリーとともに、エクソンはパンデミック前の時点では、二〇二五年までにスコープ1と2の排出量を一七％程度増加させる計画だったと示す文書を、二〇二〇年一〇月に確認していたことだ。当時、同社はスコープ3の排出量を報告していなかったが、私たちはそれも同じくらい増加すると予測した。事実上、同社内部の計画は、パリ協定が求める排出量削減およびその迅速化とは反対の方向を向いていた。[45]

石油会社の場合、スコープ3の排出量は業界の総排出量の八〇％以上となるのが一般的だ。というのも、スコープ3には石油会社が生産して販売する化石燃料を顧客が燃やすときに発生する排出量が含まれるからだ。GHGプロトコルが開発されたのは一九九〇年代の終わりだが、広く使われるようになったのはパリ協定の署名が行われた後だった。二〇〇〇年代には、石油会社はそろってスコープ3の排出量の報告を敬遠した。顧客が製品をどう使用するかなど、コントロールのしようがないというのが彼らの言い分だった。

だがもちろん、それはばかげている。石油会社が販売する石油と天然ガスの大部分は、燃料として燃やされる。その事実を無視するのは、石油業界の実際の排出による影響から目をそらすのと本質的に同じだ。「石油産業全体の将来が、スコープ3の排出量をどうするかにかかっています」、とヴィクターは言う。「個々の企業にとってはコントロールの範囲外だとしても、スコープ1、2、3を下げなければならない世界で今後の方針についてビジョンを持たない企業は、変革しなければ消滅する業界の責任についてもビジョンを持っていないことになります」。

何年にもわたって活動家から圧力をかけられた末、二〇一〇年代に入ると、石油会社は少しずつスコープ3の排出量を報告するようになり、その責任も取るようになった。エクソンは最後まで抵抗し続けた石油メジャーのひとつだったが、エンジン・ナンバーワンのキャンペーンによって折れるしかなくなった。けれども、二〇二一年に初めて数字を報告してからも、同社は排出量を削減する方法を何ひとつ提示せず、責任を否定し続けているように見える。

電話や手紙は奏功した。投票日には、エンジン・ナンバーワンの候補者たちは、ビッグ・スリーおよび議決権行使助言会社のISSとグラス・ルイスの支持を得ていた。ジェームスとペナーは候補者たちの形勢についてよい感触を得ていた。しかし株主の議決権行使では、民主的選挙とは異なり、締め切りの直前まで、自分の投じた票を撤回して別の選択をした票を改めて投票できる。ペナーは二〇二一年五月二六日、エクソンの年次株主総会で最後の機会にかけ、投票が締め切られる前に、同社の経営陣とすべての株主に直接話をした。

「エクソンモービルはエネルギー関連の経験がある適任者を取締役会に加えるという意見を受け入れず、再び徒党を組んでいると私たちは考えます。そのようなアプローチをとれば、長期的にはますます利益が減少するのですが。幸いにも、と私たちは思いますが、今日の投票の結果にかかわらず、変化は訪れています」、と彼は話した。そして、人類を崖から突き落とすような事業はよい事業とはいえないと、投資家は受け入れ始めています、とつけ加えた。[46]

すると、普通なら起こらないことが起きた。エクソンが一時間の休憩を宣言して投票受付時間を延ばそうとしたのだ。株主たちが記憶する限り、これまで同社が年次株主総会を中断したことはなかった。エンジン・ナンバーワンのチームは、エクソンがその時間を利用して投票に影響を与えようとしているのではないかと疑った。そして、他の株主がエクソンから電話を受けたと聞いて、その疑いが当たっていたのが判明する。そのような口説きに対抗するため、エンジン・ナンバーワンの広報はテレビ局のプロデューサーに電話をかけて、ペナーをゲスト出演させようとした。

「まるで『バナナ共和国』にいるような気分です……エクソンの取締役たちは今まさに、大株主に電話して投票を変更させようとしているところです」。彼は休憩時間が終わるのを待つ間、CNBCにそう語った。[47]「これは、古典的な不正行為で、この会社を前進させる方法だとは言えません」。

エクソンは、投票がまだ終わらなかったので時間を延長したと説明した。「株主にさらに投票時間を与えると不都合がありますか?」、とCNBCのレスリー・ピッカーが質問する。「最終的には、より完全な結果が出る可能性があると思われますか?」。

「彼らはすでに投票をすませた人に電話して、投票内容を変えるように頼んでいます」、とペナーは答えた。「そして彼らは、彼らだけが持つ権限で、賛成票が充分に集まった時点で投票を締め切ることができるのです。これは民主的な投票機会拡大ではありません。その反対です」。

だが、この方法はエクソンに効果をもたらさなかった。休憩時間が終了すると、同社は、エンジン・ナンバーワンがたてた候補者四名のうち二名が取締役会の席を得るのに充分な票を獲得し、一席は票数が接近しているためまだ発表できないと述べた。「歴史的敗北」だったと、『フォーチュン』誌は結論づけた。[48]『ブルームバーグ』は、CEOが「痛烈な敗北」を喫したと報じた。[49]『ヴォックスメディア』は、大手石油会社にとって「報いを受ける日」となったと記した。[50]『ニューヨーク・タイムズ』紙は、「ウォールストリートがエクソンに反逆」、と書いた。[51]

一週間後の六月二日、票数が接近していた決議はエンジン・ナンバーワンの候補者の当選となり、取締役会の合計三人分の席がエンジン・ナンバーワンに与えられたとエクソンが発表した。[52]同社の株価は六五ドルに跳ね上がり、一二月のプロキシー・キャンペーン開始当時の株価の倍近くになった。エンジン・ナンバーワンは三〇〇〇万ドルの予算を用意したが、最終的にかかった費用は一二五〇万ドルだけで、[53] 株価の上昇額はこの費用をはるかに上回った。

エクソンの株価は以後さらに上昇し、二〇二三年四月には一一五ドルに達した。とはいえ、近年の上昇はロシアがウクライナを攻撃したことによる原油と天然ガスの価格高騰による部分が大きい。同社はその記録的利益を利用して化石燃料強化の戦略を維持するつもりだが、だからといって気候変動を重視する投資が引きあげられるわけではない。二〇二二年にインフレ抑制法が成立した後、エクソンは二酸化炭素回収プロジェクトへの意欲も拡大させ、同社のエネルギー転換戦略を知りたがる投資家に向けたイベント、ローカーボン・ソリューションズ・スポットライト・デイまで開催した。

取締役会の席を三つ勝ち取ったことは企業クーデターには違いないが、それでも取締役会全体の二五％にすぎず、エンジン・ナンバーワンは変化がすぐに起きるといった幻想は持っていなかった。ジェームスが彼らの候補者に賛成票を入れてくれる株主に念を押したのは、エクソンが化石燃料から離れつつある世界に自社のビジネスモデルを適応させるには、たっぷり一〇年はかかるだろうという点だ。[54] とはいうものの、この勝利によって、株主はどんなに大きな企業であろうと、どんなに有名な企業であろうと、経営者に行動を強いることができると証明された。

エンジン・ナンバーワンは成功によって、アメリカの証券取引所上場企業への議決権を持つ上場投資信託を立ち上げた。上場投資信託はS&P500のリターンを得るが、エンジン・ナンバーワンは長期的利益を見据えながら環境、社会、ガバナンス（ESG）に配慮して議決権を行使する。つまり、ファンドとしてはビッグ・スリーと変わりがないが、唯一の違いは議決権はESGの観点からよりよい結果を生むように行使されると、最初から通知されている点だ。またこのエンジン・ナンバーワンは、気候変動問題に関して大きく遅れている企業をターゲットとして、もの言う株主であり続けることも約束している。

気候変動活動家が気候危機の根本原因として資本主義を非難する場合、怒りの矛先がたびたび向けられるのは、アメリカ人経済学者、ミルトン・フリードマンだ。一九七〇年、彼は『ニューヨーク・タイムズ・マガジン』に寄稿した小論でこう宣言している。「企業の社会的責任は利益を増やすことだ」[55]。彼が三〇〇〇語足らずの文章で、経済はどのように機能すべきかというビジョンを提示して以来、企業の中核機能に関する意見は大きく分かれている。

フリードマンによると、企業を設立するのは商品の製造やサービスの提供といった特定の目的のためだ。経営陣はこの目的に向けて最大限の努力で舵取りをするために雇われ、そのプロセスにおいて株主に金銭的な成功をもたらす。しかし、もしも企業が社会的責任も負うことを求められた場合、どちらを理念とすべきかという問題に気を取られ、悪くすれば、本来は事業に費やしたり、株主に利益として還元したりできたはずの資金を、そうした社会的責任のために費やすことになる。

企業はどのように機能すべきかというフリードマンのビジョンにおいてさらに重要なのは、どの社会的大義に資金をかけるかという選択は政治的な行為だという彼の主張だ。選挙で選ばれたわけではない企業の経営陣が手を出すべきではないというわけだ。株主が社会の利益のために行動したいのなら、自分が株主となっている企業から得る利益を使って個人として行えばよい。

彼の研究にはいくつかの大きな問題があり、その問題を検討すれば、気候危機の根本原因は資本主義ではなく、資本主義の腐敗である理由がわかる。[56]

フリードマンの母校、シカゴ大学の経済学者、マリアンヌ・ベルトランは、彼の小論は株主にとってよいことは社会にとってもよいことだという単純な信念に依拠していると言う。彼女は、おそらくフリードマンは自分の説の瑕疵のいくつかに気づいていたと考える。だからこそ彼は、企業は「社会の基本ルールに従いながらできる限り多く儲ける」べきだと書いた。言外の意味は、利益最大化と社会福祉の按配を再調整する法律を策定するのは政府だ、ということだ。けれども、立法府の議員の大多数は企業から政治献金を受け取り、もはや国民の代表ではなく、株主の雇用者となっていると彼女は結論づける。

二〇一八年に刊行された『勝者総取り』（Winners Take All）の著者、アナンド・ギリダラダスは、企業は利益を上げるという道から外れるべきではなく、政府が果たすべき公共の福祉につながる機能を担うべきではない、というフリードマンの信念に同意する。ただし、そうであれば、とギリダラダスは指摘する。企業が「自己の保身で完全に正当化する」善意の支出をフリードマンが支持するのは、一貫性に欠ける。つまり、企業は政府に働きかけて、民間企業がすべての人にとって最大の利益を生み出せるようなルールを策定させるべきなのだ。ところがフリードマンは、企業が公共の利益を気にかけなくてもよいように、道義的責任を果たしているかのような口実を与え、公共問題に干渉して利益が最大になるようにルールを改めさせようとしている。

同じシカゴ大学の経済学者、ルイジ・ジンガレスは、株主の利益最大化を優先すべきだという彼の言葉を仮に受け入れてみよう、と言う。[57] もしも社会の目標が教育支援ならば、地域の大学に一ドルの寄付をするのが株主であれ、企業であれ、違いは重要ではない。しかし、目標が汚染の低減だとすれば、企業が汚染をもたらす前に止める費用は、後から株主が浄化する費用よりもずっと少ない。

利益の最大化というフリードマンの教えに従うべく、企業は経費や投資を削減してきた。たとえそれが不安定な雇用、最低賃金の不払い、環境汚染、税金の回避、そうした社会悪が違法とならないように法規制に影響を与えることにつながったとしても構わない。だがそれは、どう考えても人や地球にとってサステナブルなモデルではない。だから企業は、この教えから離れるようになった。

二〇一九年、フリードマンの小論が発表されてから五〇年近く経って、ビジネス・ラウンドテーブル〔アメリカの大手企業のCEOの団体〕がフリードマンの考えの中心にある信念を非難する公開書簡を発表した。[58] ビジネス・ラウンドテーブルは、自らも一九九七年以降「株主至上主義、つまり企業の存在意義は主として株主に仕えるためにあることを承認」してきたと認めた。世界最大級の力を持つCEO、数百名が署名した公開書簡は、企業の目的を再定義している。それには、企業は「すべてのステークホルダーに対して基本的な責任」を有すると記され、顧客、従業員、サプライヤー、職場のコミュニティー、環境、株主という具合に、ステークホルダーを列挙している。

ポールマンがユニリーバで挙げた実績を見れば、企業は株主の利益を犠牲にせずに、そうしたことを実現できるのがわかる。またエクソンがエンジン・ナンバーワンに敗北したことは、将来について長期的に考えない企業を投資家はいさめたいと望んでいることの証左だ。もはや気候変動問題は資本主義と対立関係にはない。間違いなく資本主義の推進派は、資本主義は気候変動問題を悪化させるのではなく、解決するのだと、いっそう強く考えている。

第12章 次のステップ

期限内にゼロ・エミッションを実現することは、すべてを変えることでもある。不可能な仕事だと思えるが、これまで検討したように、経済による問題解決は完全に理にかなっている。私たちは絶えず、新設と再編を繰り返してきた。したがって、数十年以内にゼロ・エミッションの世界を作り出すことは可能だ。そして今では、世界を破壊するよりも救う方が間違いなく安くあがる。

ゼロ・エミッションの実現は、計り知れないほど大きな仕事になる。だが、中国でもカリフォルニアでも、すでに大規模な転換が始まっているので、私たちはそこから学べば多少は容易に実行していける。気候変動対策を大きく展開しているすべての実例において、人、政策、財源、テクノロジーの組み合わせが奏功しているが、その組み合わせは国によって異なる。

インドで太陽光発電を拡大する際に役立つことは、アメリカでは役に立たないかもしれないが、ナイジェリアでは役立つ可能性が高い。中国で電気自動車を製造する際に役立つことは、ヨーロッパでは役に立たないかもしれないが、サウジアラビアでは役立つ可能性が高い。デンマークで風力発電を拡大する際に役立つことは、チリでは役に立たないかもしれないが、アイルランドでは役立つかもしれない。

これまでのところ、気候変動との戦いではテクノロジーの進歩が明るい材料として輝くケースが多かったが、こうしたテクノロジーを大規模に展開していくには、それを助ける枠組み作りが不可欠で、枠組みがなければよいニュースは決して続かない。よい法律（第10章）、支えとなる国際機関（第5章）、利用しやすい民間資本（第6章）があればこそ実現できる。特別な手段が見つからないとしても、資本主義において最強の力を持つ株主たちが、いよいよ自らの手で問題に対処しようとしている（第11章）。

今後数十年の展開がどうなるかは、私たちにかかっている。テクノロジーの可能性と限界を理解することが大切であり、よい政策の微妙な意味を理解し、起業家精神の実現を支援することも大切だ。

この本では、たいへん意義のある気候変動対策をいくつも取り上げてきた。太陽光発電、風力発電、バッテリー製造、電気自動車、法律、政策などだ。だが、すべてを語り尽くせたわけではない。たとえば、水素、培養肉、メタン排出量削減の新手法については、充分に紹介できなかった。島嶼地域や世界の非常に貧しい国々で必要とされる対策についても、探っていくことができなかった。それでも、それぞれに異なる政治環境、財政環境で対策の規模を拡大するストーリーや、規模拡大を支えるエコシステムを構築するストーリーが、次の数十年間をどう方向づけてゼロ・エミッションを実現するか考えるための、確かな枠組みとなってほしいと願う。

気候変動に取り組むために必要な力は、ようやく形になり始めた。どこまで推し進められるかは、権力の座にある者次第だ。権力を持つ者たちが行動を起こさないとしても、大多数の国民がじっと黙ったまま結果に苦しむという可能性は低い。二〇一九年四月に、わずか一二時間の間にロンドンで起きたできごとから、それがわかる。

サラ・ブリーデンとファルハナ・ヤミンは、それぞれが深く懸念する問題について自らの考えを表明するため、何週間もかけて準備をした。ふたりとも、職業では二〇年以上の経験があり、行動を呼びかける準備は充分に整っていた。しかし、ふたりが考えを主張しようとした方法は、大きく異なった。

ブリーデンが選んだ会場は、世界の金融の中心地、ロンドンのシティにあるビルの会議室だった。「今日お話しする私のメッセージは、とてもシンプルです」。彼女はロンドンに拠点のあるシンクタンク、公的通貨金融機関フォーラムが主催する会議で話し始めた。[1]「気候変動は、経済と金融システムに多大なリスクをもたらします。そのリスクは抽象的で遠くにあるように感じられるかもしれませんが、実際は非常に現実的で、刻一刻と迫っており、今日にでも行動を起こす必要があります」。

ブリーデンは当時も今も、イングランド銀行のエグゼクティブ・ディレクターの職にある。イングランド銀行はイギリスの通貨や政策金利を管理し、銀行システムを規制し、世界の多くの国の中央銀行のモデルとなっている。当時の彼女に与えられていた権限は、ロンドンに支店がある国際銀行の管理職を監督することで、いうなれば彼女の仕事相手は、ほぼすべての重要な世界的金融機関だった。四月一五日に行われた彼女のスピーチの聴衆は、政府の大臣、投資銀行家、アセットマネージャー、金融格付機関の職員など、何兆ドルもの資金を動かす有力者ばかりだった。

ブリーデンの気候変動に関する発言は、中央銀行の銀行家としては大胆だった。「気候変動は前例のない試練です」、とブリーデンは警告した。「こう申し上げるのは残念ですが、私たちには頼りになる海図も何もありません」。環境破壊による何百万人もの死、何兆ドルもの損失の可能性という危険に、私たちはさらされている。気候危機は人類が過去二〇〇年間に積み上げてきた驚異的な進歩を止めてしまう可能性があるばかりか、最悪のシナリオでは後戻りが始まるかもしれない。

中央銀行が求められるのは金融機関の「安全と健全性」の確保であって、世界を救うことまで心配すべきではないのでしょう、とブリーデンは言った。しかし、気候変動は現実世界のリスクを金融業界にもたらす。たとえば、海面の上昇で家に住めなくなれば、家の所有者は住宅ローンを返済できなくなる可能性がある。気候変動が政策に影響を与え、事業リスクが生じる可能性もある。たとえば、政府が石炭の使用禁止に踏み切れば、上場企業が破産する可能性もある。このような懸念は、過去三〇年の間に、さまざまな形の警告として発せられていたが、それでも排出量が増え続けたという事実があるのは、注意を払う人がほとんどいなかったからだ。

二〇世紀のアメリカの経済学者、ハイマン・ミンスキーは、かつて銀行家、投機家、その他の金融関係者が定期的に放火犯の役割を果たして経済全体を燃え立たせると指摘した。もちろん、意図して燃え立たせるわけではないにしても、多くの場合、あるタイプの金融資産が崩壊した結果として大火は起きる。たとえば、化石燃料企業の株式だ。化石燃料企業の株価が下落し、それがきっかけとなって内燃エンジン車を製造する企業、石油をプラスチックに変える企業、石炭火力発電所を有する企業など、他企業の株価の下落が起きる。すると、次は市場がパニックを起こし、経済全体で安売りが広がり、景気後退の引き金となる。

ブリーデンから見て、すでに世界の一部で火がついていることは明らかだった。比喩的にも、文字通りの意味でも。彼女は金融システムを、さらに燃料を投げ入れるためではなく、火消しのために活用したかった。また彼女は、金融システムは徐々にゆっくりと変化を加えると最も効果的に機能することも知っていた。彼女はこう話した。金融システムは、「高速の双胴船ではなくて超大型タンカーの船団のようなものです。したがって、航路を変更するには、早めの行動開始、持続的な取り組みが必要で、正確にやろうとして手遅れになるよりは、おおざっぱでも今すぐ始める方がよいという認識も必要です」。

その翌日、ファルハナ・ヤミンはシティからほんの数キロ離れた場所で、今さら放火犯たちに理屈で説明しても、もう遅すぎると気持ちを固めた。彼女は、強力瞬間接着剤の容器から蓋を外し、両手に中身を絞り出した。彼女が立っていたのは、石油最大手、ロイヤル・ダッチ・シェルのロンドン本部の外だった。

その数時間前には、抗議する活動家たちが、二七階建てのシェル・センターの、ポートランド石の壁に「シェルは知っていた」、「気候犯罪者」、などとスプレーで書きつけた。警察は三人の活動家を逮捕したが、別のふたりの活動家が入口の上にあるガラスの庇によじ登り、その後、梯子を引き上げた。警察は非常線を張って、それ以上の破壊行為をやめさせようとした。数時間交渉を続けた後、ふたりはついに降伏して庇から降り始めた。

ヤミンはビルに登る騒ぎには関わっておらず、人々が気を取られているすきに一目散に走り、警察の非常線の下をくぐった。ところが、ひとりの警官が彼女の右腕をつかみ、彼女はその瞬間に力を抜いた。倒れるときに、左の手のひらを開いた状態で地面についたため、手が離れなくなった。「私、地面に接着されました！」、と彼女は叫んだ。警官が手を離したので、彼女は右の手のひらも地面に押しつけた。

数メートル離れたところにいた夫のマイケルと息子のラフィは、ヤミンが法律を破るところを見ていた。「彼女は弁護士です」。後にマイケルは、報道陣にそう話した。[2]「彼女は法の支配の正当性を信じています。けれども、場合によっては、非暴力の市民的不服従が必要なこともあります」。

ヤミンはただの弁護士ではない。初の国際炭素市場を開設した一九九七年の京都議定書や、世界屈指の進歩的な気候変動対策法のひとつである二〇〇五年のEU域内排出量取引制度など、国際環境法の制定に二五年間携わってきた。気候問題に関する最高位の世界的機関、気候変動に関する政府間パネルによる三通の報告書では、主執筆者を務めた。彼女自身が何よりの誇りとしているのは、ネットゼロ・エミッションの枠組みを二〇一五年のパリ協定に組み込んだことで、それには世界中のすべての国が署名した。

今、ヤミンはシェルのオフィスの外で地面に接着されていて、そこから世界の報道陣に向かって発言した。「化石燃料企業は、世界中で法案成立をつぶそうとしており、自分たちの力を使ってあらゆることを行い、各国政府の気候変動への取り組みを阻止してきました」、と彼女は述べた。「ここで働く人は、目を覚まさなければいけません。この建物に出入りする人はみな、世界の命運を踏みにじっています」。

計算された行動だった。ヤミンは、おそらく自分は逮捕されて告発されるとわかっていた。「だから私はここにいるのです」、と彼女は言った。「どこであろうと、私が進んで出頭する裁判所では、いかなる陪審員も真実を見出すでしょう。化石燃料企業は嘘つきで、誰かにお金を払って自分たちのために嘘をつかせているという真実です」。彼女は、自分の行動がニュースの一面に掲載されることもわかっていた。そして彼女は、実際に逮捕された。翌朝、捜査の結果が出るまで保釈されると、BBC、Channel4、ITVなどのテレビ局が、話を聞かせてほしいとヤミンを招いた。

ヤミンは、エクスティンクション・リベリオンという活動家グループのリーダーのひとりだ。彼女がシェルのロンドン本部の前で逮捕された週、当局は他にも一一〇〇人以上の活動家を、イギリスの首都機能を妨げたとして逮捕した。抗議活動を行った場所のひとつひとつが、エクスティンクション・リベリオンの四つの要求を反映している。

メンバーはまず、オックスフォード・サーカスの人通りが多い横断歩道に、船体に塗料で「真実を話して」と書いたピンク色の船を引っ張って行った。二〇一六年に暗殺されたホンジュラスの環境活動家の名をとってベルタ・カセレスと名づけられたこの船は、この抗議活動では演壇として使われ、そこでDJが音楽を流し、有名人がスピーチをした。エクスティンクション・リベリオンの一つ目の要求を表す行動だった。政府は気候緊急事態を宣言して、次々と明らかになる大惨事について真実を知らせよという要求だ。

同じ時刻に、オックスフォード通りの端にあるマーブルアーチの近くで、別のメンバーが、表面に「エコサイド」と書いた空気で膨らませた象を使って交通を遮断した。エクスティンクション・リベリオンの二つ目の要求を表す行動だった。生物多様性を失わせる原因となる行いをやめよ、という要求だ。

さらにメンバーは、ロンドン中心部に向かう主要な道路のひとつである、テムズ川にかかるウォータールー橋にトラックで向かい、そのトラックで道を塞いで橋の上を公園に変えた。エクスティンクション・リベリオンの三つ目の要求を表す行動だ。イギリスは二〇二五年までにカーボン・ニュートラルを実現せよという要求だ。

また、ウェストミンスター宮殿の前にあるパーラメント・スクエアでは、メンバーが気候科学に関する講演を主催し、デーヴィッド・アッテンボローが二〇一九年に制作したドキュメンタリー番組、『気候変動の真実』を上映した。この活動は、エクスティンクション・リベリオンの四つ目の要求を表していた。政府は、気候変動とどのように戦うのが最善かを話し合う市民議会を設置せよという要求だ。

ヤミンがシェルの建物の外で自らを地面に接着して、弁護士として法律を破ることを選択したとき、彼女は世界中の何万もの人々の不満を体現していた。圧倒的な証拠があるにもかかわらず、凝り固まったシステムが一番抵抗の少ない道を取りたがることに対する不満だ。ヤミンとエクスティンクション・リベリオンの活動家たちは、これ以上我慢しないと決断したのだ。

会議室のブリーデンは本領を発揮して、内部から企業を変えようとしていた。「気候変動のリスクは」、と彼女は語った。「非常に広範囲に及びます。すべての地域、すべての産業部門の、あらゆる経済主体に影響が出るでしょう。リスクはきわめて近いところに迫っています。いつ何が起こるかを、今の時点ではっきりとお伝えすることはできません」。しかし、と彼女はつけ足した。「何が起こるのかはっきりしないからといって、不作為や惰性につながってはなりません」。

ブリーデンの言葉は、切迫した話ぶりによってますます力強くなった。「そうした将来のリスクの大きさは、今日、私たちがとる行動によって決まります」、と彼女は続けた。「気候変動は地平線(ホライゾン)の悲劇です。気候変動が生み出すリスクが明らかになり、私たちがそれを取り除きたいと思ったときには、すでに行動を起こすには遅すぎるかもしれません」。

過去二世紀における人類の経済的発展の大部分は、化石燃料と結びついていた。この結びつきはあまりに直接的で、今でも開発途上国の経済成長を予想する際には、化石燃料使用量の上昇が非常に大きな要素となるほどだ。しかし、化石燃料の使用を減らしながら成長する先進国の登場で、このパターンは崩れ始めている。一九九〇年から二〇一七年までに、イギリスの経済は、二酸化炭素排出量が四〇%減少したにもかかわらず、六〇%成長した。

パリ協定以降、世界各国の政府は行動を起こし始めた。だが、必要な変化の規模があまりに大きいため、民間資本が役割を果たす必要がある。「政府はいうまでもなく、気候政策を通じて行動を起こすべきです」、とブリーデンは話した。「しかし、気候変動がもたらす金融リスクは、将来的には世界中のすべての国で管理される必要があるため、行動を起こすことは金融会社、中央銀行、行政官の義務でもあります」。

ブリーデンは、正しい軌道に乗せる時間はまだあるという希望を持っている。二〇〇八年の世界金融危機の最中もイングランド銀行に在籍し、その後世界が回復していくさまを目の当たりにしたため、彼女は自分の同僚を強く信頼しており、世界のシステムは正しく機能するはずだと確信している。

ヤミンと、ロンドンの路上にいた他のメンバーは、世界の将来に希望を抱いてはいたが、経済システムにはほとんど信頼を置いていなかった。非公開の会議で金融関係者に話をしたところで、経済システムの変化にはつながらないというのが彼らの結論だ。もっと大きな声で行動を求める必要がある。「私たちは、存在の危機に直面しています。人類は岐路に立っているのです」。二〇一九年四月二一日、アースデイにマーブルアーチで行ったスピーチで、グレタ・トゥーンベリはそう宣言した。その頃、エクスティンクション・リベリオンのメンバーは、ロンドン中心部のあちこちにちらばる抗議活動の道具を片づけ始めていた。グレタ・トゥーンベリはスウェーデン人のティーンエイジャーで、気候のための学校ストライキを始めた人物だ。彼女が二〇一八年に始めたストライキは、それから半年余り過ぎた二〇一九年三月、四月には一六〇万人以上の学童が参加するほどに成長し、世界中の子どもたちが行進した。権力者に対する彼らの要求はシンプルだ。危機にふさわしい行動をとってください。

裕福な金融関係者に気候変動との戦いを始めるように促したブリーデンのスピーチと、気候変動対策の進展を妨げていると思える石油会社に対するヤミンの反乱は、わずか数時間の違いでほぼ同じ時間帯に行われた。ふたつのイベントがともにイギリスで行われたのであれば時間帯が重なっていても驚くにはあたらない。イギリスは、気候変動による大惨事を防ぐためにすべきことと、国民が現実に行っていることとの隔たりがよくわかる手本のような国だからだ。イギリスは二〇〇八年に、世界初の法的拘束力のある気候目標を定めた。そして、以後、欧米の経済大国のなかではどこよりも二酸化炭素排出量の削減に努めてきた。イギリスでは、アメリカ、カナダ、オーストラリアなどとは違って、すべての政党が気候変動との戦いを支持する姿勢で一致している。それでもイギリス政府の気候変動委員会は、パリ協定で決定した目標はもちろんのこと、それよりも緩やかなイギリス独自の気候目標についても、この国は達成に向けた軌道に乗っていないとして、二〇一九年から警告を発し続けてきた。イギリスが充分な行動をとっているとは到底言えない状態ならば、地球上の他の国々にはどんな希望が残されているというのか？

サラ・ブリーデンは人々の生活を向上させ、気候変動と戦うために大きな資金を活用したいと考える。ファルハナ・ヤミンは現状を変えたいと考える。気候問題の解決を妨げる何かがあるからだ。

別の見方をすると、ブリーデンとヤミンの行動は、ふたりのダヴィデがゴリアテに立ち向かうようなものかもしれないが、じつは、ゴリアテを倒そうとしているのではなく、むしろゴリアテという巨人を味方につけて、より巨大な悪魔、すなわち気候変動を倒そうとしているのだ。ひとつの集団が別の集団を止めるために戦うのでなく、みなが一緒に戦えばよい。新しい経済システム、すなわち気候資本主義を生み出すためのこの戦いは、今後数十年の最重要課題となるだろう。未来の世代のために地球を守りたければ、気候資本主義を理解することがとても重要だ。

これから起こる混乱を考慮すると、ゼロ・エミッションへの競争は順調にはいかないだろう。歴史を手本とするならば、失敗につぐ失敗となりかねない。それでも、この問題に取り組むために必要な主力部隊、すなわち政治、テクノロジー、資金は正しい方向に向かっており、多くの人が次々と問題解決に焦点を合わせ始めている。残り時間が少なくなってきたので、速度を上げなければ。

謝辞

表紙にあるのは私の名前ですが、本書は多くの人の助けがなければ書き上げられませんでした。実際の引用の有無にかかわらず、インタビューに応じてくださったすべての方が、アイデア、会社のあり方、経営方針などを私に調査させてくださったことに深く感謝申し上げます。

『Ｑｕａｒｔｚ』の私の担当編集者、イライジャ・ウルフソンは、話の流れ、主張の説得力、説明の深さ等、内容について熟慮するにあたり、なくてはならない存在でした。気候変動対策に関するストーリーを紹介する試みをさせてくださった、『Ｑｕａｒｔｚ』のケヴィン・ディレイニー、ジェイソン・カライアン、ギデオン・リッチフィールドにも感謝します。また、中国に関する章は、エコー・ホアンとベイメン・フーの協力がなければ書けませんでした。

『ブルームバーグ・ニュース』の同僚たちの支えは、多忙な報道スケジュールのなかで本書を完成させるうえで、とても大きな助けとなりました。世界は、いっそう激しくなる気候変動の影響を受けるだけでなく、パンデミックや経済的な打撃にも見舞われ、私たちは気を緩める余裕がありませんでした。励ましてくれた、アーロン・ルツコフ、シャロン・チェン、ジョン・フラハー、ウィル・ケネディに心から感謝します。エリック・ロストン、ウィル・マシス、ケヴィン・クロウリーは執筆のサポートもしてくれました。

ジョン・マレー社のジョージーナ・レイコック、ジョー・ジグモンド、シアム・ハツゾウ、ロージー・ゲイラー、アリス・グラハム、アンナマリー・フィッツジェラルド、キャロライン・ウェストモア、この本にチャンスを与えていただいたことに感謝申し上げます。エージェントの皆さんにも感謝しています。執筆を終えるまで四年もかかりましたが、その間、平静を保てるように力を貸してくれたジョナサン・コンウェイ、ファクトチェックをしてくれたマリヤム・ヘイダー、原稿の整理をしてくれたヒラリー・ハモンド、校正をしてくれたローレンス・コール、御礼を申し上げます。草稿を読んでくださったアーロン・ルツコフ、ジョン・フラハー、ウィル・ケネディ、ジェイソン・カライアン、フランシス・ケーンクロス、シッダース・シン、モニック・グプタ、ダイアンナ・カライアン、ムン・キート・ルーイ、アンヌ・コルナーレン、エリック・ロストン、ウィル・マシス、オリヴィア・ルドガード、ナターシャ・ホワイト、ガウタム・ナイーク、クレイグ・トゥルーデル、シオバーン・ワグナーからの意見は、たいへん役立ちました。

そして、どんなときもそばにいてくれた妻のディークシャには、特別な感謝をささげます。両親のサンギータとヘマントには、尽きることのない支援と激励に感謝します。姉のスラービ、表紙のデザインを手伝ってくれて、ありがとう。

訳者あとがき

本書は、二〇二三年に刊行された、アクシャット・ラティ著『*Climate Capitalism*』（気候資本主義）の全訳です。アクシャット・ラティ氏は、今のところ日本での知名度はさほど高くありませんが、イギリスのオックスフォード大学で有機化学博士号、インドのインスティテュート・オブ・ケミカル・テクノロジーで科学技術学士号を取得したのち、ニュースウェブサイト『Ｑｕａｒｔｚ』、『エコノミスト』誌の記者となり、現在は『ブルームバーグ・ニュース』のシニアレポーターであり、ポッドキャスト『ゼロ』のホストも務めています。環境問題を取材する記者としてさまざまな賞を受賞し、その仕事は世界の有力紙、『ニューヨーク・タイムズ』、『ワシントン・ポスト』、『ウォールストリート・ジャーナル』、『フィナンシャルタイムズ』、『ガーディアン』などで取り上げられてきました。本書は二〇二四年の「カリンガ文学祭」で、ＫＬＦビジネスブック賞２０２３―２４を受賞しています。

ラティ氏は冒頭から、「今や、世界を壊すよりも救う方が安くあがる」、と刺激的な言葉をぶつけて読者を引き込みます。なぜ地球を壊すよりも救う方が安あがりなのか。本書では、気候テックの先端を行く人々へのインタビューとさまざまなデータをもとに、その理由が語られています。

人類は産業革命以降、それまでと比べて大量にエネルギーを消費するようになりました。経済、社会、文化は大きく発展しましたが、それにともなってエネルギー消費のスピードが加速度的に増し、二酸化炭素が大量に放出され、地球の平均気温が上昇し続けて今日の状況に至っています。昨年も私たちは観測史上最も暑い夏を経験しました。暑さで人の命が奪われることが珍しくはなくなり、熱中症予防は大きな関心事です。極端な気象現象による大災害も日本を含む世界各地で頻繁に発生し、日本に到達する台風は、今後は勢力が強く、迷走し、広範囲で雨を降らせるのが「ニューノーマル」だと報じられています。このように一昔前と比べて自然環境が大きく変化した原因は気候変動であり、これ以上温暖化が進まないようにする対策は待ったなしの、時間との勝負というところまで来ています。

一方で、世界には気候変動を否定する政治家もいます。アメリカのフロリダ州知事は、二〇二四年五月、「気候変動」に関する記述を州法から削除する法案に署名し、七月に施行されました。しかし、フロリダ州でも目前の危機が深刻であるのは事実で、周辺の海面は他よりも速いペースで上昇していて、二〇一〇年以降で一五センチ上がりました。洪水などの災害リスクが高すぎるため、一部の保険会社が州から撤退する事態となっています。ひるがえって日本の場合はどうかといえば、二〇二三年六月に「脱炭素成長型経済構造への円滑な移行の推進に関する法律（GX推進法）」が施行され、重い腰を上げて脱炭素社会を目指すスタートラインに立ったものの、政府にも社会にも、まだのんびりとしたムードが漂っているように感じます。

世界が気候危機に直面していると知りながらも、対策に向かう熱やスピード感がさほど感じられないのは、社会全体に大きな変化を嫌う傾向があるからかもしれません。気候変動対策を講じるのは、これまで享受してきた便利な暮らしを我慢することとイコールであり、気候変動対策は社会、経済の停滞を招くという漠然とした不安があるのではないでしょうか。また一部には、これまでおもに資本主義のもとで経済、社会が発展を遂げてきただけに、気候危機の原因は資本主義であり、資本主義がいけないのだという批判も存在します。ですが、資本主義をやめれば気候変動問題が解決するかどうかは、実際に試してみないことには結果がわからず、今となってはそのような実験を行う時間の余裕はなく、現実的ではないでしょう。二〇五〇年までに排出量を実質ゼロにしなければ温暖化は止まらないため、資本主義を続けながら気候変動を解決するのが望ましいというのが著者の考えです。

著者、ラティ氏は、資本主義のもとで地球を救うことは可能だと説いています。地球を救う方が壊すよりも安くあがるというのは、このまま二酸化炭素を排出し続ける経済成長を目指すよりも、資本主義の枠のなかで、資本主義を微調整して続けながら、新しいテクノロジーで新しい市場を作る方が安くあがるという意味です。世界全体を見れば、多くの人が気候変動に関心を持ち、問題を解決したいと考え、模索しているはずですが、具体的な解決策そのものについてはあまり焦点が当てられず、情報を共有する機会も少なかったのではないでしょうか。本書では、一〇人の特筆すべき人物に焦点を当て、資本主義がどのように気候危機を解決するのかを具体的に説明しています。どの人物もバイタリティーにあふれ、決断力と行動力に優れ、世界を大きく変えるきっかけとなるような魅力のある人です。そして、本書がさらに強調するのは、どんなに優れた人物でも、個人の力だけでは問題は解決できないという点です。新しいテクノロジーが生まれれば、それだけで解決するわけでもありません。テクノロジーを実用化して拡大する仕組みがなければ、解決への道は遠のいてしまいます。本書で取り上げられている事例はどれも、旗振り役の人物とテクノロジー、規模の拡大を支える法律、政策、資金がうまく機能した成功例だといえます。

残念ながら、本書では日本の事例はほとんど取り上げられていません。著者は、ポッドキャストの『経済番組グリーンビジネス』のインタビューで、日本は資源が限られているので多くの資材を輸入に頼るしかなく、土地利用にも制約があるという事情に理解を示しつつ、気候変動問題の解決において日本の影が薄い理由のひとつに、新たなソリューションを受け入れるのにためらいを見せる、他国で主流となっている技術でも受け入れに消極的であるという、日本ならではの特徴が挙げられると指摘しています。そして、たとえば、日本では土地面積が限られているので太陽光発電の拡大は難しいかもしれないが、洋上風力には大きな可能性があるので、洋上風力の発展が必要だと認めて積極的に展開すれば、大きな役割を果たせると提案しています。日本のエネルギー自給率は先進国のなかでも圧倒的に低いですが、そこにビジネスチャンスがあり、今後は自給率を上げることも可能かもしれません。

余談ですが、二〇二四年の九月に行われた自民党の総裁選挙では、気候変動を争点とする候補はいませんでしたが、あるひとりの候補に限っては、気候変動に関する過去の発言が再びクローズアップされ、メディアで盛んに報道されました。いわゆる「セクシー発言」です。気候変動とセクシーに何の関連があるのか、と当時も今も揶揄され盛り上がりましたが、本書には、「セメントほどセクシーでない話題は、他にない」、とBEVのエリック・トゥーンが語る場面があります。二酸化炭素の排出を削減するうえで、セメント、鉄鋼、畜産はセクシーではない産業部門だと彼は話しています。いいかえれば、電力、運輸はセクシーだということになるのでしょう。気候変動と「セクシー」は、まるで無関係ではなかったと改めてわかり、驚かされました。

本書の訳出に当たっては、多くの方々にご指導と助言をいただきました。

元北海道大学名誉教授、芳村康男さん、国内外の金融機関にて長い経歴をお持ちの合田潔さん、キャリアコンサルタントの小林清史さん、ダイキン工業株式会社空調生産本部の芦田圭史さん。改めて心から御礼申し上げます。

また、高橋未来さんには、訳出作業においてたいへんご尽力いただき、お世話になりました。この場をお借りして、深く感謝申し上げます。

そして最後になりましたが、河出書房新社編集部の携木敏男さんに厚く御礼申し上げます。今回の仕事をさせていただいたことを、光栄に思います。

寺西のぶ子

二〇二五年一月

doctrine-social-responsibility-of-business.html
57. Zingales and McLean, 'Engine No. 1, David vs Exxon Goliath'.
58. 'Business Roundtable Redefines the Purpose of a Corporation to Promote "An Economy That Serves All Americans"', Business Roundtable, 19 August 2019, https://www.businessroundtable.org/business-roundtable-redefines-the-purpose-of-a-corporation-to-promote-an-economy-that-serves-all-americans

第12章　次のステップ

1. 'Avoiding the Storm: Climate Change and the Financial System – Speech by Sarah Breeden Given at the Official Monetary & Financial Institutions Forum, London', Bank of England, 15 April 2019, https://www.bankofengland.co.uk/speech/2019/sarah-breeden-omfif
2. Karl Mathiesen, 'Leading Climate Lawyer Arrested after Gluing Herself to Shell Headquarters', *Climate Home News*, 16 April 2019, https://www.climatechangenews.com/2019/04/16/leading-climate-lawyer-arrested-gluing-shell-headquarters/

spend-over-65-mln-battle-oil-giants-future-2021-04-15/
39. Aguirre, 'Little Hedge Fund Taking Down Big Oil'.
40. Leslie Kaufman and Saijel Kishan, 'Calstrs's Crucial Phone Call Eased Path for Activists' Exxon Win', *Bloomberg*, 18 June 2021, https://www.bloomberg.com/news/articles/2021-06-18/calstrs-s-crucial-phone-call-eased-path-for-activist-s-exxon-win?
41. Akshat Rathi and Kevin Crowley, 'Exxon Pushed for Net-Zero by Activist Shareholder', *Bloomberg*, 22 February 2021, https://www.bloomberg.com/news/articles/2021-02-22/exxon-pushed-by-activist-investor-to-set-net-zero-climate-goal
42. David G. Victor, 'Energy Transformations: Technology, Policy, Capital and the Murky Future of Oil and Gas', 3 March 2021. https://reenergizexom.com/documents/Energy-Transformations-Technology-Policy-Capital-and-the-Murky-Future-of-Oil-and-Gas-March-3-2021.pdf
43. 'Q1 2023 Quarterly Results', ExxonMobil, 28 April 2023, https://corporate.exxonmobil.com/-/media/Global/Files/investorrelations/annual-meeting-materials/proxy-materials/ExxonMobil-3_16_21-Shareholder-Letter.pdf
44. 'Letter to the Board of Directors', Reenergize Exxon, 22 February 2021, https://reenergizexom.com/materials/letter-to-the-board-of-directors-february-22/
45. Kevin Crowley and Akshat Rathi, 'Exxon's Plan for Surging Carbon Emissions Revealed in Leaked Documents', *Bloomberg*, 5 October 2020, https://www.bloomberg.com/news/articles/2020-10-05/exxon-carbon-emissions-and-climate-leaked-plans-reveal-rising-co2-output?sref=jjXJRDFv
46. Call transcript of ExxonMobil's 2021 Annual General Meeting held on 26 May.
47. 'Engine No. 1's Penner Accuses Exxon of Trying to Entrench Board', CNBC, 26 May 2021, https://www.cnbc.com/video/2021/05/26/engine-no-1s-penner-accuses-exxon-of-trying-to-entrench-board.html
48. Katherine Dunn and Sophie Mellor, 'ExxonMobil Faces Historic Loss in Proxy Shareholder Battle over Future of Its Board', *Fortune*, 26 May 2021, https://fortune.com/2021/05/26/exxonmobil-agm-landmark-vote-shareholders/
49. Kevin Crowley and Scott Deveau, 'Exxon CEO Is Dealt Stinging Setback at Hands of New Activist', *Bloomberg*, 26 May 2021, https://www.bloomberg.com/news/articles/2021-05-26/tiny-exxon-investor-notches-climate-win-with-two-board-seats
50. Rebecca Leber, 'Why Big Oil Should Be Worried after a Day of Reckoning', *Vox*, 27 May 2021, https://www.vox.com/22455347/exxon-board-shell-oil-news-chevron-engine-no-one
51. Andrew Ross Sorkin et al., 'Activist Investor Leads a Rebellion against ExxonMobil', *New York Times*, 27 May 2021, https://www.nytimes.com/2021/05/27/business/dealbook/exxon-mobil-engine-no-1.html
52. Jennifer Hiller and Svea Herbst-Bayliss, 'Engine No. 1 Extends Gains with a Third Seat on Exxon Board', Reuters, 2 June 2021, https://www.reuters.com/business/energy/engine-no-1-win-third-seat-exxon-board-based-preliminary-results-2021-06-02/
53. Hiller and Herbst-Bayliss, 'Little Engine No. 1 Beat Exxon with Just $12.5 mln – Sources'.
54. Zingales and McLean, 'Engine No. 1, David vs Exxon Goliath'.
55. Milton Friedman, 'A Friedman Doctrine – The Social Responsibility of Business Is to Increase Its Profits', *New York Times*, 13 September 1970, p.17.
56. DealBook, 'A Free Market Manifesto That Changed the World, Reconsidered', *New York Times*, 11 September 2020, https://www.nytimes.com/2020/09/11/business/dealbook/milton-friedman-

Who Can?'.
24. 'Collectives', Imagine website, https://imagine.one/collectives/
25. Matt Levine, 'Exxon Lost a Climate Proxy Fight', *Bloomberg*, 27 May 2021, https://www.bloomberg.com/opinion/articles/2021-05-27/exxon-lost-a-climate-proxy-fight
26. ExxonMobil, https://www.ourenergypolicy.org/wp-content/uploads/2018/03/2018-Energy-and-Carbon-Summary.pdf; Kathy Hipple and Tom Sanzillo, 'ExxonMobil's Climate Risk Report: Defective and Unresponsive', Institute for Energy Economics and Financial Analysis (IEEFA), March 2018, https://ieefa.org/wp-content/uploads/2018/03/ExxonMobils-Climate-Risk-Report-Defective-and-Unresponsive-March-2018.pdf
27. Akshat Rathi and Alastair Marsh, 'Church of England Unloads Exxon Shares on Failed Emission Goals', *Bloomberg*, 8 October 2020, https://www.bloomberg.com/news/articles/2020-10-08/church-of-england-pensions-board-has-divested-from-exxonmobil
28. Akshat Rathi, 'Bill Gates Shows How Hard It Can Be to Divest from Fossil Fuels', *Bloomberg*, 15 February 2021, https://www.bloomberg.com/news/articles/2021-02-15/bill-gates-in-new-climate-book-talks-about-finally-divesting-from-oil
29. Luigi Zingales and Bethany McLean, 'The Engine No. 1, David vs Exxon Goliath, with Chris James', *Capitalisn't*, podcast, 15 July 2021, https://www.capitalisnt.com/episodes/the-engine-no-1-david-vs-exxon-goliath-with-chris-james
30. Saijel Kishan and Joe Carroll, 'The Little Engline That Won an Environmental Victory over Exxon', *Bloomberg*, 9 June 2021, https://www.bloomberg.com/news/articles/2021-06-09/engine-no-1-proxy-campaign-against-exxon-xom-marks-win-for-esg-activists
31. Matt Phillips, 'Exxon's Board Defeat Signals the Rise of Social-Good Activists', *New York Times*, 9 June 2021, https://www.nytimes.com/2021/06/09/business/exxon-mobil-engine-no1-activist.html
32. David McLaughlin and Annie Massa, 'The Hidden Dangers of the Great Index Fund Takeover', *Bloomberg*, 9 January 2020, https://www.bloomberg.com/news/features/2020-01-09/the-hidden-dangers-of-the-great-index-fund-takeover
33. *S&P 500: The Gauge of the U.S, Large-Cap Market*, S&P Dow Jones Indices, https://www.spglobal.com/spdji/en/documents/additional-material/sp-500-brochure.pdf
34. Annie Lowrey, 'Could Index Funds Be "Worse Than Marxism"?', *The Atlantic*, 5 April 2021, https://www.theatlantic.com/ideas/archive/2021/04/the-autopilot-economy/618497/
35. Alastair Marsh, 'Climate Activist Who Took on BlackRock Now Takes Aim at Vanguard', *Bloomberg*, 3 March 2021, https://www.bloomberg.com/news/articles/2021-03-03/climate-activist-casey-harrell-took-on-blackrock-takes-aim-at-vanguard
36. Jessica Camille Aguirre, 'The Little Hedge Fund Taking Down Big Oil', *New York Times*, 23 June 2021, https://www.nytimes.com/2021/06/23/magazine/exxon-mobil-engine-no-1-board.html
37. ExxonMobil, 'Notice of 2021 Annual Meeting and Proxy Statement', 16 March 2021, https://www.sec.gov/Archives/edgar/data/34088/000119312521082140/d94159ddefc14a.htm. The two members were Wan Zulkiflee and Jeff Ubben. Exxon also added a third in Michael Angelakis, but the total number of seats only increased by two because William Weldon was expected to retire having reached the mandatory age limit.
38. Jennifer Hiller and Svea Herbst-Bayliss, 'Exxon, Activist Spend Over $65 mln in Battle for Oil Giant's Future', Reuters, 15 April 2021, https://www.reuters.com/business/energy/exxon-activist-

Humanity', Oxfam, press release, 21 September 2020, https://www.oxfam.org/en/press-releases/carbon-emissions-richest-1-percent-more-double-emissions-poorest-half-humanity

7. Daniel J. Fiorino, *Can Democracy Handle Climate Change?* (Wiley, 2018).
8. Christian Davies, 'Natural Disasters Drive North Korea's Embrace of International Climate Goals', *Financial Times*, 22 January 2022, https://www.ft.com/content/d637c465-fc9e-4254-8191-193ac5eae30e
9. In *Can Democracy Handle Climate Change?* (Wiley, 2018), American professor Daniel Fiorino shows that robust democracy combined with the innovative power of the private sector is the best bet for tackling climate change.
10. Bill Snyder, 'Unilever CEO: Refocus Your Ambitions', Stanford Business, Insights, 21 June 2016, https://www.gsb.stanford.edu/insights/unilever-ceo-refocus-your-ambitions
11. *New York Times*, 29 August 2019, https://www.nytimes.com/2019/08/29/business/paul-polman-unilever-corner-office.html
12. Lee Romney, 'Workers' Loyalty to Lever Bros. Outlasted Their Jobs', *LA Times*, 1 January 2000, https://www.latimes.com/archives/la-xpm-2000-jan-01-me-49704-story.html
13. Jasper Jolly, 'Unilever Workers Will Never Return to Desks Full-time, Says Boss', *Guardian*, 13 January 2021, https://www.theguardian.com/business/2021/jan/13/unilever-workers-will-never-return-to-desks-full-time-says-boss
14. Erik Meijaard et al., 'The Environmental Impacts of Palm Oil in Context', *Nature Plants* 6 (2020): 1418–26; IUCN, https://www.iucn.org/resources/issues-briefs/palm-oil-and-biodiversity#issue
15. 'Sustainable and Deforestation-Free Palm Oil', Unilever, https://www.unilever.com/planet-and-society/protect-and-regenerate-nature/sustainable-palm-oil/
16. Pablo Robles et al., 'The World's Addiction to Palm Oil Is only Getting Worse', *Bloomberg*, 8 November 2021, https://www.bloomberg.com/graphics/2021-palm-oil-deforestation-climate-change/
17. *Unilever Sustainable Living Plan 2010 to 2020*, March 2021, https://assets.unilever.com/files/92ui5egz/production/16cb778e4d31b81509dc5937001559f1f5c863ab.pdf
18. Antoine Gara, 'Kraft Heinz Withdraws Its $143 Billion Bid for Unilever', *Forbes*, 19 February 2017, https://www.forbes.com/sites/antoinegara/2017/02/19/kraft-heinz-withdraws-its-143-billion-bid-for-unilever/?sh=773d35f54063
19. 'Statement Regarding Announcement by the Kraft Heinz Company of a Potential Transaction', Unilever, press release, 17 February 2017, https://www.unilever.com/news/press-and-media/press-releases/2017/statement-regarding-announcement-by-the-kraft-heinz-company/
20. Thomas Buckley and Matthew Campbell, 'If Unilever Can't Make Feel-Good Capitalism Work, Who Can?', *Bloomberg*, 31 August 2017, https://www.bloomberg.com/news/features/2017-08-31/if-unilever-can-t-make-feel-good-capitalism-work-who-can
21. Arash Massoudi and James Fontella-Khan, 'The $143bn Flop: How Warren Buffett and 3G Lost Unilever', *Financial Times*, 21 February 2017, https://www.ft.com/content/d846766e-f81b-11e6-bd4e-68d53499ed71
22. 'After Protests, Unilever Does About-Face on Palm Oil', *Wall Street Journal*, 2 May 2008, https://www.wsj.com/articles/SB120966732426660143
23. Thomas Buckley and Matthew Campbell, 'If Unilever Can't Make Feel-Good Capitalism Work,

6. Climate Change Act of 2008, First Reading, 14 November 2007, https://publications.parliament.uk/pa/ld200708/ldhansrd/text/71114-0002.htm#07111435000003
7. The Global Climate Legislation Study, 2015, https://www.lse.ac.uk/GranthamInstitute/wp-content/uploads/2015/05/Global_climate_legislation_study_20151.pdf
8. *Urgenda Foundation v. State of the Netherlands* [2015] HAZA C/09/00456689.
9. Neubauer, et al. v. Germany, 2020, http://climatecasechart.com/non-us-case/neubauer-et-al-v-germany/
10. 'Germany Raises Ambition to Net Zero by 2045 after Landmark Court Hearing', *Climate Change News*, 5 May 2021, https://climatechangenews.com/2021/05/05/germany-raises-ambition-net-zero-2045-landmark-court-ruling/
11. *Sharma and others v. Minister for the Environment* [2021] FCA 560 and FCA 774; *Sharma v. Minister for the Environment* [2022] FCAFC 35, at [7].
12. For a full list see the online database Climate Change Laws of the World, https://climate-laws.org/
13. Amy Gunia, 'A Handful of Climate-Focused Independents Just Upended Australia's Political System. Here's What Comes Next', *Time*, 25 May 2022, https://time.com/6181345/climate-independents-australia-election/
14. *R (On the Application of) Friends of the Earth Ltd & Ors v. Secretary of State for Business, Energy and Industrial Strategy* [2022] EWHC 1841 (Admin), http://climatecasechart.com/non-us-case/r-oao-friends-of-the-earth-v-secretary-of-state-for-business-energy-and-industrial-strategy/
15. Steven Pearlstein, 'Will America's woes bring down democracy and capitalism worldwide?', *Washington Post*, 9 February 2023, https://www.washingtonpost.com/books/2023/02/09/capitalism-crisis-book-martin-wolf/

第 11 章　資本家

1. For the most recent GlobeScan Sustainability Survey see https://globescan.com/2022/06/23/2022-sustainability-leaders-report/
2. 'Unilever at a Glance', https://www.unilever.com/our-company/at-a-glance/. 'Unilever plc', Google Finance, https://www.google.com/finance/quote/ULVR:LON?window=MAX. According to Unilever's annual reports, in 2009 revenues stood at 39.8 billion euros (https://www.unilever.com/Images/ir-unilever-ar09_tcm244-421759_en.pdf) and in 2020 at 52 billion euros (https://www.unilever.com/Images/unilever-annual-report-and-accounts-2019_tcm244 547893_en.pdf). Figures available for Scope 1 and 2 emissions were for 2013 and 2019.
3. Matt Egan, 'Exxon Was the World's Largest Company in 2013. Now It's Being Kicked Out of the Dow', CNN Business, 25 August 2020, https://edition.cnn.com/2020/08/25/investing/exxon-stock-dow-oil/index.html
4. Kevin Crowley and Javier Blas, 'Exxon Defends Dividend after Posting First Annual Loss in Decades', *Bloomberg*, 2 February 2021, https://www.bloomberg.com/news/articles/2021-02-02/exxon-s-19-billion-writedown-caps-first-annual-loss-in-40-years
5. Jennifer Hiller and Svea Herbst-Bayliss, 'Little Engine No. 1 Beat Exxon with Just $12.5 mln – Sources', Reuters, 29 June 2021, https://www.reuters.com/business/little-engine-no-1-beat-exxon-with-just-125-mln-sources-2021-06-29/
6. 'Carbon Emissions of Richest 1 Percent More Than Double the Emissions of the Poorest Half of

第9章　執行者

1. 'Reinventing the Business Model: Leading in the New Landscape', Corporate Research Forum, 2021, https://www.crforum.co.uk/wp-content/uploads/2021/05/Reinventing-the-Business-Model-PMNs.pdf
2. David Laister, 'Why Theresa May Picked Danish Energy Giant Ørsted for Energy Speech in Grimsby', *Grimsby Telegraph*, 8 March 2019.
3. Mogens Rüdiger, 'The 1973 Oil Crisis and the Designing of a Danish Energy Policy', *Historical Social Research* 39, no. 4 (2014): pp.94–112.
4. 'From Black to Green', State of Green, press release, 31 May 2021, https://stateofgreen.com/en/news/from-black-to-green-a-state-owned-energy-companys-shift-and-the-framework-that-made-it-possible/
5. *Regulation and Planning of District Heating in Denmark*, Danish Energy Agency, June 2017, https://ens.dk/sites/ens.dk/files/Globalcooperation/regulation_and_planning_of_district_heating_in_denmark.pdf
6. Brian Motherway, 'Energy Efficiency Is the First Fuel, and Demand for It Needs to Grow', IEA, 19 December 2019, https://www.iea.org/commentaries/energy-efficiency-is-the-first-fuel-and-demand-for-it-needs-to-grow
7. Will Mathis, 'Inventor of Wind Turbine is Trying to Harness Unlimited Power', *Bloomberg*, 5 June 2020, https://www.bloomberg.com/news/features/2020-06-05/floating-wind-farms-could-supply-the-world-s-electricity-by-2040?sref=jjXJRDFv
8. Henrik Stiesdal, 'From Herborg Blacksmith to Vestas', in *Wind Power for the World: The Rise of Modern Wind Energy*, ed. Preben Maegaard, Anna Krenz and Wolfgang Palz (Routledge, 2013).
9. Mette Fraende and Geert de Clercq, 'Goldman Sachs Funds Invest in DONG Energy, Seek IPO', Reuters, 3 October 2013, https://www.reuters.com/article/us-dong-investors-idUSBRE9920L120131003
10. Julian Spector, 'Dong Energy Divests Its Oil and Gas Businesses to Focus on Renewables', GTM, 26 May 2017, https://www.greentechmedia.com/articles/read/dong-energy-divests-upstream-oil-and-gas-business-to-focus-on-renewables

第10章　活動家

1. 'Climate Change Bill – Third Reading (and other amendments) – 28 October 2008', The Public Whip, https://www.publicwhip.org.uk/division.php?date=2008-10-28&number=298&display=allpossible
2. The Climate Change Act (2008), Institute for Government, https://www.instituteforgovernment.org.uk/sites/default/files/climate_change_act.pdf
3. 'A Burnt-out Case', *The Economist*, 9 April 1998, https://www.economist.com/britain/1998/04/09/a-burnt-out-case
4. Nicholas Stern, 'The Economics of Climate Change: The Stern Review', 30 October 2006, https://www.lse.ac.uk/granthaminstitute/publication/the-economics-of-climate-change-the-stern-review/
5. 'The UK Climate Change Act', CCC Insights Briefing 1, Climate Change Committee, October 2020, https://www.theccc.org.uk/wp-content/uploads/2020/10/CCC-Insights-Briefing-1-The-UK-Climate-Change-Act.pdf

27/transcript-zero-episode-7-would-you-buy-net-zero-oil

2. Since the list was made there have been two mergers – Exxon and Mobil became ExxonMobil, and ChevronTexaco and Texaco became Chevron – and Amoco was acquired by BP. Even after accounting for these changes, there would have been at least six oil companies in the Fortune 500's top twenty in the 1990 list.
3. For a database of fifty years of Fortune's list of America's largest corporations see CNN Money, https://money.cnn.com/magazines/fortune/fortune500_archive/full/1990/. For a list of Fortune 500 companies and their websites see Zyxware Technologies, https://www.zyxware.com/articles/4344/list-of-fortune-500-companies-and-their-websites
4. Daniel Yergin, *The Prize* (Simon & Schuster, 1990).
5. Yergin, *The Prize*.
6. Vicki Hollub, 'The Bob and Elizabeth Dole Series on Leadership', Bipartisan Policy Center, 14 December 2018, https://www.youtube.com/watch?v=r5y01Oi_Ixw
7. Akshat Rathi, 'Vicki Hollub Is Showing Big Oil How to Survive Climate Change', *Quartz*, 1 July 2019, https://qz.com/1641227/vicki-hollub-is-showing-big-oil-how-to-survive-climate-change
8. Jonathan Watts, Garry Blight, Lydia McMullan and Pablo Gutiérrez, 'Half a century of dither and denial – a climate crisis timeline', *The Guardian*, 9 October 2019, https://www.theguardian.com/environment/ng-interactive/2019/oct/09/half-century-dither-denial-climate-crisis-timeline
9. Global Climate Coalition, *DeSmog*, 2019. https://www.desmog.com/global-climate-coalition/
10. Kate Yoder, 'Big Oil spent $3.6 billion to clean up its image, and it's working', *Grist*, 24 December 2019, https://grist.org/energy/big-oil-spent-3-6-billion-on-climate-ads-and-its-working/
11. Kevin Crowley and Akshat Rathi, 'Exxon Holds Back on Technology That Could Slow Climate Change', *Bloomberg*, 7 December 2020, https://www.bloomberg.com/news/features/2020-12-07/exxon-s-xom-carbon-capture-project-stalled-by-covid-19
12. Pope Francis, Address to executives of energy industry, 9 June 2018, https://www.vatican.va/content/francesco/en/speeches/2018/june/documents/papa-francesco_20180609_imprenditori-energia.html
13. Akshat Rathi, 'A Tiny Tweak in California Law Is Creating a Strange Thing: Carbon-Negative Oil', *Quartz*, 1 July 2019, https://qz.com/1638096/the-story-behind-the-worlds-first-large-direct-air-capture-plant
14. Kevin Crowley and Ari Natter, 'Manchin Spurs US Reversal on Carbon Capture Funding in Win for Big Oil', *Bloomberg*, 14 December 2022, https://www.bloomberg.com/news/articles/2022-12-14/manchin-spurs-us-reversal-on-carbon-capture-funding-in-win-for-big-oil
15. Wong, Boyd and Rathi, 'Transcript *Zero* Episode 7'.
16. Ron Bousso, 'Shell Considers Exiting UK, German, Dutch Energy Retail Businesses', Reuters, 26 January 2023, https://www.reuters.com/business/energy/shell-considers-exiting-uk-german-dutch-energy-retail-businesses-2023-01-26/
17. Akshat Rathi, 'Musk's $100 Million Prize Is for Tech the World Desperately Needs', *Bloomberg*, 22 January 2021, https://www.bloomberg.com/news/articles/2021-01-22/musk-s-100-million-prize-is-for-tech-the-world-desperately-needs
18. Akshat Rathi, 'Stripe, Alphabet and Others to Spend Nearly $1 Billion on Carbon Removal', *Bloomberg*, 12 April 2022, https://www.bloomberg.com/news/articles/2022-04-12/stripe-alphabet-meta-join-to-fund-carbon-removal

15. Akshat Rathi, 'Humanity's Fight against Climate Change Is Failing. One Technology Can Change That', *Quartz*, 4 December 2017, https://qz.com/1144298/humanitys-fight-against-climate-change-is-failing-one-technology-can-change-that
16. 'Petra Nova W.A. Parish Fact Sheet: Carbon Dioxide Capture and Storage Project', Carbon Capture and Sequestration Technologies Program, 30 September 2016, https://sequestration.mit.edu/tools/projects/wa_parish.html
17. Rathi, 'Humanity's Fight'.
18. Kevin Crowley, 'The World's Largest Carbon Capture Plant Gets a Second Chance in Texas', *Bloomberg*, 8 February 2023, https://www.bloomberg.com/news/articles/2023-02-08/the-world-s-largest-carbon-capture-plant-gets-a-second-chance-in-texas?sref=jjXJRDFv#xj4y7vzkg
19. Benjamin, 'Stern: Climate Change a "Market Failure"'.
20. 'William D. Nordhaus-Facts-2018', NobelPrize, 10 May 2023, https://www.nobelprize.org/prizes/economic-sciences/2018/nordhaus/facts/
21. 'Emissions to Air', Norwegian Petroleum, 6 October 2022, https://www.norskpetroleum.no/en/environment-and-technology/emissions-to-air/
22. 'British Carbon Tax Leads to 93% Drop in Coal-fired Electricity', UCL News, 27 January 2020, https://www.ucl.ac.uk/news/2020/jan/british-carbon-tax-leads-93-drop-coal-fired-electricity
23. John M. Broder, ' "Cap and Trade" Loses Its Standing as Energy Policy of Choice', *New York Times*, 26 March 2010, https://www.nytimes.com/2010/03/26/science/earth/26climate.html
24. Akshat Rathi, 'A Republican Group is Framing Its Proposed Carbon Tax as "Environmental Insurance," Not a Tax', *Quartz*, 8 February 2017, https://qz.com/905688/a-republican-group-making-the-case-for-a-carbon-tax-to-donald-trumps-administration-needs-to-just-look-at-what-happened-in-australia
25. Kyle Bakx, 'The Big Election Winner? The Carbon Tax', CBC News, 22 October 2019, https://www.cbc.ca/news/business/trudeau-sheer-election-carbon-tax-1.5330829
26. Kim Willsher, 'Macron Scraps Fuel Tax Rise in Face of gilets jaunes Protests', *Guardian*, 5 December 2018, https://www.theguardian.com/world/2018/dec/05/france-wealth-tax-changes-gilets-jaunes-protests-president-macron
27. 'Section 45Q Credit for Carbon Oxide Sequestration', IEA, policy document, 4 November 2022, https://www.iea.org/policies/4986-section-45q-credit-for-carbon-oxide-sequestration
28. Kelemen recounted this story at Columbia University's 2017 annual energy summit: see Center on Global Energy Policy, '2017 Annual Energy Summit: Part 6', YouTube, 13 April 2017, https://www.youtube.com/watch?v=fgTcG3dXmFQ
29. Matthew E. Kahn et al., 'Long-term Macroeconomic Effects of Climate Change', International Monetary Fund, working paper, 11 October 2019, https://www.imf.org/en/Publications/WP/Issues/2019/10/11/Long-Term-Macroeconomic-Effects-of-Climate-Change-A-Cross-Country-Analysis-48691
30. 'Absolute Impact: Why Oil and Gas Companies Need Credible Plans to Meet Climate Targets', *Carbon Tracker*, 12 May 2022, https://carbontracker.org/reports/absolute-impact-2022/

第8章　改革者

1. Stacey Wong, Oscar Boyd and Akshat Rathi, 'Transcript Zero Episode 7: Would You Buy "Net-Zero Oil" ', *Bloomberg*, 27 October 2022, https://www.bloomberg.com/news/articles/2022-10-

1-03-02/bill-gates-led-group-shows-u-s-grid-emissions-can-fall-45
29. Akshat Rathi, 'Grant From Bill Gates-led Fund Will Make Green Jet Fuel As Cheap As Fossil Fuels', *Bloomberg*, 19 October 2022, https://www.bloomberg.com/news/articles/2022-10-19/bill-gates-led-fund-makes-green-jet-fuel-as-cheap-as-oil-based-competitor
30. Henry Sanderson, 'QuantumScape: Can Battery Pioneer Live up to the Hype?', *Financial Times*, 20 January 2021, https://www.ft.com/content/c31ca3ce-5e83-452c-86cb-3d1646490c7a

第７章　カウボーイ

1. 'Sleipner Partnership Releases CO2 Storage Data', *Equinor*, 12 June 2019, https://www.equinor.com/news/archive/2019-06-12-sleipner-co2-storage-data
2. Akshat Rathi, 'How to Think about Negative Emissions in the Climate Fight', *Bloomberg*, 13 April 2021, https://www.bloomberg.com/news/articles/2021-04-13/how-to-think-about-negative-emissions-in-the-climate-fight
3. R. Stuart Haszeldine, 'Carbon Capture and Storage: How Green Can Black Be?', *Science* 325, no. 5948 (September 2009):pp.1747–52, doi:10.1126/science.1172246
4. 'CO2 Enhanced Oil Recovery', Global Energy Monitor, 19 July 2021, https://www.gem.wiki/CO2_enhanced_oil_recovery
5. 'The Norwegian State as Shareholder', *Equinor*, https://www.equinor.com/about-us/the-norwegian-state-as-shareholder
6. Akshat Rathi, 'The World's First "Negative Emissions" Plant Has Begun Operation – Turning Carbon Dioxide into Stone', *Quartz*, 12 October 2017, https://qz.com/1100221/the-worlds-first-negative-emissions-plant-has-opened-in-iceland-turning-carbon-dioxide-into-stone
7. 'Open Letter to Christiana Figueres, Executive Secretary of the United Nations Framework Convention on Climate Change', Scottish Carbon Capture and Storage, 2015, https://www.sccs.org.uk/cop21-open-letter
8. Angely Mercado, 'In Memory of @BPDeezNutzz, the Best Greentrolling Account to Ever Grace Twitter', Gizmodo, 22 November 2022, https://gizmodo.com/bpdeeznutzz-twitter-account-suspended-1849802206
9. Hannah Ritchie and Max Roser, 'Electricity Mix', Our World In Data, 2022, https://ourworldindata.org/electricity-mix
10. US Office of Fossil Energy and Carbon Management, 'Fossil Energy Budget Request for Fiscal Year 2013', 27 March 2012, https://www.energy.gov/fecm/articles/fossil-energy-budget-request-fiscal-year-2013
11. US Department of Energy, 'President Trump Releases FY 2021 Budget Request', 10 February 2020, https://www.energy.gov/articles/president-trump-releases-fy-2021-budget-request
12. 'Kemper County IGCC Fact Sheet: Carbon Dioxide Capture and Storage Project', Carbon Capture and Sequestration Technologies Program, September 2016, https://sequestration.mit.edu/tools/projects/kemper.html
13. Ian Urbina, 'Piles of Dirty Secrets Behind a Model "Clean" Coal Project, *New York Times*, 5 July 2016, https://www.nytimes.com/2016/07/05/science/kemper-coal-mississippi.html?r=0
14. Katie Fehrenbacher, 'Carbon Capture Suffers a Huge Setback as Kempler Plant Suspends Work', GTM, 29 June 2017, https://www.greentechmedia.com/articles/read/carbon-capture-suffers-a-huge-setback-as-kemper-plant-suspends-work

bill-gates-is-leading-a-new-1-billion-fund-focused-on-combatting-climate-change-through-innovation/
15. Net Zero by 2050, IEA, May 2021, https://www.iea.org/reports/net-zero-by-2050
16. 'Arpanet', Defense Advanced Research Projects Agency (DARPA), https://www.darpa.mil/about-us/timeline/arpanet
17. Akshat Rathi, 'Bill Gates-Led $1 Billion Fund Expands Its Portfolio of Startups Fighting Climate Change', *Quartz*, 26 August 2019, https://qz.com/1693546/breakthrough-energy-ventures-expands-its-portfolio-to-19-startups/
18. PwC, 'The State of Climate Tech 2022', https://www.pwc.com/gx/en/services/sustainability/publications/overcoming-inertia-in-climate-tech-investing.html, and 'The State of Climate Tech 2020', https://www.pwc.com/gx/en/services/sustainability/assets/pwc-the-state-of-climate-tech-2020.pdf
19. 'Concrete Needs to Lose Its Colossal Carbon Footprint', *Nature* 597 (2021): pp.593–4, doi: https://doi.org/10.1038/d41586-02102612-5
20. European Cement Association (Cembureau), *The Role of Cement in the 2050 Low Carbon Economy*, 2013, https://cembureau.eu/media/cpvoin5t/ cembureau_2050roadmap_lowcarboneconomy_2013-09-01.pdf
21. Leilac website, https://www.project-leilac.eu/leilac2-project; 'LEILAC Project, Cutting-edge Technology to Efficiently Capture CO2', *Energy Industry Review*, 7 June 2021, https://energyindustryreview.com/construction/leilac-project-cutting-edge-technology-to-efficiently-capture-co2/
22. Akshat Rathi, 'Bill Gates-Led Fund Invests in European Green Cement Maker', *Bloomberg*, 10 May 2021, https://www.bloomberg.com/news/articles/2021-05-10/bill-gates-led-fund-invests-in-european-green-cement-startup
23. Barry O'Halloran, 'Ecocem Plans €45m "Green" Cement Mill in US Despite Opposition', *Irish Times*, 25 April 2019, https://www.irishtimes.com/business/manufacturing/ecocem-plans-45m-green-cement-mill-in-us-despite-opposition-1.3870599
24. Akshat Rathi, 'The Material That Built the Modern World Is Also Destroying It. Here's a Fix', *Quartz*, 6 December 2017, https://qz.com/1123875/the-material-that-built-the-modern-world-is-also-destroying-it-heres-a-fix/
25. 'Shrinking Carbon Emissions Through Innovative Cement and Concrete Technologies', webinar, Carbon Cure, https://www.carboncure.com/resources/shrinking-carbon-emissions-through-innovative-cement-and-concrete-technologies/
26. Large polluters in the European Union are bound by the Emissions Trading Scheme, which sets a cap on each polluter's annual pollution. Those that produce fewer emissions than the cap can trade the allowance with those who produce higher emissions. A Cap-and-trade system, like a direct tax on carbon pollution, also incentivizes polluters to emit less carbon dioxide.
27. Office of Nuclear Energy, 'U.S. Department of Energy Announces $160 Million in First Awards under Advanced Reactor Demonstration Program', press release, 13 October 2020, https://www.energy.gov/ne/articles/us-department-energy-announces-160-million-first-awards-under-advanced-reactor
28. Will Mathis and Akshat Rathi, 'Better Cables Could Halve U.S. Grid Emissions by 2030, Gates-Led Group Says', *Bloomberg*, 2 March 2021, https://www.bloomberg.com/news/articles/202

19. David Wallace-Wells, 'How Big of a Climate Betrayal Is the Willow Oil Project?', *New York Times*, 16 March 2023, https://www.nytimes.com/2023/03/16/opinion/willow-oil-project-alaska-climate-change.html

第6章　大富豪

1. 'Decarbonization Challenge for Steel', McKinsey & Company, 3 June 2020, https://www.mckinsey.com/industries/metals-andmining/our-insights/decarbonization-challenge-for-steel
2. 'Climate Change and the Production of Iron and Steel', World Steel Association, policy paper, 2021, https://worldsteel.org/publications/policy-papers/climate-change-policy-paper/
3. Breakthrough Energy, about us page, https://www.breakthroughenergy.org/our-story
4. Eric Roston, Akshat Rathi and Christopher Cannon, 'How the World Is Spending $1.1 Trillion on Climate Technology', *Bloomberg*, 24 April 2023, https://www.bloomberg.com/graphics/2023-climate-tech-startups-where-to-invest/
5. Bill & Melinda Gates Foundation, fact sheet, https://www.gatesfoundation.org/about/foundation-fact-sheet
6. Dylan Matthews, 'The Surprising Strategy Behind the Gates Foundation's Success', *Vox*, 11 February 2020, https://www.vox.com/future-perfect/2020/2/11/21133298/bill-gates-melinda-gates-money-foundation
7. Gavi, the Vaccine Alliance, about page, https://www.gavi.org/our-alliance/about
8. 'Bill and Melinda Gates Foundation: What Is It and What Does It Do?', BBC News, 4 May 2021, https://www.bbc.com/news/world-us-canada-56979480
9. Catherine Clifford, 'How Bill Gates' Company TerraPower Is Building Next-Generation Nuclear Power', CNBC, 8 April 2021, https://www.cnbc.com/2021/04/08/bill-gates-terrapower-is-building-next-generation-nuclear-power.html; David Blackmon, 'A Decade In Development, Liquid-Metal Batteries by Ambri May Soon Change the Energy Storage Game', *Forbes*, 2 September 2021, https://www.forbes.com/sites/davidblackmon/2021/09/02/bill-gates-backed-startup-might-change-the-renewable-energy-storage-game/?sh=5bf9e7e24a94; Katie Brigham, 'Bill Gates and Big Oil Back This Company That's Trying to Solve Climate Change by Sucking CO2 Out of the Air', CNBC, 22 June 2019, https://www.cnbc.com/2019/06/21/carbon-engineering-co2-capture-backed-by-bill-gates-oil-companies.html
10. Rob Toews, 'Will This Generation of "Climate Tech" Be Different?', *Forbes*, 31 October 2021, https://www.forbes.com/sites/robtoews/2021/10/31/will-this-generation-of-climate-tech-be-different/?sh=5b33997a4a62
11. Christina Binkley, 'Bill Gates Has a Master Plan for Battling Climate Change', *Wall Street Journal*, 15 February 2021, https://www.wsj.com/articles/bill-gates-interview-climate-change-book-11613173337
12. Leah McGrath Goodman, 'When a Billionaire Trader Loses His Edge', *Fortune*, 4 May 2012, https://fortune.com/2012/05/04/when-a-billionaire-trader-loses-his-edge/
13. Sam Apple, 'John Arnold Made a Fortune at Enron. Now He's Declared War on Bad Science', *Wired*, 22 January 2017, https://www.wired.com/2017/01/john-arnold-waging-war-on-bad-science/
14. Kevin Delaney, 'Bill Gates and Investors Worth $170 Billion Are Launching a Fund to Fight Climate Change Through Energy Innovation', *Quartz*, 11 December 2016, https://qz.com/859860/

Development 3, no. 2 (spring 1978): pp.239–59.
3. The Paris-based organization's dues are paid separately from the OECD and are based on each member's share of oil imports as they stood in the 1970s. So even though it is now a net exporter of oil, the US continues to stump up the most cash, contributing about a quarter of the roughly €20 million annual budget.
4. The actual number varies from year to year, but in 2021 Ukraine's pipelines carried about 30% of Russia's total gas imports to Europe. Stuart Elliott, 'Russian Gas Flows into Europe Dip in April as Ukraine War Rumbles on', S&P Global, 6 May 2022, https://www.spglobal.com/commodityinsights/en/market-insights/latest-news/natural-gas/050622-russian-gas-flows-into-europe-dip-in-april-as-ukraine-war-rumbles-on
5. Fatih Birol, biography, European Parliament, meeting documents 2004–9, https://www.europarl.europa.eu/meetdocs/2004_2009/ documents/dv/cv_birol_/cv_birol_en.pdf
6. See the membership page of the IEA's website, https://www.iea.org/about/membership
7. Marian Willuhn, 'Leaked: EU Hydrogen Strategy Eyes €140 Billion Turnover by 2030', *PV Magazine*, 19 June 2020, https://www.pv-magazine.com/2020/06/19/leaked-eu-hydrogen-strategy-eyes-e140-billion-turnover-by-2030/
8. William Wilkes and Vanessa Dezem, ' "Climate Chancellor" Merkel Leaves Germans Flooded and Frustrated', *Bloomberg*, 23 July 2021, https://www.bloomberg.com/news/features/2021-07-23/angela-merkel-leaves-a-mixed-climate-legacy-in-germany
9. 'Biden–Harris Administration Launches American Innovation Effort to Create Jobs and Tackle the Climate Crisis', The White House, press release, 11 February 2021, https://www.whitehouse.gov/briefing-room/statements-releases/2021/02/11/biden-harris-administration-launches-american-innovation-effort-to-create-jobs-and-tackle-the-climate-crisis/
10. *The Future of Cooling*, IEA, May 2018, https://www.iea.org/reports/the-future-of-cooling
11. Rathi and Chaudhary, 'Modi Surprises Climate Summit'.
12. Jess Shankleman and Akshat Rathi, 'India's Last-Minute Coal Defense at COP26 Hid Role of China, U.S.', *Bloomberg*, 13 November 2021, https://www.bloomberg.com/news/articles/2021-11-13/india-s-last-minute-coal-defense-at-cop26-hid-role-of-china-u-s
13. Framework Convention on Climate Change, FCCC/CP/1996/2, Organizational Matters: Draft Rules of Procedure, 22 May 1996, https://unfccc.int/sites/default/files/resource/02_0.pdf
14. 'COP26: Alok Sharma Fights Back Tears as Glasgow Climate Pact Agreed', BBC News, 13 November 2021, https://www.bbc.co.uk/news/av/world-59276651
15. Luke Kemp, 'Votes, not Vetoes', YouthPolicy, 16 April 2014, https://www.youthpolicy.org/blog/sustainability/unfccc-voting/
16. Akshat Rathi and Eric Roston, 'The World's Most Influential Energy Model Needs a Climate Update', *Bloomberg*, 29 May 2020, https://www.bloomberg.com/news/articles/2020-05-29/iea-s-world-energy-outlook-needs-a-1-5-c-climate-change-scenario
17. Lauri Myllyvirta, 'Why Does the IEA Keep Getting Renewables Wrong?', Unearthed, 14 November 2017, https://unearthed.greenpeace.org/2017/11/14/all-is-lost-renewable-energy-growth-will-hit-a-brick-wall-no-not-really-its-just-the-iea/
18. Simon Evans, 'New Fossil Fuels "Incompatible" with 1.5C Goal, Comprehensive Analysis Finds', Carbon Brief, 23 October 2022, https://www.carbonbrief.org/new-fossil-fuels-incompatible-with-1-5c-goal-comprehensive-analysis-finds/

and Solar Power in Germany and Japan', *Energy Policy* 101 (February 2017): pp.612–28.
27. Kerstine Appunn, 'What's New In Germany's Renewable Energy Act 2021', *Clean Energy Wire*, 23 April 2021, https://www.cleanenergywire.org/factsheets/whats-new-germanys-renewable-energy-act-2021
28. 'Slashed Subsidies Send Shivers Through European Solar Industry', *Greenwire*, 31 March 2010, https://archive.nytimes.com/www.nytimes.com/gwire/2010/03/31/31greenwire-slashed-subsidies-send-shivers-through-european-solar-industry-32255.html?pagewanted=all
29. Huizhong Tan, 'Solar Energy in China: The Past, Present, and Future', *China Focus*, 16 February 2021, https://chinafocus.ucsd.edu/2021/02/16/solar-energy-in-china-the-past-present-and future/
30. 'Science: Sun Electricity', *Time*, 4 July 1955, https://content.time.com/time/subscriber/article/0,33009,807289,00.html
31. 'Bloomberg New Energy Finance Says World Installed 132 GW New Solar in 2020 & Forecasts 2021 Deployments to Shatter This Number to Exceed 150 GW & Could End up at 194 GW', *Taiyang News*, 19 January 2021, http://taiyangnews.info/business/bnef-132-gw-solar-installed-globally-in-2020/
32. Government of India, National Solar Mission 2010, https://web.archive.org/web/20180131105523/;http://www.mnre.gov.in/solarmission/jnnsm/introduction-2/
33. 'Revision of Cumulative Targets Under National Solar Mission from 20,000 MW by 2021–22 to 100,000 MW: India Surging Ahead in the Field of Green Energy–100 GW Solar Scale-Up Plan', Government of India, press release, 17 June 2015, https://pib.gov.in/newsite/PrintRelease.aspx?relid=122566
34. Simon Yuen, 'Indian Solar Capacity up 13.9 GW in 2022', *PVTech*, 17 March 2023, https://www.pv-tech.org/indian-solar-capacity-up-13-9gw-in-2022/
35. 'ReNew Power Signs India's first Round-the-Clock Renewable Energy PPA', ReNew Power, press release, August 2021, https://renewpower.in/wp-content/uploads/2021/08/ReNew_Power_PPA_SECI_RTC_V6-NJ.pdf
36. Nathaniel Bullard, 'It's Always Sunny in India's Renewable Power Market', *Bloomberg*, 4 June 2020, https://www.bloomberg.com/news/articles/2020-06-04/wind-plus-solar-power-means-a-renewable-boost-for-india-energy
37. Shreya Jai, 'ReNew Power to Invest $1.2 bn for Country's 1st Round-the-Clock RE Project', *Business Standard*, 8 August 2021, https://www.business-standard.com/article/companies/renew-power-to-invest-1-2-bn-for-country-s-1st-round-the-clock-re-project-121080700479_1.html
38. Mayank Aggarwal, 'Charted: The Biggest Hurdles for Narendra Modi's Solar Power Ambitions for India', *Quartz*, 27 May 2021, https://qz.com/india/2013255/the-biggest-hurdles-for-narendra-modis-solar-power-ambitions-for-india/

第5章　フィクサー

1. Michael Ray, 'Paris Attacks of 2015', *Encyclopaedia Britannica*, 6 November 2022, https://www.britannica.com/event/Paris-attacks-of-2015
2. Since its inception, the IEA has also worked on 'energy conservation' or, as we would call it today, 'energy efficiency', namely lowering the amount of energy used without reducing the benefit gained. This was with a view towards energy secur ity tied to fossil fuels, especially oil. Samuel VanVactor, 'Energy Conservation in the OECD: Progress and Results', *Journal of Energy and*

Recharge, 1 June 2021, https://www.rechargenews.com/wind/is-suzlon-back-indias-fallen-wind-power-star-unveils-first-big-order-in-years/2-1-1018941

13. World Bank and International Finance Corporation, *Doing Business 2011: Making a Difference for Entrepreneurs* (International Bank for Reconstruction and Development/the World Bank, 2010).
14. 'Stocks That Fell Most since 2008 and Offer Good Investment', *Business Today*, 31 December 2011, https://www.businesstoday.in/magazine/stocks/story/stock-market-crash-worst-stocks-losers25044-2011-12-01
15. Sergio Goncalves, 'EDP to Buy $2.2 bln U.S. Horizon Wind Energy', Reuters, 27 March 2007, https://www.reuters.com/article/us-edp-horizon-idUSL2715639720070327
16. 'Turning Around the Power Distribution Sector', August 2021, https://www.niti.gov.in/sites/default/files/2021-08/Electricity-Distribution-Report_030821.pdf
17. Ankur Mishra, 'India Heading for Another NPA Crisis? RBI Predicts Bad Loans Could Be as High as 12.5% by March', *Financial Express*, 25 July 2020, https://www.financialexpress.com/industry/banking-finance/india-heading-for-another-npa-crisis-rbi-predicts-bad-loans-could-be-as-high-as-12-5-by-march/2034493
18. 'Why India Can't Match the Gulf Region's Record-Low Solar Tariffs', Institute for Energy Economics and Financial Analysis, press release, 28 August 2020, https://ieefa.org/why-india-cant-match-the-gulf-regions-record-low-solar-tariffs/; Nithin Prasad, 'SECI's 2 GW Solar Auction Gets India a New Record-Low Tariff of ₹2.36/kWh', Mercom, 30 June 2020, https://mercomindia.com/seci-solar-auction-india-record-low/
19. 'Vast Power of the Sun Is Tapped by Battery Using Sand Ingredient', *New York Times*, 26 April 1954, p.1.
20. Vanessa Zainzinger, 'Breaking Efficiency Records with Tandem Solar Cells', Chemistry World, 27 April 2022, https://www.chemistryworld.com/news/breaking-efficiency-records-with-tandem-solar-cells/4015529.article
21. 'NREL Six-Junction Solar Cell Sets Two World Records for Efficiency', NREL, press release, 13 April 2020, https://www.nrel.gov/news/press/2020/nrel-six-junction-solar-cell-sets-two-world-records-for-efficiency.html
22. Fred Ferretti, 'The Way We Were: A Look Back at the Late Great Gas Shortage', *New York Times*, 14 April 1974.
23. Andrea Hsu, 'How Big Oil of the Past Helped Launch the Solar Industry of Today', *NPR*, 30 September 2019, https://www.npr.org/2019/09/30/763844598/how-big-oil-of-the-past-helped-launch-the-solar-industry-of-today
24. Geoffrey Jones and Loubna Bouamane, 'Power from Sunshine: A Business History of Solar Energy', Harvard Business School, working paper, 25 May 2012, https://www.hbs.edu/ris/Publication%20Files/12-105.pdf
25. Osamu Kimura and Tatsujiro Suzuki, '30 Years of Solar Energy Development in Japan: Co-evolution Process of Technology, Policies, and the Market', Central Research Institute of Electric Power Industry, paper prepared for 2006 Berlin Conference on Resource Policies: Effectiveness, Efficiency, and Equity, https://citeseerx.ist.psu.edu/viewdoc/download?doi=10.1.1.454.8221&rep=rep1&type=pdf
26. Aleh Cherp et al., 'Comparing Electricity Transitions: A Historical Analysis of Nuclear, Wind

第4章　行動家

1. S Bhuvaneshwari, 'Distress grips Pavagada, but there is no poll talk on water woes', *The Hindu*, 13 April 2019, https://www.thehindu.com/elections/lok-sabha-2019/distress-grips-pavagada-but-there-is-no-poll-talk-on-water-woes/article26824189.ece. Also, Arathi Menon, 'Given Land for Power, Pavagada Residents Now Powerless', *Mongabay*, 14 February 2022, https://india.mongabay.com/2022/02/14/given-land-for-power-pavagada-residents-now-powerless/
2. Michael Safi, 'Suicides of Nearly 60,000 Indian Farmers Linked to Climate Change, Study Claims', *Guardian*, 31 July 2017, https://www.theguardian.com/environment/2017/jul/31/suicides-of-nearly-60000-indian-farmers-linked-to-climate-change-study-claims
3. O. Hoegh-Guldberg et al., '2018: Impacts of 1.5 ºC Global Warming on Natural and Human Systems', in *Global Warming of 1.5 ℃: An IPCC Special Report*, ed. V. Masson-Delmotte et al. (Cambridge University Press, 2018), pp.175–312, doi:10.1017/9781009157940.005
4. Shreya Jai, 'Solar Power at 4,000 Mw, Rajasthan in the Lead', *Business Standard*, 6 June 2015, https://www.business-standard.com/article/economy-policy/solar-power-capacity-touches-4000-mw-rajasthan-races-ahead-of-gujarat-115060500726_1.html
5. Since the pandemic led to an abnormal decline in emissions across the world in 2020, it's best to compare countries based on 2019 figures before virus-related economic fluctuations began. Figure cited is based on data from the Global Carbon Project covering the period 1750 to 2018: Akshat Rathi and Archana Chaudhary, 'Modi Surprises Climate Summit with 2070 Net-Zero Vow for India', *Bloomberg*, 1 November 2021, https://www.bloomberg.com/news/articles/2021-11-01/india-will-reach-net-zero-emissions-by-2070-modi-tells-cop26
6. Akshat Rathi, 'India Will Have to Leapfrog Every Major Economy to Reach Net Zero by 2050', *Bloomberg*, 22 March 2021, https://www.bloomberg.com/news/articles/2021-03-22/india-will-have-to-leapfrog-every-major-economy-to-reach-net-zero-by-2050
7. Akshat Rathi, 'How to Think about India in a Net-Zero World', *Bloomberg*, 10 November 2020, https://www.bloomberg.com/news/articles/2020-11-10/india-does-not-hinder-climate-progress-without-net-zero-emissions-goal
8. '2020 the Fifth Costliest Year for Natural Disaster Losses (USD 201 bn)', UniCredit report, 21 January 2021, https://www.research.unicredit.eu/DocsKey/credit_docs_9999_179008.ashx?EXT=pdf&KEY=n03ZZLYZf5miJJA2_uTR8lNuOiLSXYTG63-PQtsM25g=&T=1
9. Akshat Rathi, 'All the Disasters in 2017 Were Even More Costly Than We Thought', *Quartz*, 11 April 2018, https://qz.com/1249867/global-disasters-in-2017-caused-337-billion-worth-of-economic-losses/
10. 'Western North American Extreme Heat Virtually Impossible Without Human-Caused Climate Change', World Weather Attribution, 7 July 2021, https://www.worldweatherattribution.org/western-north-american-extreme-heat-virtually-impossible-without-human-caused-climate-change/
11. 'Climate Change Likely Increased Extreme Monsoon Rainfall, Flooding Highly Vulnerable Communities in Pakistan', World Weather Attribution, 14 September 2022, https://www.worldweatherattribution.org/climate-change-likely-increased-extreme-monsoon-rainfall-flooding-highly-vulnerable-communities-in-pakistan/
12. Andrew Lee, 'Is Suzlon Back? India's Fallen Wind Power Star Unveils First Big Order in Years',

www.dw.com/en/battery-recycling-gains-speed-as-new-eu-regulation-pushes-investment/a-579332
00
26. 'Council and Parliament Strike Provisional Deal to Create a Sustainable Life Cycle for Batteries', Council of the EU, press release, 9 December 2022, https://www.consilium.europa.eu/en/press/press-releases/2022/12/09/council-and-parliament-strike-provisional-deal-to-create-a-sustainable-life-cycle-for-batteries/
27. Zachary Shahan, 'The Really Big Battery Deal In The IRA That People Are Missing', *CleanTechnica*, 23 September 2022, https://cleantechnica.com/2022/09/23/the-really-big-battery-deal-in-the-ira-that-people-are-missing/
28. 'CATL Ups Investment in German Battery Plant', *ET Auto*, 30 June 2019, https://auto.economictimes.indiatimes.com/news/auto-components/catl-ups-investment-in-german-battery-plant/70008872
29. 'Battery Pack Prices Cited Below $100/kWh for the First Time in 2020, while Market Average Sits at $137/kWh', BloombergNEF, 16 December 2020, https://about.bnef.com/blog/battery-pack-prices-cited-below-100-kwh-for-the-first-time-in-2020-while-market-average-sits-at-137-kwh/
30. Colin McKerracher and Siobhan Wagner, 'At Least Two-Thirds of Global Car Sales Will Be Electric by 2040', *Bloomberg*, 9 August 2021, https://www.bloomberg.com/news/articles/2021-08-09/at-least-two-thirds-of-global-car-sales-will-be-electric-by-2040
31. Alexia Fernández Campbell, 'It Took 11 Months to Restore Power to Puerto Rico after Hurricane Maria. A Similar Crisis could Happen Again', *Vox*, 15 August 2018, https://www.vox.com/identities/2018/8/15/17692414/puerto-rico-power-electricity-restored-hurricane-maria
32. 'Puerto Rico Eyes Building the Energy Grid of the Future', *Quartz*, 13 September 2018, https://qz.com/1388117/puerto-rico-eyes-building-the-energy-grid-of-the-future/
33. 'SEforALL Analysis of SDG7 Progress – 2022', Sustainable Energy for All, 22 August 2022, https://www.seforall.org/data-stories/seforall-analysis-of-sdg7-progress
34. Danny Lee, 'Billionaire Vice Chairman of China Battery Giant CATL Resigns', *Bloomberg News*, 1 August 2022, https://www.bloomberg.com/news/articles/2022-08-01/billionaire-vice-chairman-of-china-battery-giant-catl-resigns
35. '2035 Electric Decarbonization Modeling Study', Berkeley Public Policy: The Goldman School, https://gspp.berkeley.edu/research-and-impact/centers/cepp/projects/2035-reports/2035-electric-decarbonization-modeling-study
36. David Roberts, 'Getting to 100% Renewables Requires Cheap Energy Storage. But How Cheap?', *Vox*, 20 September 2019, https://www.vox.com/energy-and-environment/2019/8/9/2076
7886/renewable-energy-storage-cost-electricity
37. Akshat Rathi, 'Why Rust Is the Future of Very Cheap Batteries', *Bloomberg*, 30 March 2023, https://www.bloomberg.com/news/features/2023-03-30/this-cheap-battery-can-power-green-energy-transition
38. Jess Shankleman and Akshat Rathi, 'China Vows Carbon Neutrality by 2060 in Major Climate Pledge', *Bloomberg*, 22 September 2020, https://www.bloomberg.com/news/articles/2020-09-22/china-pledges-carbon-neutrality-by-2060-and-tighter-climate-goal

tory/iconic-objects/iconic-objects-list/voltaic-pile; for more on voltaic electricity see http://ppp.uni pv.it/collana/pages/libri/saggi/nuova%20voltiana3_pdf/cap4/4.pdf

9. Thanks to Shashank Sripad at Carnegie Mellon University for help with this calculation.
10. David Rand, 'History of Lead', Batteries International, news page, 21 September 2016, https://www.batteriesinternational.com/2016/09/21/history-of-lead/
11. Seth Fletcher, *Bottled Lightning* (Hill & Wang, 2011). Also Steve LeVine, *The Powerhouse* (Penguin, 2016).
12. Akshat Rathi, 'Winners of the 2019 Nobel Prize in Chemistry Developed Lithium-ion Batteries', *Quartz*, 9 October 2019, https://qz.com/1724449/nobel-prize-in-chemistry-winners-developed-lithium-ion-batteries/
13. Michael McCaul et al., 'Egregious Cases of Chinese Theft of American Intellectual Property', House Foreign Affairs Committee 2020, https://foreignaffairs.house.gov/wp-content/uploads/2020/02/Egregious-Cases-of-Chinese-Theft-of-American-Intellectual-Property.pdf
14. 'Olympics to Use 50 Li-ion Battery Powered Buses', Xinhua News Agency, 30 July 2007, http://www.china.org.cn/olympics/news/2007-07/30/content_1218985.htm
15. Jie Ma et al., 'The Breakneck Rise of China's Colossus of Electric-Car Batteries', *Bloomberg*, 1 February 2018, https://www.bloomberg.com/news/features/2018-02-01/the-breakneck-rise-of-china-s-colossus-of-electric-car-batteries
16. BMW stopped making the i3 in 2022 after a nine-year run: Greg Kable, 'BMW i3 to Cease Production in July after Nine Years', *Autocar*, 27 January 2022, https://www.autocar.co.uk/car-news/new-cars/bmw-i3-cease-production-july-after-nine-years
17. 'Elon Musk's China Battery Partner Is Now Richer Than Jack Ma', *Bloomberg*, 8 July 2021, https://www.bloomberg.com/news/articles/2021-07-08/elon-musk-s-battery-partner-in-china-is-now-richer-than-jack-ma
18. Bloomberg Billionaires Index, 4 June 2023, https://www.bloomberg.com/billionaires/
19. Akshat Rathi, 'Quantum Leap', *Bloomberg*, 14 April 2021, https://www.bloomberg.com/features/2021-04-14/quantum-scape-battery/
20. Volkswagen was hit by Dieselgate in 2015, when it was confirmed that the company had cheated on its pollution control tests, and this scandal probably made it even more interested in electrification.
21. Jean Kumagai, 'Lithium-Ion Battery Recycling Finally Takes Off in North America and Europe', IEEE Spectrum, 5 January 2021, https://spectrum.ieee.org/lithiumion-battery-recycling-finally-takes-off-in-north-america-and-europe
22. 'Greenpeace Report Troubleshoots China's Electric Vehicles Boom, Highlights Critical Supply Risks for Lithium-ion Batteries', press release, Greenpeace, 30 October 2020, https://www.greenpeace.org/eastasia/press/6175/greenpeace-report-troubleshoots-chinas-electric-vehicles-boom-highlights-critical-supply-risks-for-lithium-ion-batteries/
23. 'China's EV Battery Recycles to Peak in 2025, Requiring Policy Support', *Global Times*, 22 June 2021, https://www.globaltimes.cn/page/202106/1226776.shtml
24. Alejandra Salgado, 'China to Extend Battery-Metal Lead as Electric Cars Fuel Demand', *Bloomberg*, 30 June 2021, https://www.bloomberg.com/news/articles/2021-06-30/china-to-extend-battery-metal-lead-as-electric-cars-fuel-demand
25. Godehard Weyerer, 'New EU Laws Push Battery Recycling', *DW Business*, 18 June 2021, https://

fuel-cars-2035-2022-10-27/
17. Colin McKerracher, 'Phasing Out Europe's Combustion Engine Cars', Hyperdrive daily briefing, *Bloomberg*, 20 July 2021, https://www.bloomberg.com/news/newsletters/2021-07-20/hyperdrive-daily-phasing-out-europe-s-combustion-engine-cars
18. 'World Oil Outlook', Organization of the Petroleum Exporting Countries, https://www.opec.org/opec_web/en/publications/340.htm
19. BloombergNEF, 'Electric Vehicle Outlook 2022', https://about.bnef.com/electric-vehicle-outlook/
20. 'VW Boosts Investment in Electric and Autonomous Car Technology to $86 Billion', Reuters, 13 November 2020, https://www.reuters.com/article/volkswagen-strategy-idUSKBN27T24O
21. Michael Wayland, 'GM Ups Spending on EVs and Autonomous Cars by 35% to $27 Billion', CNBC, 19 November 2020, https://www.cnbc.com/2020/11/19/gm-accelerating-ev-plans-with-additional-7-billion-announces-new-pickup.html
22. Sam Abuelsamid, 'Ford Doubling Investment in Electric Cars and Trucks to $22 Billion', Forbes, 4 February 2021, https://www.forbes.com/sites/samabuelsamid/2021/02/04/ford-doubles-investment-in-electrification-to-22b-7b-for-avs/?sh=2db2c23a2d25
23. 'Hyundai Commits $17 Billion to Add Electric, Driverless Cars', *Industry Week*, 4 December 2019, https://www.industryweek.com/technology-and-iiot/article/22028673/hyundai-commits-17-billion-to-add-electric-driverless-cars

第3章　勝者

1. Irene Preisinger and Victoria Bryan, 'China's CATL to Build Its First European EV Battery Factory in Germany', Reuters, 9 July 2018, https://www.reuters.com/article/business/chinas-catl-to-build-its-first-european-ev-battery-factory-in-germany-idUSKBN1JZ160/. At the launch event in Berlin, Merkel was reported to have said: 'If we could do it ourselves, then I would not be upset.' An Alamy stock photo that captures the moment of the signing is available at https://bit.ly/42o7r7s.
2. 'Information on Daimler AG', Daimler, https://www.daimler.com/company/tradition/company-history/1885-1886.html
3. https://edition.cnn.com/2021/01/28/business/toyota-volkswagen-japan-germany-intl-hnk/index.html
4. Michelle Toh, 'Toyota Overtakes Volkswagen as World's Biggest Automaker', CNN, 28 January 2021, https://qz.com/1582811/the-complete-guide-to-the-battery-revolution/
5. Christopher Jasper, 'New Electric Airplane to Make First Flight This Year', *Bloomberg*, 1 July 2021, https://www.bloomberg.com/news/articles/2021-07-01/eviation-s-electric-alice-plane-to-make-first-flight-this-year; 'World's Largest Electric Ferry Launches in Norway', Electrive, news page, 2 March 2021, https://www.electrive.com/2021/03/02/worlds-largest-electric-ferry-yet-goes-into-service-in-norway/
6. Alexander Yung, 'Germany Lags Behind Asia in E-Car Battery Race', *Der Spiegel*, 22 February 2019, https://www.spiegel.de/international/business/running-on-empty-germany-lags-behind-asia-in-e-car-battery-race-a-1254183.html
7. BloombergNEF battery cell manufacturers dataset, https://www.bnef.com/interactive-datasets/2d5d59acd9000002
8. For Alessandro Volta's first electrical battery see the Royal Institution, https://www.rigb.org/our-his

第2章　官 僚

1. 'Number of Tesla Vehicles Delivered Worldwide from 1st Quarter 2016 to 4th Quarter 2022', Statista, https://www.statista.com/statistics/502208/tesla-quarterly-vehicle-deliveries/
2. Mark Kane, 'China: Plug-in Car Sales Increased by 75% in October 2022', *Inside EVs*, 27 November 2022, https://insideevs.com/news/623665/china-plugin-car-sales-october2022/
3. China also sells millions of low-speed electric vehicles each year, which can cost as little as $1,000 or around £800. But they are only available in China and thus are not included in the full EV figures. Akshat Rathi, 'The Cheapest Chinese Electric Cars are Coming to the US and Europe – for as Little as $9,000', *Quartz*, 4 February 2019, https://qz.com/1541380/the-cheapest-chinese-electric-cars-are-coming-to-the-us-and-europe/
4. Wan Gang in an interview as president of Tongji University in Shanghai. For a full transcript see https://www.shszx.gov.cn/node2/node1721/node1856/node1857/u1a16497.html
5. James P. Sterba, 'Peking Assessment Asserts Mao Made Errors as Leader', *New York Times*, 1 July 1981, https://www.nytimes.com/1981/07/01/world/peking-assessment-asserts-mao-made-errors-as-leader.html
6. 'The World's Leading Electric Car Visionary Isn't Elon Musk', *Bloomberg*, 26 September 2018, https://www.bloomberg.com/news/features/2018-09-26/world-s-electric-car-visionary-isn-t-musk-it-s-china-s-wan-gang
7. Lisa Margonelli, 'China's Next Cultural Revolution', *Wired*, 1 April 2005, https://www.wired.com/2005/04/china-4/
8. Levi Tillemann, *The Great Race: The Global Quest for the Car of the Future* (Simon & Schuster, 2015).
9. Dave Barthmuss, 'Who Ignored the Facts About the Electric Car?', GM Communications blog, 13 July 2006, http://www.altfuels.org/misc/onlygm.pdf
10. Jeremy Hodges, 'Electric Cars Are Cleaner Even When Powered by Coal', *Bloomberg*, 15 January 2019, https://www.bloomberg.com/news/articles/2019-01-15/electric-cars-seen-getting-cleaner-even-where-grids-rely-on-coal
11. May Zhou, 'China Drives up Global EV Sales to New Record', *China Daily Global*, 17 January 2023, https://www.chinadaily.com.cn/a/202301/17/WS63c602dba31057c47ebaa0ab.html
12. 'China's NEV Sales to Account for 20% of New Car Sales by 2025, 50% by 2035', Reuters, 27 October 2020, https://www.reuters.com/article/us-china-autos-electric-idUSKBN27C08C
13. Scott Kennedy, 'China's Risky Drive into New-Energy Vehicles', Centre for Strategic & International Studies, news page, 19 November 2018, https://www.csis.org/analysis/chinas-risky-drive-new-energy-vehicles
14. The total cost of owning an electric car, which includes its purchase price and lifetime cost of fuel, maintenance and taxes, is getting very close to that of a fossil fuel car. It is actually cheaper in many countries already. In the case of electric buses, the total cost of ownership is already cheaper than fossil fuel buses in almost all countries in the world.
15. Tom Taylor, 'IRA to Unlock Billions in EV Funding', EV Hub, 15 August 2022, https://www.atlasevhub.com/ira-to-unlock-billions-in-ev-funding/
16. Kate Abnett, 'EU Approves Effective Ban on New Fossil Fuel Cars from 2035', Reuters, 28 October 2022, https://www.reuters.com/markets/europe/eu-approves-effective-ban-new-fossil-

carbon-capture/s2/a714857/

2. Alison Benjami, 'Stern: Climate Change a Market Failure', *Guardian*, 29 November 2007.
3. 'Ezra Klein Interviews Noam Chomsky', *The Ezra Klein Show*, podcast, 23 April 2021, https://www.nytimes.com/2021/04/23/podcasts/ezra-klein-podcast-noam-chomsky-transcript.html
4. Marshall Burke, W. Matthew Davis and Noah S. Diffenbaugh, 'Large Potential Reduction in Economic Damages under UN Mitigation Targets', *Nature* 557 (2018): pp.549–53.
5. Even after accounting for the cost of climate action, a 2022 Deloitte report found that the net economic gain to the global economy would be more than $200 trillion over the next fifty years. 'Deloitte Research Reveals Inaction on Climate Change Could Cost the World's Economy US$178 Trillion by 2070', Deloitte, press release, 23 May 2022, https://www.deloitte.com/global/en/about/press-room/deloitte-research-reveals-inaction-on-climate-change-could-cost-the-world-economy-us-dollar-178-trillion-by-2070.html
6. Ann Gibbons, 'Experts Question Study Claiming to Pinpoint Birthplace of all Humans', *Science News*, 28 October 2019, doi:10.1126/science.aba0155
7. Elizabeth Gamillo, 'Atmospheric Carbon Last Year Reached Levels Not Seen in 800,000 Years', *Science Insider*, 2 August 2018, doi:10.1126/science.aau9866
8. Akshat Rathi, 'A 1912 News Article Ominously Forecasted the Catastrophic Effects of Fossil Fuels on Climate Change', *Quartz*, 24 October 2016, https://qz.com/817354/scientists-have-been-forecasting-that-burning-fossil-fuels-will-cause-climate-change-as-early-as-1882
9. John Vidal, 'Margaret Thatcher: An Unlikely Green Hero?', *Guardian*, 9 April 2013; Scott Waldman, 'Bush Had a Lasting Impact on Climate and Air Policy', *E&E News*, 3 December 2018, *Scientific American*, https://www.scientificamerican.com/article/bush-had-a-lasting-impact-on-climate-and-air-policy/
10. 'History of the IPCC', Intergovernmental Panel on Climate Change, https://www.ipcc.ch/about/history/
11. Kate Yoder, 'They Derailed Climate Action for a Decade. And Bragged about It', *Grist*, 15 April 2022, https://grist.org/accountability/how-the-global-climate-coalition-derailed-climate-action/
12. 'The Kyoto Protocol – Status of Ratification', UNFCCC (United Nations Climate Change), https://unfccc.int/process/the-kyoto-protocol/status-of-ratification
13. Helen Dewar and Kevin Sullivan, 'Senate Republicans Call Kyoto Pact Dead', *Washington Post*, 11 December 1997, https://www.washingtonpost.com/wp-srv/inatl/longterm/climate/stories/clim121197b.htm
14. Ana Swanson, 'How China used more cement in 3 years than the U.S. did in the entire 20th Century', *Washington Post*, 24 March 2015, https://www.washingtonpost.com/news/wonk/wp/2015/03/24/how-china-used-more-cement-in-3-years-than-the-u-s-did-in-the-entire-20th-century/
15. 'The Paris Agreement', UNFCCC (United Nations Climate Change), https://unfccc.int/process-and-meetings/the-paris-agreement
16. Will Mathis and Akshat Rathi, 'How Europe Ditched Russian Fossil Fuels with Spectacular Speed', *Bloomberg*, 21 February 2023, https://www.bloomberg.com/news/features/2023-02-21/ukraine-news-europe-ditches-russia-fossil-fuels-with-surprising-speed
17. Saijel Kishan, 'There's $35 Trillion Invested in Sustainability, but $25 Trillion of That Isn't Doing Much', *Bloomberg*, 18 August 2021, https://www.bloomberg.com/news/articles/2021-08-18/35-trillion-in-sustainability-funds-does-it-do-any-good

著者註

＊1-1　この法則は、いつでもどこでも通じる。この惑星で人間が繁栄する助けとなるあらゆる物事を、的確に評価するならばの話だが。とはいえ、注目すべきは、この法則は私たちが資本主義体制という限られた枠内で物事を評価したとしても通用する点だ。

＊1-2　現在、温室効果ガスの年間排出量は、中国が世界第1位、インドが第3位で、累積排出量ではアメリカとヨーロッパがタイトルを維持している。

＊3-1　この部分の引用、および参照元が記されていない引用は、すべて直接行ったインタビューより。

＊4-1　熱帯の国々も、気候変動の悪影響を被る可能性が高い。

＊4-2　リニュー・パワーが株式公開するまでの数年間に、ゴールドマン・サックスはさらに2億7000万ドルを投資する。

＊4-3　金利が最低水準にあった2010年代は、間違いなくそうだった。パンデミックとエネルギー危機を経て金利は上昇し、アメリカの金利もインドの金利も当時より高くなっている。

＊4-4　太陽光発電のコストは、パンデミックに関連してサプライチェーンが被った打撃とインフレーションで一時的に上昇したものの、以後も下がり続けた。

＊5-1　厳密にいえば、UNFCCC採択の際に合意したルールは、「コンセンサス」についても定義していない。多少の反対があっても決議を採択するかどうかは、会議の議長の裁量に任せられる。UNFCCC自体も、1992年に反対があるなかで採択された。

＊6-1　一般的なベンチャーキャピタルはもっと規模が小さく、正規雇用のスタッフは10人に満たないところが多い。

＊9-1　計算は「BP世界エネルギー統計レビュー2021」に掲載のデータに基づく。

＊10-1　その年の7月、ロックバンドのレディオヘッドが「Big Ask Live」コンサートでメインバンドとして登場した。デーヴィッド・キャメロンとデーヴィッド・ミリバンドも、聴衆のなかにいた。

原 註

第1章　理解のための枠組み

1. See Madalina Ciobanu, 'Inside "The Race to Zero Emissions", *Quartz*'s Latest In-depth Series and Newsletter about Carbon Capture', *Journalism*, 18 December 2017, https://www.journalism.co.uk/news/inside-the-race-to-zero-emissions-quartz-s-latest-in-depth-series-and-newsletter-about-

【ワ】

【アルファベット】

【マ】

【ミ】

【メ】

【モ】

【ヤ・ユ・ヨ】

【ラ】

【リ】

【レ】

【ロ】

【 フ 】

【 ヘ 】

【 ホ 】

【ネ】

【ノ】

【ハ】

【ヒ】

【ソ】

【タ】

【チ】

【ス】

【セ】

【ケ】

【コ】

【サ】

【シ】

【キ】

【ク】

索 引

【ア】

【イ】

【ウ】

【訳者】寺西のぶ子(てらにし のぶこ)
京都府生まれ。訳書に、ジャクソン『不潔都市ロンドン』、タッカー『輸血医ドニの人体実験』、ブース『英国一家、日本を食べる』『英国一家、インドで危機一髪』『英国一家、日本をおかわり』『ありのままのアンデルセン』、レヴェンソン『ニュートンと贋金づくり』、ヘット『ドイツ人はなぜヒトラーを選んだのか』『ヒトラーはなぜ戦争を始めることができたのか』、シャンキン『スパイゲーム』、などがある。

資本主義で解決する再生可能エネルギー
排出ゼロをめぐるグローバル競争の現在進行形

2025年1月20日　初版印刷
2025年1月30日　初版発行

著　者　アクシャット・ラティ
訳　者　寺西のぶ子
装　幀　岩瀬聡
発行者　小野寺優
発行所　株式会社河出書房新社
〒162-8544 東京都新宿区東五軒町2-13
電話 03-3404-1201［営業］ 03-3404-8611［編集］
https://www.kawade.co.jp/
組　版　KAWADE DTP WORKS
印　刷　株式会社亨有堂印刷所
製　本　加藤製本株式会社

Printed in Japan
ISBN978-4-309-23168-6